智能系统与技术丛书

Artificial Neural Networks with Java
Tools for Building Neural Network Applications

Java
人工神经网络构建

[美] 伊戈尔·利夫申(Igor Livshin) 著

陈道昌 译

机械工业出版社
China Machine Press

图书在版编目（CIP）数据

Java 人工神经网络构建 /（美）伊戈尔·利夫申（Igor Livshin）著；陈道昌译 . —北京：机械工业出版社，2021.1

（智能系统与技术丛书）

书名原文：Artificial Neural Networks with Java: Tools for Building Neural Network Applications

ISBN 978-7-111-67397-2

I. J… II. ①伊… ②陈… III. JAVA 语言 – 程序设计 – 应用 – 人工神经网络 IV. ① TP312.8 ② TP183

中国版本图书馆 CIP 数据核字（2021）第 007418 号

本书版权登记号：图字 01-2020-1955

Java 人工神经网络构建

出版发行：机械工业出版社（北京市西城区百万庄大街 22 号 邮政编码：100037）

责任编辑：冯秀泳　　　　　　　　　　　　　责任校对：殷　虹

印　　刷：北京文昌阁彩色印刷有限责任公司　　版　　次：2021 年 2 月第 1 版第 1 次印刷

开　　本：186mm×240mm　1/16　　　　　　印　　张：24.25

书　　号：ISBN 978-7-111-67397-2　　　　　定　　价：119.00 元

客服电话：（010）88361066　88379833　68326294　　　投稿热线：（010）88379604

华章网站：www.hzbook.com　　　　　　　　　　　读者信箱：hzit@hzbook.com

版权所有 · 侵权必究

封底无防伪标均为盗版

本书法律顾问：北京大成律师事务所　韩光 / 邹晓东

人工智能是计算机科学中快速发展的一个领域。自计算机发明以来，我们观察到一个有趣的现象。对人类来说比较困难的任务（如繁重的计算、搜索、记忆大量数据等）计算机很容易完成，而人类自然能够快速完成的任务（如识别部分覆盖的物体、智力、推理、创造、发明、理解语音、科学研究等）对计算机来说又是困难的。

人工智能作为一门学科诞生于 20 世纪 50 年代，最初由于缺乏反向传播和自动化的训练手段而失败。在 20 世纪 80 年代，它因为无法形成自己的内部表示而再次失败，后来通过深度学习和更强大的计算机解决了这个问题。

在第二次失败后，一种新的非线性网络架构被开发出来，计算机计算能力的巨大提高最终促成了 20 世纪 90 年代人工智能的巨大成功，人工智能逐渐能够解决许多工业级的问题，如图像识别、语音识别、自然语言处理、模式识别、预测、分类、自动驾驶汽车、机器人自动化等。

人工智能的巨大成功最近引发了各种各样的无端猜测，你会发现关于机器人匹敌和超越人类智慧的讨论。然而，目前人工智能还是一套聪明的数学和处理方法，让计算机从它们处理的数据中学习，并应用这些知识来完成许多重要的任务。很多属于人类的东西，比如智力、情感、创造、感觉、推理等，人工智能仍然无法很好地处理。

不过，人工智能正在迅速改变。近年来，计算机已经变得非常擅长下棋，以至于可以可靠地击败人类对手。这一点也不奇怪，因为它们的创造者使程序学会了人类在国际象棋上积累了数百年的经验。现在，机器在全球计算机国际象棋锦标赛上互相竞争，角逐冠军。其中一个名为 Stockfish 8 的最佳棋类程序在 2016 年赢得了全球计算机国际象棋冠军。

2017 年，谷歌开发了一个名为 AlphaZero 的国际象棋程序，在 2017 年全球计算机国际象棋锦标赛中击败了 Stockfish 8 程序。令人惊奇的是，没有人像在其他象棋程序开发过程中所做的那样去教 AlphaZero 学习象棋策略。相反，它利用最新的机器学习原理，通过对抗自己来自学象棋。这个程序只花了四个小时学习国际象棋策略（同时与自己对抗），就打败了 Stockfish 8。自主学习是人工智能的新里程碑。

人工智能有许多分支。本书致力于其中一个分支：神经网络。神经网络使计算机能够从观测数据中学习并基于这些知识做出预测。具体来说，本书介绍神经网络的训练以及将神经网络用于函数逼近、预测和分类。

本书内容

这本实用的操作手册涵盖开发神经网络应用程序的许多方面。它从零开始解释神经网络是如何工作的，然后以训练一个小神经网络为例，手动进行所有的计算。本书涵盖前向传播和反向传播的内在机理，有助于读者理解神经网络处理的主要原理。本书还教你如何准备用于神经网络开发的数据，并为许多非传统的神经网络处理任务提出各种数据准备方法。

书中讨论的另一个大主题是使用 Java 进行神经网络处理。大多数有关人工智能的书籍使用 Python 作为开发语言。然而，Java 是使用最广泛的编程语言。它比 Python 快，并且允许你在一台计算机上开发项目，并在许多不同的支持 Java 环境的计算机上运行它们。此外，当人工智能处理成为企业应用程序的一部分时，没有其他语言可以与 Java 竞争。

本书使用了一个名为 Encog 的 Java 框架，并展示了使用它开发大规模神经网络应用程序的所有细节。本书还讨论了传统的神经网络过程难以逼近复杂的非连续函数以及具有复杂拓扑的连续函数的问题，并介绍了解决这一问题的微批次方法。

本书包括大量的示例、图表和屏幕截图，循序渐进地讲解各种方法，以提升读者的学习体验。书中讨论的每个主题都有相应的实际开发示例和许多提示。

本书中的所有示例都是面向 Windows 7/10 平台开发的，开发语言为 Java，可以在任何支持 Java 的环境下运行。本书中描述的所有 Java 工具都是免费使用的，可以从 Internet 上下载。

本书读者对象

本书是为那些有兴趣在 Java 环境中学习神经网络编程的专业开发人员编写的，同时也适合经验丰富的人工智能开发人员阅读——他们会发现与开发更复杂的神经网络应用程序有关的更前沿的主题和技巧。本书还包括我的最新研究——非连续函数和具有复杂拓扑的连续函数的神经网络逼近。

致谢

感谢 Apress 及其优秀的编辑团队，以及技术评审者，感谢他们为本书的出版所做的贡献。

Contents 目　　录

关于神经网络的学习

人工智能神经网络架构是模拟人脑网络而来的。它由神经元层组成，神经元层相互定向连接。图 1-1 展示了人类神经元的示意图。

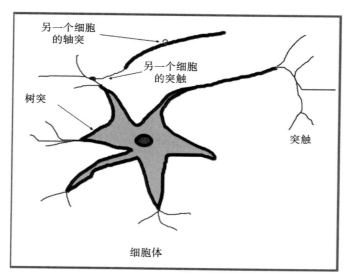

图 1-1   人类神经元的示意图

1.1   生物神经元与人工神经元

一个生物神经元（在一个简化的水平上）由一个包含核、轴突和突触的细胞体组成。突触接收由细胞体处理的脉冲。细胞体通过轴突向与其他神经元相连的突触发出响应。与生物神经元相似，一个人工神经元由一个神经元体和与其他神经元的连接组成（见图 1-2）。

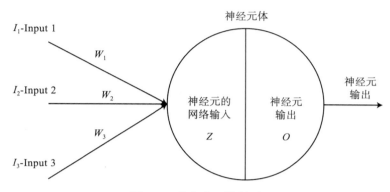

图 1-2　单个人工神经元

给神经元的每个输入都分配一个权值 W。分配给神经元的权值表示该输入在计算网络输出时所产生的影响。如果分配给神经元 1 的权值（W_1）大于分配给神经元 2 的权值（W_2），则来自神经元 1 的输入对网络输出的影响比来自神经元 2 的影响更显著。

神经元的主体被描绘成一个由一条垂直线分成两部分的圆圈。左侧部分称为神经元的网络输入，它显示了神经元体执行的计算部分。此部分在网络图中通常标记为 Z。例如，图 1-2 所示的神经元的 Z 值被计算为神经元的每个输入与相应的权值的乘积的总和，最后再加上偏差。这是计算公式的线性部分（见式（1-1））。

$$Z = W_1 * I_1 + W_2 * I_2 + W_3 * I_3 + B_1 \tag{1-1}$$

1.2　激活函数

为了计算同一个神经元的输出 O（见图 1-2），可以将一个特殊的非线性函数（称为激活函数 σ）应用到计算 Z 的线性部分（见式（1-2））。

$$O = \sigma(Z) \tag{1-2}$$

有许多用于网络的激活函数。它们的使用取决于各种因素，例如它们表现良好（未饱和）的时间区间、函数参数更改的速度，以及你的个人偏好。让我们看看最常用的激活函数之一，它叫作 sigmoid。函数的公式如式（1-3）所示。

$$\sigma(Z) = \frac{1}{1 + e^{-z}} \tag{1-3}$$

图 1-3 显示了 sigmoid 激活函数图。

如图 1-3 所示，sigmoid 函数（有时也称为 logistic 函数）在区间 [−1，1] 上表现最佳。

在这个区间之外，它会很快饱和，这意味着它的值实际上不会随着参数的变化而改变。这就是为什么（正如你将在本书的所有示例中看到的那样）网络的输入数据通常规范化到区间 [–1，1] 上。

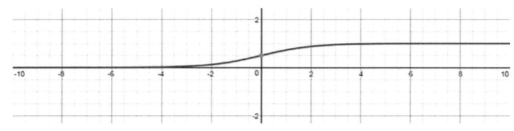

图 1-3　sigmoid 函数图

　　一些激活函数在区间 [0，1] 上表现良好，因此输入数据规范化在区间 [0，1] 上。图 1-4 列出了最常用的激活函数。它包括函数名、绘图、公式和导数。当你开始计算网络中的各个部分时，这部分信息将非常有用。

名字	绘图	等式	导数
线性激活函数		$f(x) = x$	$f'(x) = 1$
二元步激活函数		$f(x) = \begin{cases} 0 \text{ 对于 } x < 0 \\ 1 \text{ 对于 } x \geq 0 \end{cases}$	$f'(x) = \begin{cases} 0 \text{ 对于 } x \neq 0 \\ ? \text{ 对于 } x = 0 \end{cases}$
sigmoid 激活函数		$f(x) = \dfrac{1}{1 + e^{-x}}$	$f'(x) = f(x)(1 - f(x))$
tanh 激活函数		$f(x) = \tanh(x) = \dfrac{2}{1 + e^{-2x}} - 1$	$f'(x) = 1 - f(x)^2$
ArcTan 激活函数		$f(x) = \tan^{-1}(x)$	$f'(x) = \dfrac{1}{x^2 + 1}$
线性整流函数（Rectified Linear Unit，ReLU）		$f(x) = \begin{cases} 0 \text{ 对于 } x < 0 \\ x \text{ 对于 } x \geq 0 \end{cases}$	$f'(x) = \begin{cases} 0 \text{ 对于 } x < 0 \\ 1 \text{ 对于 } x \geq 0 \end{cases}$
参数化修正线性函数（Parameteric Rectified Linear Unit，PReLU）		$f(x) = \begin{cases} \alpha x \text{ 对于 } x < 0 \\ x \text{ 对于 } x \geq 0 \end{cases}$	$f'(x) = \begin{cases} \alpha \text{ 对于 } x < 0 \\ 1 \text{ 对于 } x \geq 0 \end{cases}$
指数线性函数（Exponential Linear Unit，ELU）		$f(x) = \begin{cases} \alpha(e^x - 1) \text{ 对于 } x < 0 \\ x \text{ 对于 } x \geq 0 \end{cases}$	$f'(x) = \begin{cases} f(x) + \alpha \text{ 对于 } x < 0 \\ 1 \text{ 对于 } x \geq 0 \end{cases}$
SoftPlus 激活函数		$f(x) = \log_e(1 + e^x)$	$f'(x) = \dfrac{1}{1 + e^{-x}}$

图 1-4　激活函数

　　使用特定的激活函数取决于被逼近的函数和许多其他条件。许多最近的出版物建议使用 tanh 作为隐藏层的激活函数，使用线性激活函数进行回归，使用 softmax 函数进行分类。同样，这些只是一般性的建议。我建议你为你的项目尝试各种激活函数，并选择那些产生最好结果的函数。

　　对于本书的示例，我通过实验发现 tanh 激活函数最有效。它在区间 [-1,1] 上表现良好（如 sigmoid 激活函数），但其在该区间上的变化速度比 sigmoid 函数快。它的饱和速度也较慢。我几乎在本书的所有示例中都用了 tanh。

1.3　本章小结

　　本章介绍了被称为神经网络的人工智能形式。解释了神经网络的所有重要概念，如层、神经元、连接、权值和激活函数。本章还解释了绘制神经网络图的惯例。下一章通过说明如何手动计算所有网络结果来展示神经元网络处理的所有细节。为简单起见，神经网络和网络这两个术语在本书其余部分将交替使用。

第 2 章 *Chapter 2*

神经网络处理的内在机理

本章讨论了神经网络处理的内部工作原理。它展示了网络是如何构建、训练和测试的。

2.1 逼近函数

让我们考虑函数 $y(x)=x^2$，如图 2-1 所示。然而，我们假设函数公式未知，并且函数是由它在四个点的值给出的。

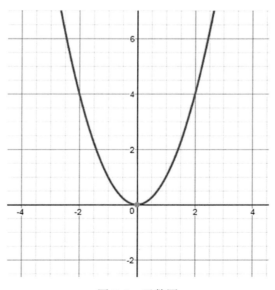

图 2-1 函数图

表 2-1 列出了四个点的函数值。

在本章中，你将构建和训练一个网络，该网络可用于在某些参数（x）处预测函数的值，而这些参数（x）不用于训练。为了能够在非训练点（但在训练范围内）得到函数的值，首先需要逼近这个函数。当进行逼近时，你可以在任何感兴趣的点找到函数的值。这就是网络的用途，因为网络是通用的逼近机制。

表 2-1　给定四个点的函数值

x	$f(x)$
1	1
3	9
5	25
7	49

2.2　网络架构

如何建立网络？一个网络是由神经元层组成的。左边的第一层是输入层，它包含从外部接收输入的神经元。右边的最后一层是输出层，它包含承载网络输出的神经元。一个或多个隐藏层位于输入层和输出层之间。隐藏层神经元在函数逼近过程中执行大部分计算。图 2-2 显示了网络图。

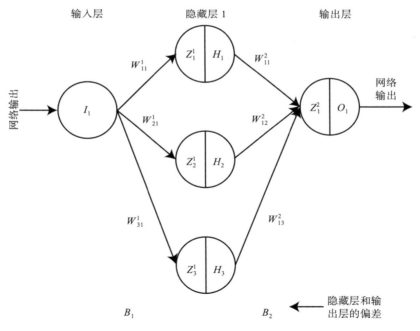

图 2-2　神经网络结构

连接被绘制为从前一层的神经元到下一层的神经元的箭头。前一层的每个神经元都与下一层的所有神经元相连。每个连接都有一个权值，每个权值都用两个索引来编号。第一个索引是接收神经元编号，第二个索引是发送神经元编号。例如，隐藏层中的第二个神经元（H_2）和输入层中的唯一神经元（I_1）之间的连接被赋予权值 W_{21}^1。上标 1 表示发送神经元的层数。每一层都被分配一个偏差，类似于分配给神经元的权值，但适用于层级水平。偏差使得每个神经元输出的线性部分在匹配逼近函数拓扑时更加灵活。

　　当网络处理开始时，权值和偏差的初始值通常是随机设置的。通常，要确定隐藏层中的神经元数量，可以将输入层中的神经元数量加倍，并将输出层中的神经元数量相加。在我们的例子中，它是（1*2+1=3）或三个神经元。在网络中使用的隐藏层的数量取决于要逼近的函数的复杂性。通常情况下，一个隐藏层足以实现光滑的连续函数，而更复杂的函数拓扑则需要更多的隐藏层。在实践中，由实验确定隐藏层中的层数和神经元的数目，从而获得最佳逼近结果。

　　网络处理包括两个传递：前向传递和反向传递。在前向传递中，计算从左向右移动。对于每个神经元，网络获取神经元的输入并计算神经元的输出。

2.3　前向传递计算

　　以下计算给出了神经元 H_1、H_2 和 H_3 的输出：

神经元 H_1

$$Z_1^1 = W_{11}^1 * I_1 + B_1 * 1$$
$$H_1 = \sigma(Z_1^1)$$

神经元 H_2

$$Z_2^1 = W_{21}^1 * I_1 + B_1 * 1$$
$$H_2 = \sigma(Z_2^1)$$

神经元 H_3

$$Z_3^1 = W_{31}^1 * I_1 + B_1 * 1$$
$$H_3 = \sigma(Z_3^1)$$

神经元 O_1

$$Z_1^2 = W_{11}^2 * H_1 + W_{12}^2 * H_2 + W_{13}^2 * H_3 + B_2 * 1$$
$$O_1 = \sigma(Z_1^2)$$

　　这些值在处理下一层（在本例中为输出层）中的神经元时使用：

　　在第一个传递中进行的计算给出了网络的输出（称为网络预测值）。在训练网络时，可以使用已知的训练点输出（称为实际值或目标值）。通过了解网络对给定输入应产生的输出值，可以计算网络误差，即目标值和网络计算误差（预测值）之间的差。对于要在这个例子中逼近的函数，实际的（目标）值在表 2-2 的第 2 列中示出。

表 2-2 示例的输入数据集

x	$f(x)$
1	1
3	9
5	25
7	49

对输入数据集中的每个记录进行计算。例如，使用以下公式处理输入数据集的第一条记录。

2.4 输入记录 1

以下是第一个输入记录的公式：

神经元 H_1

$$Z_1^1 = W_{11}^1 * I_1 + B_1 * 1.00 = W_{11}^1 * 1.00 + B_1 * 1.00$$

$$H_1 = \sigma(Z_1^1)$$

神经元 H_2

$$Z_2^1 = W_{21}^1 * I_1 + B_1 * 1.00 = W_{21}^1 * 1.00 + B_1 * 1.00$$

$$H_2 = \sigma(Z_2^1)$$

神经元 H_3

$$Z_3^1 = W_{31}^1 * I_1 + B_1 * 1.00 = W_{31}^1 * 1.00 + B_1 * 1.00$$

$$H_3 = \sigma(Z_3^1)$$

神经元 O_1

$$Z_1^2 = W_{11}^2 * H_1 + W_{12}^2 * H_1 + W_{13}^2 * H_3 + B_2 * 1.00$$

$$O_1 = \sigma(Z_1^2)$$

下面是记录 1 的误差：

$$E_1 = \sigma(Z_1^2) - 记录 1 的目标值 = \sigma(Z_1^2) - 1.00$$

2.5 输入记录 2

下面是第二个输入记录的公式：

神经元 H_1

$$Z_1^1 = W_{11}^1 * I_1 + B_1 1.00 = W_{11}^1 * 3.00 + B_1 * 1.00$$

$$H_1 = \sigma(Z_1^1)$$

神经元 H_2

$$Z_2^1 = W_{21}^1 * I_1 + B_1 * 1.00 = W_{21}^1 * 3.00 + B_1 * 1.00$$
$$H_2 = \sigma(Z_2^1)$$

神经元 H_3

$$Z_3^1 = W_{31}^1 * I_1 + B_1 * 1.00 = W_{31}^1 * 3.00 + B_1 * 1.00$$
$$H_3 = \sigma(Z_3^1)$$

神经元 O_1

$$Z_1^2 = W_{11}^2 * H_1 + W_{12}^2 * H_2 + W_{13}^2 * H_3 + B_2 * 1.00$$
$$O_1 = \sigma(Z_1^2)$$

下面是记录 2 的误差：

$$E_1 = \sigma(Z_1^2) - 记录 2 的目标值 = \sigma(Z_1^2) - 9.00$$

2.6　输入记录 3

下面是第三个输入记录的公式：
神经元 H_1

$$Z_1^1 = W_{11}^1 * I_1 + B_1 * 1.00 = W_{11}^1 * 5.00 + B_1 * 1.00$$
$$H_1 = \sigma(Z_1^1)$$

神经元 H_2

$$Z_2^1 = W_{21}^1 * I_1 + B_1 * 1.00 = W_{21}^1 * 5.00 + B_1 * 1.00$$
$$H_2 = \sigma(Z_2^1)$$

神经元 H_3

$$Z_3^1 = W_{31}^1 * I_1 + B_1 * 1.00 = W_{31}^1 * 5.00 + B_1 * 1.00$$
$$H_3 = \sigma(Z_3^1)$$

神经元 O_1

$$Z_1^2 = W_{11}^2 * H_1 + W_{12}^2 * H_2 + W_{13}^2 * H_3 + B_2 * 1.00$$
$$O_1 = \sigma(Z_1^2)$$

下面是记录 3 的误差：

$$E_1 = \sigma(Z_1^2) - 记录 3 的目标值 = \sigma(Z_1^2) - 25.00$$

2.7　输入记录 4

下面是第四个输入记录的公式：

神经元 H_1

$$Z_1^1 = W_{11}^1 * I_1 + B_1 * 1.00 = W_{11}^1 * 7.00 + B_1 * 1.00$$
$$H_1 = \sigma(Z_1^1)$$

神经元 H_2

$$Z_2^1 = W_{21}^1 * I_1 + B_1 * 1.00 = W_{21}^1 * 7.00 + B_1 * 1.00$$
$$H_2 = \sigma(Z_2^1)$$

神经元 H_3

$$Z_3^1 = W_{31}^1 * I_1 + B_1 * 1.00 = W_{31}^1 * 7.00 + B_1 * 1.00$$
$$H_3 = \sigma(Z_3^1)$$

神经元 O_1

$$Z_1^2 = W_{11}^2 * H_1 + W_{12}^2 * H_2 + W_{13}^2 * H_3 + B_2 * 1.00$$
$$O_1 = \sigma(Z_1^2)$$

下面是记录 4 的误差：

$$E_1 = \sigma(Z_1^2) - 记录\ 4\ 的目标值 = \sigma(Z_1^2) - 49.00$$

当该批次（这里的批次是整个训练集）的所有记录都已处理完时，处理中的那个点称为 epoch。此时，所有记录的网络误差的平均值可取值 $E=(E_1+E_2+E_3+E_4)/4$，这是当前 epoch 的误差。平均误差包括每个误差符号。显然，在第一个 epoch 的误差（随机选择的权值 / 偏差）对于一个好的函数逼近来说将太大，因此，你需要将这个误差减少到可接受的（所需的）值，称为误差限制，该值在处理开始时设置。减少网络误差是在反向传递（也称为反向传播）中完成的。误差限制由实验确定。误差限制设置为网络可以达到但不容易达到的最小误差。网络应该努力工作以达到这样的误差限制。在本书中的许多代码示例中，都会更详细地解释误差限制。

2.8 反向传播过程计算

如何减少网络误差？很明显，随机设置初始权值和偏差值导致不好的结果。它们导致了 epoch 1 的重大误差。你需要调整它们，使它们的新值导致更小的网络计算误差。反向传播通过在输出层和隐藏层中的所有网络神经元之间重新分配误差以及调整它们的初始权值来实现上述目标。对每一层偏差也进行调整。

要调整每个神经元的权值，需要计算关于神经元输出的误差函数偏导数。例如，计算出的部分神经元 O_1 的偏导数是 $\dfrac{\partial E}{\partial O_1}$。因为偏导数指向增加的函数值（但你需要减少误差函数的值），因此权值调整应在相反的方向进行。

$$权值调整值 = 权值原值 - \eta^* \frac{\partial E}{\partial O_1}$$

这里，η 是网络的学习速率，它控制网络学习的速度。其值通常设置为 0.1 和 1.0 之间。对每一层的偏差进行了类似的计算。对于偏差 B_1，如果计算出的偏导数为 $\frac{\partial E}{\partial B_1}$，则调整后的偏差计算如下：

$$权值的调整值 \, B_1 = 权值原值 \, B_1 - \eta^* \frac{\partial E}{\partial B_1}$$

通过对每个网络神经元和每个层偏差重复此计算，可以获得一组新的调整后的权值 / 偏差值。有了一组新的权值 / 偏差值，你将返回到前向传递，并使用调整后的权值 / 偏差计算新的网络输出。还可以重新计算网络输出误差。

因为你在与梯度相反的方向上调整了权值 / 偏差（偏导数），所以新的网络计算误差应该会减小。在循环中重复前向和后向传递，直到误差小于误差限制。此时，网络得到训练，你将训练后的网络保存在磁盘上。所训练的网络包括所有的权值和偏差参数，所述参数与所需的精度接近所预测的函数值。在第 3 章中，你将学习如何手动处理一些示例并查看所有详细的计算。但是，在做这些之前，你需要更新你对函数导数和梯度的知识。

2.9　函数导数与函数发散

函数的导数定义如下：

$$\frac{\partial f}{\partial x} = \lim_{n \to 0} \frac{f(x + \mathrm{d}x) - f(x)}{\mathrm{d}x}$$

其中：

　　∂x 是函数参数中的一个小变化

　　$f(x)$ 是更改参数之前函数的值

　　$f(x + \partial x)$ 是更改参数后函数的值

函数导数表示单变量函数 $f(x)$ 在 x 点的变化率。梯度是多变量函数 $f(x, y, z)$ 在 (x, y, z) 点的导数（变化率）。多变量函数 $f(x, y, z)$ 的梯度是为每个方向计算的分量 $\left(\frac{\partial f}{\partial x}, \frac{\partial f}{\partial y}, \frac{\partial f}{\partial z} \right)$ 的乘积。每一个分量被称为函数 $f(x, y, z)$ 相对于特定变量（方向）x、y、z 的偏导数。

任何函数点的梯度总是指向函数最大增量的方向。在局部最大值或局部最小值处，梯度是零，因为在这样的位置上没有单一方向的增加。在搜索要最小化的函数最小值（例如，对于误差函数）时，将朝与梯度相反的方向移动。

计算导数有几个规则。

☐ 这是权力规则：$\dfrac{\partial}{\partial x}(u^a) = a * u^{a-1} * \dfrac{\partial u}{\partial x}$

☐ 这是产品规则：$\dfrac{\partial(u * v)}{\partial x} = u * \dfrac{\partial v}{\partial x} + v * \dfrac{\partial u}{\partial x}$

☐ 这是商规则：$\dfrac{\partial f}{\partial x}\left(\dfrac{u}{v}\right) = \dfrac{v * \dfrac{\partial u}{\partial x} - u * \dfrac{\partial v}{\partial x}}{v^2}$

链式法则告诉你如何区分复合函数。

它指出 $\dfrac{\partial y}{\partial x} = \dfrac{\partial y}{\partial u} * \dfrac{\partial u}{\partial x}$，其中 $u=f(x)$。

这里有一个例子：$y=u^8$。$u=x^2+5$。

根据链式法则，

$$\frac{\partial y}{\partial x} = \frac{\partial y}{\partial u} * \frac{\partial u}{\partial x} = 8u^7 * 2x = 16x * (x^2 + 5)^7$$

2.10 最常用的函数导数

图 2-3 列出了最常用的函数导数。

$$\frac{d}{dx}(a) = 0 \qquad\qquad \frac{d}{dx}[\ln u] = \frac{d}{dx}[\log_e u] = \frac{1}{u}\frac{du}{dx}$$

$$\frac{d}{dx}(x) = 1 \qquad\qquad \frac{d}{dx}[\log_a u] = \log_a e\frac{1}{u}\frac{du}{dx}$$

$$\frac{d}{dx}(au) = a\frac{du}{dx} \qquad\qquad \frac{d}{dx}e^u = e^u\frac{du}{dx}$$

$$\frac{d}{dx}(u + v - w) = \frac{du}{dx} + \frac{dv}{dx} - \frac{dw}{dx} \qquad \frac{d}{dx}a^u = a^u \ln a\frac{du}{dx}$$

$$\frac{d}{dx}(uv) = u\frac{dv}{dx} + v\frac{du}{dx} \qquad \frac{d}{dx}(u^v) = vu^{v-1}\frac{du}{dx} + \ln u\, u^v\frac{dv}{dx}$$

$$\frac{d}{dx}\left(\frac{u}{v}\right) = \frac{1}{v}\frac{du}{dx} - \frac{u}{v^2}\frac{dv}{dx} \qquad \frac{d}{dx}\sin u = \cos u\frac{du}{dx}$$

$$\frac{d}{dx}(u^n) = nu^{n-1}\frac{du}{dx} \qquad \frac{d}{dx}\cos u = -\sin u\frac{du}{dx}$$

$$\frac{d}{dx}(\sqrt{u}) = \frac{1}{2\sqrt{u}}\frac{du}{dx} \qquad \frac{d}{dx}\tan u = \sec^2 u\frac{du}{dx}$$

$$\frac{d}{dx}\left(\frac{1}{u}\right) = -\frac{1}{u^2}\frac{du}{dx} \qquad \frac{d}{dx}\cot u = -\csc^2 u\frac{du}{dx}$$

$$\frac{d}{dx}\left(\frac{1}{u^n}\right) = -\frac{n}{u^{n+1}}\frac{du}{dx} \qquad \frac{d}{dx}\sec u = \sec u \tan u\frac{du}{dx}$$

$$\frac{d}{dx}[f(u)] = \frac{d}{du}[f(u)]\frac{du}{dx} \qquad \frac{d}{dx}\csc u = -\csc u \cot u\frac{du}{dx}$$

图 2-3 常用导数

由于 sigmoid 激活函数在网络处理的反向传播过程中经常使用，因此了解它的导数也很有帮助。

$$\sigma(Z) = 1/(1 + \exp(-Z))$$

$$\frac{\partial 6(Z)}{\partial Z} = Z * (1 - Z)$$

sigmoid 激活函数的导数给出了任何神经元的激活函数的变化率。

2.11 本章小结

本章通过解释如何计算所有处理结果，探讨了神经网络处理的内在机制。本章介绍了导数和梯度，并描述了如何使用这些概念来寻找误差函数的最小值之一。下一章将展示一个简单的示例，其中每个结果都是手动计算的。仅仅描述计算规则是不够的，因为将规则应用到一个特定的网络架构是非常棘手的。

第 3 章

人工神经网络处理

在本章中，你将通过一个简单的示例了解神经网络处理的内部原理。我将逐步详细解释处理前向和反向传播传递所涉及的计算。

注意 本章中的所有计算均基于第 2 章中的信息。如果在阅读第 3 章时有任何问题，请参阅第 2 章的解释。

3.1 示例 1：单点函数的手动逼近

图 3-1 显示了三维空间中的一个向量。

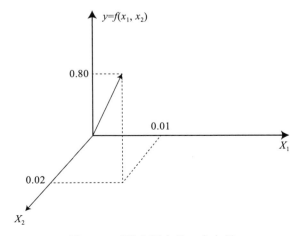

图 3-1 三维空间中的一个向量

该向量表示函数 $y=f(x_1, x_2)$ 在 $x_1=0.01$，$x_2=0.02$ 处的值。

$$y(0.01, 0.02)=0.80$$

3.2 构建神经网络

对于本例，假设你要构建并训练一个网络，该网络就给定的输入（$x_1=0.01$，$x_2=0.02$），计算输出结果 $y=0.80$（网络的目标值）。

图 3-2 显示了示例的网络图。

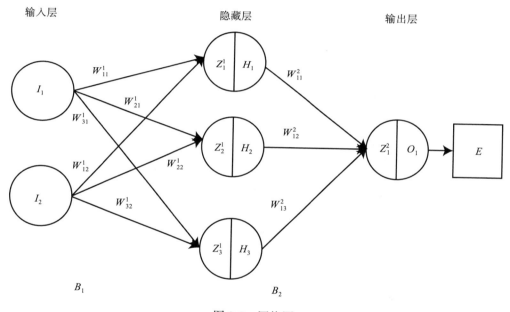

图 3-2 网络图

该网络有三层神经元（输入、隐藏和输出）。输入层有两个神经元（I_1 和 I_2），隐藏层有三个神经元（H_1、H_2、H_3），输出层有一个神经元（O_1）。权值被描绘在显示神经元之间的连接的箭头附近（例如，神经元 I_1 和 I_2 用相应的权值 W_{11}^1 和 W_{12}^1 为神经元 H_1 提供输入）。

隐藏层和输出层（H_1、H_2、H_3 和 O_1）中的神经元体表示为分成两部分的圆圈（见图 3-3）。神经元体的左侧显示计算出的神经元网络输入值 $Z_1^1 = W_{11}^1 * I_1 + W_{12}^1 * I_2 + B_1 1$。偏差的初始值通常设置为 1.00。神经元的输出是通过将 sigmoid 激活函数应用于到该神经元的网络输入来计算的。

$$H_1 = \sigma(Z_1^1) = 1/(1+\exp(-Z_1^1))$$

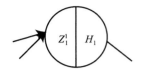

图 3-3　隐藏层和输出层的神经元表示

由于误差函数不是一个神经元，因此将其显示为一个方框（见图 3-4）。

图 3-4　误差函数表示

B1 和 B2 是对应网络层的偏差。

以下是初始网络设置的总结：

❑ 神经元 I_1 的输入 =0.01。

❑ 神经元 I_2 的输入 =0.02。

❑ T_1– 神经元 O_1 的目标输出 =0.80。

还需要为权值和偏差参数赋予初始值。初始参数的值通常是随机设置的，但对于此示例（所有计算都是手动完成的），你将为它们赋予以下值：

$$W_{11}^1 = 0.05 \ W_{12}^1 = 0.06 \ W_{21}^1 = 0.07 \ W_{22}^1 = 0.08 \ W_{31}^1 = 0.09 \ W_{32}^1 = 0.10$$
$$W_{11}^2 = 0.11 \ W_{12}^2 = 0.12 \ W_{13}^2 = 0.13$$
$$B_1 = 0.20$$
$$B_2 = 0.25$$

此示例的误差限制设置为 0.01。

3.3　前向传递计算

前向传递计算从隐藏层开始。

3.3.1　隐藏层

对于神经元 H_1，以下是步骤：

1）计算神经元 H_1 的总净输入（见式（3-1））。

$$Z_1^1 = W_{11}^1 * I_1 + W_{12}^1 * I_2 + B_1 * 1.00 = 0.05 * 0.01 + 0.06 * 0.02$$
$$+ 0.02 * 1.00 = 0.2017000000000000 \tag{3-1}$$

2）使用 logistic 函数 σ 得到 H_1 的输出（见式（3-2））。

$$H_1 = \delta(Z_1^1) = 1/(1 + \exp(-Z_1^1)) = 1/(1 + \exp(-02017000000000000))$$
$$= 0.5502547397403884 \tag{3-2}$$

对于神经元 H_2，见式（3-3）。

$$Z_2^1 = W_{21}^1 * I_1 + W_{22}^1 * I_2 + B_1 * 1.00 = 0.07 * 0.01 + 0.08 * 0.02 + 0.20 * 1.00 = 0.2023$$
$$H_2 = 1/(1 + \exp(-0.2023)) = 0.5504032199355139 \tag{3-3}$$

对于神经元 H_3，见式（3-4）。

$$Z_2^1 = W_{31}^1 * I_1 + W_{32}^1 * I_2 + B_1^* 1.00 = 0.09 * 0.01 + 0.10 * 0.02 + 0.20 * 1.00$$
$$= 0.20290000000000002$$
$$H_3 = 1/(1 + \exp(-0.20290000000000002)) = 0.5505516911502556 \tag{3-4}$$

3.3.2 输出层

输出层神经元 O_1 的计算与隐藏层神经元的计算相似，但有一点不同：输出层神经元 O_1 的输入是相应隐藏层神经元的输出。另外，注意有三个隐藏层神经元参与了输出层神经元 O_1 的输入。

以下是神经元 O_1 的步骤：

1）计算神经元 O 的总净输入（见式（3-5））。

$$Z_1^2 = W_{11}^2 * H_1 + W_{12}^2 * H_2 + W_{13}^2 * H_3 + B_2 * 1.00 = 0.11 * 0.5502547397403884$$
$$+ 0.12 * 0.05504032199355139 + 0.13 * 0.5505516911502556 + 0.25 * 1.00$$
$$= 0.44814812761323763 \tag{3-5}$$

2）使用 logistic 函数 σ 得到 O_1 的输出（见式（3-6））。

$$O_1 = \sigma(Z_1^2) = 1/(1 + \exp(-Z_1^2)) = 1/(1 + \exp(-0.44814812761323763))$$
$$= 0.6101988445912522 \tag{3-6}$$

计算得到的神经元 O_1 的输出为 0.6101988445912522，而神经元 O_1 的目标输出必须为 0.80。因此，神经元 O_1 的输出平方误差如式（3-7）所示。

$$E = 0.5 * (T_1 - O_1)^2 = 0.5 * (0.80 - 0.6101988445912522) = 0.018801223929724783 \tag{3-7}$$

在式（3-7）中，用乘子 0.5 来抵消导数计算中的指数。出于效率原因，Encog 框架（你将在本书后面学习并使用）将平方移到计算的后面。

这里需要的是最小化网络计算误差，以获得良好的逼近结果。这是通过在输出层和隐藏层神经元的权值和偏差之间重新分配网络误差来实现的，同时考虑到每个神经元对网络输出的影响取决于其权值。此计算在反向传播过程中完成。

要将误差重新分配给所有输出层和隐藏层神经元并调整它们的权值，你需要了解当每个神经元的权值改变时，最终误差值的变化程度。对于每一层的偏差也是如此。通过将网络误差重新分配给所有输出层和隐藏层神经元，你实际上可以计算对每个神经元权值和每个层偏差的调整。

3.4 反向传递计算

通过反向移动（从网络误差到输出层，然后从输出层到隐藏层），计算每个网络神经元 / 层的权值和偏差调整。

3.4.1 计算输出层神经元的权值调整

让我们计算神经元 W_{11}^2 的权值调整。如你所知，函数的偏导数决定了误差函数参数中的一个小变化对函数值相应变化的影响。将其应用于神经元 W_{11}^2，这里你想知道 W_{11}^2 的变化如何影响网络误差 E。为此，需要计算误差函数 E 相对于 W_{11}^2 的偏导数，即 $\dfrac{\partial E}{\partial W_{11}^2}$。

1. 计算 W_{11}^2 的调整

对导数应用链式法则，$\partial E / \partial W_{11}^2$ 可用式（3-8）来表示。

$$\frac{\partial E}{\partial W_{11}^2} = \frac{\partial E}{\partial O_1} * \frac{\partial O_1}{\partial Z_1^2} * \frac{\partial Z_1^2}{\partial W_{11}^2} \tag{3-8}$$

让我们用导数微积分分别计算方程的每一部分（见式（3-9））。

$$E = 0.5 * (T_1 - O_1)^2$$
$$\frac{\partial E}{\partial O_1} = 2 * 0.5 * (T_1 - O_1) * \frac{\partial (0.5(T_1 - O_1))}{\partial O_1} = (T_1 - O_1) * (-1) = (O_1 - T_1)$$
$$= 0.80 - 0.6101988445912522 = -0.18980115540874787 \tag{3-9}$$

$\dfrac{\partial O_1}{\partial Z_1^2}$ 是 sigmoid 激活函数的导数，等于式（3-10）。

$$O_1 * (1 - O_1) = 0.6101988445912522 * (1 - 0.6101988445912522)$$
$$= 0.23785621465075305 \tag{3-10}$$

$\dfrac{\partial Z_1^2}{\partial W_{11}^2}$ 计算见式（3-11）和式（3-12）。

$$Z_1^2 = W_{11}^2 * H_1 + W_{12}^2 * H_2 + W_{13}^2 * H_3 + B_2 * 1.00 \tag{3-11}$$

$$\frac{\partial Z_1^2}{\partial W_{11}^2} = H_1 = 0.5502547397403884 \tag{3-12}$$

 注意 $\dfrac{\partial (W_{12}^2 * H_2 + W_{13}^2 * H_3 + B_2 * 1.00)}{\partial W_{11}^2} = 0$，因为这部分不依赖于 W_{11}^2。

让我们把它们放在一起（见式（3-13））。

$$\frac{\partial E}{\partial W_{11}^2} = -0.18980115540874787 * 0.23785621465075305 *$$

$$0.5502547397403884 = -0.024841461722517316 \qquad （3-13）$$

为了减小误差，需要计算 W_{11}^2 的新调整值（见式（3-14）），通过从 W_{11}^2 的原始值中减去 $\frac{\partial E}{\partial W_{11}^2}$ 的值（可选地乘以某个学习速率 η）。

$$调整后的\ W_{11}^2 = W_{11}^2 - \eta * \frac{\partial E}{\partial W_{11}^2}，\ 在本例中，\eta=1 \qquad （3-14）$$

调整后的 W_{11}^2=0.11+0.024841461722517316=0.13484146172251732

2. 计算 W_{12}^2 的调整

对导数应用链式法则，可由式（3-15）来表示 $\partial E / \partial W_{12}^2$。

$$\frac{\partial E}{\partial W_{11}^2} = \frac{\partial E}{\partial O_1} * \frac{\partial O_1}{\partial Z_1^2} * \frac{\partial Z_1^2}{\partial W_{12}^2} \qquad （3-15）$$

让我们用导数微积分分别计算方程的每一部分（见式（3-16））。

$$\frac{\partial E}{\partial O_1} = -0.18980115540874787 \qquad （3-16）$$

$\frac{\partial O_1}{\partial Z_1^2}$ 的计算见式（3-17）和式（3-18）。

$$\frac{\partial O_1}{\partial Z_1^2} = 0.23785621465075305 \qquad （3-17）$$

$\frac{\partial Z_1^2}{\partial W_{12}^2}$ 的计算见式（3-18）和式（3-19）。

$$Z_1^2 = W_{11}^2 * H_1 + W_{12}^2 * H_2 + W_{13}^2 * H_3 + B_2 * 1.00 \qquad （3-18）$$

$$\frac{\partial Z_1^2}{\partial W_{11}^2} = H_2 = 0.5504032199355139 \qquad （3-19）$$

让我们把它们放在一起（见式（3-20））。

$$\frac{\partial E}{\partial W_{11}^2} = -0.18980115540874787 * 0.23785621465075305 *$$

$$0.5502547397403884 = -0.024841461722517316 \qquad （3-20）$$

为了减小误差，需要计算 W_{11}^2 的新调整值（见式（3-21）），通过从 W_{11}^2 的原始值中减去 $\frac{\partial E}{\partial W_{11}^2}$ 的值（可选地乘以某个学习速率 η）。

$$调整后的\ W_{12}^2 = W_{12}^2 - \eta * \frac{\partial E}{\partial W_{12}^2}$$

$$调整后的 \ W_{12}^2 = 0.12 + 0.24841461722517316 = 0.1448414617225173 \qquad （3-21）$$

3. 计算 W_{13}^2 的调整

对导数应用链式法则，$\partial E / \partial W_{11}^3$ 可由式（3-22）及式（3-23）来表示。

$$\frac{\partial E}{\partial W_{13}^2} = \frac{\partial E}{\partial O_1} * \frac{\partial O_1}{\partial Z_1^2} * \frac{\partial Z_1^2}{\partial W_{13}^2}$$

$$\frac{\partial E}{\partial O_1} = -0.18980115540874787 \qquad （3-22）$$

$$\frac{\partial O_1}{\partial Z_1^2} = 0.23785621465075305 \qquad （3-23）$$

$\dfrac{\partial Z_1^2}{\partial W_{13}^2}$ 的计算见式（3-24）和式（3-25）。

$$Z_1^2 = W_{11}^2 * H_1 + W_{12}^2 * H_2 + W_{13}^2 * H_3 + B_2 * 1.00 \qquad （3-24）$$

$$\frac{\partial Z_1^2}{\partial W_{13}^2} = H_3 = 0.5505516911502556 \qquad （3-25）$$

把它们放在一起（见式（3-26）和式（3-27））。

$$\frac{\partial E}{\partial W_{13}^2} = -0.18980115540874787 * 0.23785621465075305 *$$

$$0.5505516911502556 = -0.024854867708052567 \qquad （3-26）$$

调整后的 $W_{13}^2 = W_{13}^2 - \eta * \dfrac{\partial E}{\partial W_{13}^2}$，在本例中，$\eta = 1$

$$调整后的 \ W_{12}^2 = 0.13 + 0.024814461722517316 = 0.1548414617225173 \qquad （3-27）$$

因此，在第二次迭代中，将使用以下调整后的权值：

$$调整后的 \ W_{11}^2 = 0.08515853827748268$$
$$调整后的 \ W_{12}^2 = 0.09515853827748268$$
$$调整后的 \ W_{13}^2 = 0.10515853827748269$$

调整输出神经元的权值后，就可以计算隐藏神经元的权值调整。

3.4.2 计算隐藏层神经元的权值调整

隐藏层神经元的权值调整计算与输出层相应的计算相似，但有一个重要的区别。对于隐藏层中的神经元，输入现在由输出层中相应神经元的输出结果组成。

1. 计算 W_{11}^1 的调整

对导数应用链式法则，$\partial E / \partial W_{11}^1$ 可由式（3-28）～ 式（3-31）来表示。

$$\frac{\partial E}{\partial W_{11}^1} = \frac{\partial E}{\partial H_1} * \frac{\partial H_1}{\partial Z_1^1} * \frac{\partial Z_1^1}{\partial W_{11}^1} \tag{3-28}$$

$$\begin{aligned}\frac{\partial E}{\partial H_1} &= \frac{\partial E}{\partial O_1} * \frac{\partial O_1}{\partial Z_1^1} = -0.18980115540874787 * 0.23785621465075305 \\ &= -0.04514538436186407 \end{aligned} \tag{3-29}$$

$$\begin{aligned}\frac{\partial H_1}{\partial Z_1^1} &= \sigma(H_1) = H_1 * (1 - H_1) \\ &= 0.5502547397403884 * (1 - 0.5502547397403884) \\ &= 0.24747446113362584 \end{aligned} \tag{3-30}$$

$$\frac{\partial Z_1^1}{\partial W_{11}^1} = \frac{\partial(W_{11}^1 * I_1 + W_{12}^1 * I_2 + B_1 * I)}{\partial W_{11}^1} = I_1 = 0.01 \tag{3-31}$$

让我们把它们放在一起（见式（3-32）～式（3-34））。

$$\begin{aligned}\frac{\partial E}{\partial W_{11}^1} &= -0.04514538436186407 * 0.24747446113362584 * 0.01 \\ &= -0.0001117232966762273 \end{aligned} \tag{3-32}$$

$$\begin{aligned}\text{调整后的 } W_{11}^1 &= W_{11}^1 - \eta * \frac{\partial E}{\partial W_{11}^1} = 0.05 - 0.0001117232966762273 \\ &= 0.049888276703323776 \end{aligned} \tag{3-33}$$

$$\begin{aligned}\text{调整后的 } W_{11}^1 &= W_{11}^1 - \eta * \frac{\partial E}{\partial W_{11}^1} = 0.05 + 0.0001117232966762273 \\ &= 0.05011172329667623 \end{aligned} \tag{3-34}$$

2. 计算 W_{12}^1 的调整

对导数应用链式法则，$\partial E / \partial W_{12}^1$ 可由式（3-35）～ 式（3-37）来表示。

$$\frac{\partial E}{\partial W_{12}^1} = \frac{\partial E}{\partial H_1} * \frac{\partial H_1}{\partial Z_1^1} * \frac{\partial Z_1^1}{\partial W_{12}^1}$$

$$\begin{aligned}\frac{\partial E}{\partial H_1} &= \frac{\partial E}{\partial O_1} * \frac{\partial O_1}{\partial Z_1^1} = -0.18980115540874787 * 0.23785621465075305 \\ &= -0.04514538436186407 \end{aligned} \tag{3-35}$$

$$\frac{\partial H_1}{\partial Z_1^1} = 0.24747446113362584 \tag{3-36}$$

$$\frac{\partial Z_1^1}{\partial W_{12}^1} = \frac{\partial(W_{11}^1 * I_1 + W_{12}^1 * I_2 + B_1 * 1)}{\partial W_{12}^1} = I_2 = 0.02 \qquad (3\text{-}37)$$

把它们放在一起，见式（3-38）和式（3-39）。

$$\frac{\partial E}{\partial W_{12}^1} = -0.04514538436186407 * 0.24747446113362584 * 0.02$$

$$= -0.0022344659335245464 \qquad (3\text{-}38)$$

$$调整后的\ W_{12}^1 = W_{12}^1 - \eta * \frac{\partial E}{\partial W_{12}^1} = 0.06 + 0.00022344659335245464$$

$$= 0.06022344659335245 \qquad (3\text{-}39)$$

3. 计算 W_{21}^1 的调整

对导数应用链式法则，$\partial E / \partial W_{21}^1$ 可由式（3-40）~ 式（3-43）来表示。

$$\frac{\partial E}{\partial W_{21}^1} = \frac{\partial E}{\partial H_2} * \frac{\partial H_2}{\partial Z_2^1} * \frac{\partial Z_2^1}{\partial W_{21}^1} \qquad (3\text{-}40)$$

$$\frac{\partial E}{\partial H_2} = \frac{\partial E}{\partial O_1} * \frac{\partial O_1}{\partial Z_2^1} = -0.18980115540874787 * 0.23785621465075305$$

$$= -0.04514538436186407 \qquad (3\text{-}41)$$

$$\frac{\partial H_2}{\partial Z_2^1} = H_2 * (1 - H_2) = 0.5504032199355139 * (1 - 0.5504032199355139)$$

$$= 0.059776553406647545 \qquad (3\text{-}42)$$

$$\frac{\partial Z_2^1}{\partial W_{21}^1} = \frac{\partial(W_{21}^1 * I_1 + W_{22}^1 * I_2 + B_1 * 1)}{\partial W_{21}^1} = I_1 = 0.01 \qquad (3\text{-}43)$$

把它们放在一起，见式（3-44）和式（3-45）。

$$\frac{\partial E}{\partial W_{21}^1} = -0.04514538436186407 * 0.059776553406647545 * 0.01$$

$$= -0.000026986354793705983 \qquad (3\text{-}44)$$

$$调整后的\ W_{21}^1 = W_{12}^1 - \eta * \frac{\partial E}{\partial W_{21}^1} = 0.07 + 0.000026986354793705983 \qquad (3\text{-}45)$$

$$= -0.07002698635479371$$

4. 计算 W_{22}^1 的调整

对导数应用链式法则，$\partial E / \partial W_{22}^1$ 可由式（3-46）~ 式（3-49）来表示。

$$\frac{\partial E}{\partial W_{22}^1} = \frac{\partial E}{\partial H_2} * \frac{\partial H_2}{\partial Z_2^1} * \frac{\partial Z_2^1}{\partial W_{22}^1} \qquad (3\text{-}46)$$

$$\frac{\partial E}{\partial H_2} = \frac{\partial E}{\partial O_1} * \frac{\partial O_1}{\partial Z_2^1} = -0.04514538436186407 \tag{3-47}$$

$$\frac{\partial H_2}{\partial Z_2^1} = H_2 * (1 - H_2) = 0.5504032199355139 * (1 - 0.5504032199355139)$$
$$= 0.059776553406647545 \tag{3-48}$$

$$\frac{\partial Z_2^1}{\partial W_{22}^1} = \frac{\partial (W_{21}^1 * I_1 + W_{22}^1 * I_2 + B_1 * 1)}{\partial W_{22}^1} = I_2 = 0.02 \tag{3-49}$$

让我们把它们放在一起，见式（3-50）和式（3-51）。

$$\frac{\partial E}{\partial W_{22}^1} = -0.04514538436186407 * 0.059776553406647545 * 0.02$$
$$= -0.0000053972709587411966 \tag{3-50}$$

$$调整后的 W_{22}^1 = W_{22}^1 - \eta * \frac{\partial E}{\partial W_{22}^1} = 0.08 + 0.0000053972709587411966 \tag{3-51}$$
$$= 0.08005397270958742$$

5. 计算 W_{31}^1 的调整

对导数应用链式法则，$\partial E / \partial W_{31}^1$ 可由式（3-52）～式（3-55）来表示。

$$\frac{\partial E}{\partial W_{31}^1} = \frac{\partial E}{\partial H_3} * \frac{\partial H_3}{\partial Z_3^1} * \frac{\partial Z_3^1}{\partial W_{31}^1} \tag{3-52}$$

$$\frac{\partial E}{\partial H_3} = \frac{\partial E}{\partial O_1} * \frac{\partial O_1}{\partial Z_3^1} = -0.04514538436186407 \tag{3-53}$$

$$\frac{\partial H_3}{\partial Z_3^1} = H_3 * (1 - H_3) = 0.5505516911502556 * (1 - 0.5505516911502556)$$
$$= 0.24744452652184917 \tag{3-54}$$

$$\frac{\partial Z_3^1}{\partial W_{31}^1} = \frac{\partial (W_{31}^1 * I_1 + W_{32}^1 * I_2 + B_1 * 1)}{\partial W_{31}^1} = I_1 = 0.01 \tag{3-55}$$

把它们放在一起，见式（3-56）和式（3-57）。

$$\frac{\partial E}{\partial W_{22}^1} = -0.04514538436186407 * 0.24744452652184917 * 0.01$$
$$= -0.0001117097825806835 \tag{3-56}$$

$$调整后的 W_{31}^1 = W_{31}^1 - \eta * \frac{\partial E}{\partial W_{31}^1} = 0.09 + 0.0001117097825806835 \tag{3-57}$$
$$= 0.099011170978258068$$

6. 计算 W_{32}^1 的调整

对导数应用链式法则，$\partial E / \partial W_{32}^1$ 可由式（3-58）～式（3-61）来表示。

$$\frac{\partial E}{\partial W_{32}^1} = \frac{\partial E}{\partial H_3} * \frac{\partial H_3}{\partial Z_3^1} * \frac{\partial Z_3^1}{\partial W_{32}^1} \qquad (3-58)$$

$$\frac{\partial E}{\partial H_3} = \frac{\partial E}{\partial O_1} * \frac{\partial O_1}{\partial Z_3^1} = -0.04514538436186407 \qquad (3-59)$$

$$\frac{\partial H_3}{\partial Z_3^1} = H_3 * (1 - H_3) = 0.5505516911502556 * (1 - 0.5505516911502556)$$
$$= 0.24744452652184917 \qquad (3-60)$$

$$\frac{\partial Z_3^1}{\partial W_{32}^1} = \frac{\partial(W_{31}^1 * I_1 + W_{32}^1 * I_2 + B_1 * 1)}{\partial W_{32}^1} = I_2 = 0.02 \qquad (3-61)$$

把它们放在一起，见式（3-62）和式（3-63）。

$$\frac{\partial E}{\partial W_{32}^1} = -0.04514538436186407 * 0.24744452652184917 * 0.02$$
$$= -0.000223419565161367 \qquad (3-62)$$

$$调整后的 \; W_{32}^1 = W_{32}^1 - \eta * \frac{\partial E}{\partial W_{31}^1} = 0.10 + 0.000223419565161367 \qquad (3-63)$$
$$= 0.10022341956516137$$

3.5 更新网络偏差

你需要计算偏差 B_1 和 B_2 的误差调整。同样，使用链式法则，见式（3-64）和式（3-65）。

$$\frac{\partial E}{\partial B_1} = \frac{\partial E}{\partial O_1} * \frac{\partial O_1}{\partial Z_1^1} * \frac{\partial Z_1^1}{\partial B_1} \qquad (3-64)$$

$$\frac{\partial E}{\partial B_2} = \frac{\partial E}{\partial O_1} * \frac{\partial O_1}{\partial Z_1^2} * \frac{\partial Z_1^2}{\partial B_2} \qquad (3-65)$$

为两个表达式计算前一个公式的三部分，见式（3-66）～式（3-69）。

$$\frac{\partial Z_1^1}{\partial B_1} = \frac{\partial(W_{11}^1 * I_1 + W_{12}^1 * I_2 + B_1 * 1)}{\partial B_1} = 1 \qquad (3-66)$$

$$\frac{\partial Z_1^2}{\partial B_2} = \frac{\partial(W_{11}^2 * H_1 + W_{12}^2 * H_2 + W_{13}^2 * H_3 + B_2 * 1)}{\partial B_2} = 1 \qquad (3-67)$$

$$\frac{\partial E}{\partial B_1} = \frac{\partial E}{\partial H_2} * \frac{\partial H_1}{\partial Z_1^1} * 1 = \delta_1^1 \qquad (3-68)$$

$$\frac{\partial E}{\partial B_2} = \frac{\partial E}{\partial H_2} * \frac{\partial H_2}{\partial Z_1^2} * 1 = \delta_1^2 \qquad (3\text{-}69)$$

因为是每一层而不是每一个神经元都使用偏差 B_1 和 B_2，所以可以计算该层的平均 δ，见式（3-70）~ 式（3-76）。

$$\delta^1 = \delta_1^1 + \delta_2^1 + \delta_3^1 \qquad (3\text{-}70)$$

$$\frac{\partial E}{\partial B_1} = \delta^1 \qquad (3\text{-}71)$$

$$\frac{\partial E}{\partial B_2} = \delta^2 \qquad (3\text{-}72)$$

$$\delta^2 = \frac{\partial E}{\partial O_1} * \frac{\partial O_1}{\partial Z_1^2} = -0.18980115540874787 * 0.23785621465075305$$
$$= -0.04514538436186407 \qquad (3\text{-}73)$$

$$\delta_1^1 = \frac{\partial E}{\partial O_1} * \frac{\partial O_1}{\partial Z_2^1} = -0.04514538436186407 \qquad (3\text{-}74)$$

$$\delta_2^1 = \frac{\partial E}{\partial O_1} * \frac{\partial O_1}{\partial Z_1^1} = -0.04514538436186407 \qquad (3\text{-}75)$$

$$\delta_3^1 = \frac{\partial E}{\partial O_1} * \frac{\partial O_1}{\partial Z_3^1} = -0.04514538436186407 \qquad (3\text{-}76)$$

因为对于每层计算的偏差调整，可以取每个神经元计算的偏差调整的平均值，见式（3-77）。

$$\delta^1 = (\delta_1^1 + \delta_2^1 + \delta_3^1)/3 = -0.04514538436186407$$
$$\delta^2 = -0.04514538436186407 \qquad (3\text{-}77)$$

引入变量 δ，得到式（3-78）和式（3-79）。

调整后的 $B_1 = B_1 - \eta * \delta_1 = 0.20 + 0.04514538436186407 = 0.2451453843618641$ （3-78）

调整后的 $B_2 = B_2 - \eta * \delta_2 = 0.25 + 0.04514538436186407 = 0.29514538436186405$ （3-79）

计算完所有新的权值后，返回到前向阶段并计算新的误差。

3.6　回到前向传递

使用新调整的权值 / 偏差重新计算隐藏层和输出层的网络输出。

3.6.1　隐藏层

对于神经元 H_1，以下是步骤：

1）计算神经元 H_1 的总净输入，见式（3-80）。

$$Z_1^1 = W_{11}^1 * I_1 + W_{12}^1 * I_2 + B_1 * 1.00 = 0.05011172329667623 * 0.01$$
$$+0.06022344659335245 * 0.02 + 0.2451453843618641 * 1.00$$
$$= 0.2468509705266979 \tag{3-80}$$

2）使用 logistic 函数 δ 得到 H_1 的输出，见式（3-81）。

$$H_1 = \delta(Z_1^1) = 1/(1+\exp(-Z_1^1)) = 1/(1+\exp(-0.2468509705266979))$$
$$= 0.561401266257945 \tag{3-81}$$

对于神经元 H_2，见式（3-82）和式（3-83）。

$$Z_2^1 = W_{21}^1 * I_1 + W_{22}^1 * I_2 + B_1 * 1.00 = 0.07002698635479371 * 0.01$$
$$+0.08005397270958742 * 0.02 + 0.2451453843618641 * 1.00$$
$$= 0.24744673367960376 \tag{3-82}$$

$$H_2 = 1/(1+\exp(-0.24744673367960376)) = 0.5615479555799516 \tag{3-83}$$

对于神经元 H_3，见式（3-84）。

$$Z_2^1 = W_{31}^1 * I_1 + W_{32}^1 * I_2 + B_1 * 1.00 = 0.09011170978258068 * 0.01$$
$$+0.10022341956516137 * 0.02 + 0.2451453843618641 * 1.00$$
$$= 0.24805096985099312$$
$$H_3 = 1/(1+\exp(-0.24805096985099312)) = 0.5616967201480348 \tag{3-84}$$

3.6.2 输出层

对于神经元 O_1，以下是步骤：

1）计算神经元 O_1 的总净输入，见式（3-85）。

$$Z_1^2 = W_{11}^2 H_1 + W_{12}^2 * H_2 + W_{13}^2 * H_3 + B_2 * 1.00$$
$$= 0.13484146172251732 * 0.5502547397403884$$
$$+0.1448414617225173 * 0.5504032199355139$$
$$+0.1548414617225173 * 0.5505516911502556$$
$$+0.29514538436186405 * 1.00 = 0.5343119733119508 \tag{3-85}$$

2）使用 logistic 函数 σ 从 O_1 得到输出，见式（3-86）。

$$O_1 = \sigma(Z_1^2) = 1/(1+\exp(-Z_1^2)) = 1/(1+\exp(-0.5343119733119508))$$
$$= 0.6304882485312977 \tag{3-86}$$

神经元 O_1 的计算输出为 0.6304882485312977，而 O_1 的目标输出为 0.80，因此，神经元 O_1 输出的平方误差见式（3-87）。

$$E = 0.5 * (T_1 - O_1)^2 = 0.5 * (0.80 - 0.6304882485312977)^2$$
$$= 0.014367116942993556 \tag{3-87}$$

在第一次迭代中，误差为 0.01801223929724783。现在，在第二次迭代中，误差已减少到 0.014367116942993556。

你可以继续这些迭代，直到网络计算出的误差小于已设置的限制。对于节点 $H1$，让我们看下计算误差函数 E 相对于 W_{11}^2 和 W_{12}^2 的偏导数的公式，见式（3-88）~式（3-90）。

$$\frac{\partial E}{\partial W_{11}^2} = \frac{\partial E}{\partial O_1} * \frac{\partial O_1}{\partial Z_1^2} * \frac{\partial Z_1^2}{\partial W_{11}^2} \tag{3-88}$$

$$\frac{\partial E}{\partial W_{12}^2} = \frac{\partial E}{\partial O_1} * \frac{\partial O_1}{\partial Z_1^2} * \frac{\partial Z_1^2}{\partial W_{12}^2} \tag{3-89}$$

$$\frac{\partial E}{\partial W_{13}^2} = \frac{\partial E}{\partial O_1} * \frac{\partial O_1}{\partial Z_1^2} * \frac{\partial Z_1^2}{\partial W_{13}^2} \tag{3-90}$$

可以看到，这三个公式都有一个公共部分：$\frac{\partial E}{\partial O_1} * \frac{\partial O_1}{\partial Z_1^2}$。这个部分叫作节点的 δ 值。使用 δ，可以将式（3-88）~式（3-90）重写为式（3-91）~式（3-93）。

$$\frac{\partial E}{\partial W_{11}^2} = \delta_1^2 * \frac{\partial Z_1^2}{\partial W_{11}^2} \tag{3-91}$$

$$\frac{\partial E}{\partial W_{12}^2} = \delta_1^2 * \frac{\partial Z_1^2}{\partial W_{12}^2} \tag{3-92}$$

$$\frac{\partial E}{\partial W_{13}^2} = \delta_1^2 * \frac{\partial Z_1^2}{\partial W_{13}^2} \tag{3-93}$$

相应地，可以重写隐藏层的公式，见式（3-94）~式（3-99）。

$$\frac{\partial E}{\partial W_{11}^1} = \delta_1^1 * \frac{\partial Z_1^1}{\partial W_{11}^1} \tag{3-94}$$

$$\frac{\partial E}{\partial W_{12}^1} = \delta_1^1 * \frac{\partial Z_1^1}{\partial W_{12}^1} \tag{3-95}$$

$$\frac{\partial E}{\partial W_{21}^1} = \delta_2^1 * \frac{\partial Z_2^1}{\partial W_{21}^1} \tag{3-96}$$

$$\frac{\partial E}{\partial W_{22}^1} = \delta_2^1 * \frac{\partial Z_2^1}{\partial W_{22}^1} \tag{3-97}$$

$$\frac{\partial E}{\partial W_{31}^1} = \delta_3^1 * \frac{\partial Z_3^1}{\partial W_{31}^1} \tag{3-98}$$

$$\frac{\partial E}{\partial W_{32}^1} = \delta_3^1 * \frac{\partial Z_3^1}{\partial W_{32}^1} \tag{3-99}$$

一般来说，计算误差函数 E 相对于其权值的偏导数，可以通过将节点的 δ 值乘以误差函数 E 相对于相应权值的偏导数来完成。这样可以避免计算一些冗余数据。这意味着你可以计算每个网络节点的 δ 值，然后使用式（3.94）~ 式（3.99）。

3.7　网络计算的矩阵形式

假设网络要处理两个记录（两个点）。对于同一个网络，可以使用矩阵进行计算。例如，通过引入 $\boldsymbol{Z}$ 向量、$\boldsymbol{W}$ 矩阵和 $\boldsymbol{B}$ 向量，可以获得与使用标量时相同的计算结果。见图 3-5。

$$\begin{Vmatrix} Z_1^1 \\ Z_2^1 \\ Z_3^1 \end{Vmatrix} = \begin{Vmatrix} W_{11}^1 & W_{12}^1 \\ W_{21}^1 & W_{22}^1 \\ W_{21}^1 & W_{22}^1 \end{Vmatrix} \begin{Vmatrix} I_1 \\ I_2 \end{Vmatrix} + \begin{Vmatrix} B_1 \\ B_1 \\ B_1 \end{Vmatrix} = \begin{Vmatrix} W_{11}^1 * I_1 + W_{12}^1 * I_2 + B_1 \\ W_{11}^1 * I_1 + W_{12}^1 * I_2 + B_1 \\ W_{11}^1 * I_1 + W_{12}^1 * I_2 + B_1 \end{Vmatrix}$$

图 3-5　网络计算的矩阵形式

使用矩阵计算还是标量计算是一个优先考虑的问题。使用好的矩阵库可以快速完成计算。例如，cuBLAS 库可以利用 GPU 和 FPGA 的优势。由于矩阵要保存在内存中，使用矩阵加速计算也会导致对内存的高需求。

3.8　深入调查

当使用神经网络时，你可以设置误差限制（具体指示训练的网络结果与目标数据的匹配程度）。训练过程通过逐渐向误差函数最小值的方向移动来迭代工作，从而减小误差。当计算出的网络结果与目标结果之差小于预设的误差限制时，迭代过程停止。

网络是否有可能无法达到设置的误差限制？很不幸，是的。让我们更详细地讨论一下。当然，逼近误差取决于所选择的网络架构（隐藏层的数量和每个隐藏层中的神经元的数量）。但是，这里我们假设网络架构的设置是正确的。

逼近误差也取决于函数拓扑。再次假设函数是单调且连续的（我们将在本书后面讨论非连续函数的逼近）。但是，网络仍可能无法达到误差限制。为什么？之前已经提到反向传播是一个寻找误差函数最小值的迭代过程。误差函数通常是一个由许多变量组成的函数，但为了简单起见，我们将其显示为二维空间图，如图 3-6 所示。

训练过程的目标是找出误差函数的最小值。误差函数取决于迭代训练过程中校准的权值 / 偏差参数。权值 / 偏差的初始值通常是随机设置的，然后训练过程计算该初始设置（点）的网络误差。从这一点开始，训练过程向下移动到函数最小值。

如图 3-6 所示，误差函数通常有几个最小值。其中最低的称为全局最小值，其余的称为局部最小值。根据训练过程的起点，它可以找到一些接近起点的局部最小值。每一个局部最小值都是训练过程中的一个陷阱，因为一旦训练过程达到局部最小值，任何进一步的移动都会显示一个变化的梯度值，迭代过程就会停止，收敛在局部最小值。

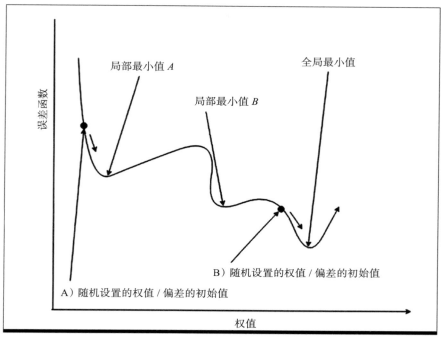

图 3-6　误差函数局部和全局最小值

考虑图 3-6 中的起点 A 和 B。在起点 A 的情况下，训练过程将找到局部最小值 A，与起点 B 相比，这会产生更大的误差。这就是为什么多次运行同一个训练过程总是会产生不同的误差结果（因为对于每次运行，训练过程都是从随机的起点开始）。

> **提示**　如何实现最佳逼近结果？在对神经网络处理进行编程时，总是将逻辑安排成一个循环来启动训练过程。每次调用训练方法后，训练方法中的逻辑应该检查误差是否小于误差限制，如果不是，则应该以非零误差代码退出训练方法。控件将返回到循环中调用训练方法的代码。如果返回代码不为零，则代码将再次调用训练方法。逻辑继续循环，直到计算出的误差小于误差限制。它将在此时以零返回代码退出，因此训练方法将不再被调用。如果不这样做，训练逻辑只会循环遍历各个 epoch，无法清除误差限制。这类编程代码的一些示例将在后面的章节中展示。

为什么有时训练网络很困难？网络被认为是一个通用函数逼近工具。不过，这一说法也有例外。网络只能很好地逼近连续函数。如果函数是非连续的（突然上下跳跃），那么其逼近结果的质量将非常差（大误差），这样的逼近是无用的。我们将在本书后面讨论这个问题，并展示我的方法，允许以高精度逼近非连续函数。

此处所示的计算是针对单个函数点进行的。当需要在多个点上逼近两个或多个变量的函数时，计算量将呈指数增长。这种资源密集型进程对计算机资源（内存和 CPU）提出了很高的要求。正如前言中提到的，这就是为什么早期使用人工智能的尝试无法处理复杂的任务。直到后来，由于计算能力的大幅提高，人工智能才取得了巨大的成功。

3.9 小批次与随机梯度

当输入数据集非常大（数百万条记录）时，计算量非常大。处理这样的网络需要很长时间，而且网络学习变得很慢，因为每个输入记录都需要计算梯度。

为了加快这个过程，你可以将一个大的输入数据集分解成许多称为小批次的块，并独立处理每个小批次。在一个小批次文件中处理的所有记录构成一个 epoch，即进行权值 / 偏差调整的点。

由于小批次文件的大小要小得多，因此处理所有小批次将比把整个数据集作为单个文件处理要快。最后，不用为整个数据集的每个记录计算梯度，而是计算随机梯度，即为每个小批次计算的梯度的平均值。

如果神经元对小批次文件 m 进行处理的权值调整是 W_n^m，那么对于整个数据集，这种神经元的权值调整大约等于对所有小批次独立计算的调整的平均值。

调整过的 $W_s^k \approx W_s^k - \dfrac{\eta}{m} \sum_j^m \dfrac{\partial E}{\partial W_s^j}$，其中 m 是小批次的数量

大输入数据集的神经网络处理主要是用小批次的方法完成的。

3.10 本章小结

本章展示了神经网络所有的内部计算，解释了为什么（即使对于单个点）其计算量也相当大。本章还引入了 δ 变量，它可以减少计算量。在 3.8 节也解释了如何调用训练方法以获得最佳逼近结果之一。本章还解释了小批次方法。第 4 章将解释如何配置 Windows 环境以使用 Java 和 Java 网络处理框架。

第 4 章 *Chapter 4*

配置开发环境

本书是关于使用 Java 进行神经网络处理的。在开始开发任何神经网络程序之前，你需要学习几个 Java 工具。如果你是 Java 开发人员，并且熟悉本章中讨论的工具，则可以跳过本章。只需确保所有必要的工具都已安装在 Windows 计算机上。

4.1　在 Windows 计算机上安装 Java 11 环境

本书中的所有例子都适用于 Java 版本 8 ~ 11。以下是步骤：

1）转到 https://docs.oracle.com/en/java/javase/11/install/installation-jdk-microsoft-windows-platforms.html#GUID-A740535E-9F97-448C-A141-B95BF1688E6F。

2）下载 Windows 的最新 Java SE 开发工具包。双击下载的可执行文件。

3）按照安装说明操作，Java 环境将安装在你的计算机上。

4）在桌面上，依次选择 Start ➤ Control Panel ➤ System and security ➤ System ➤ Advanced system setting。将出现图 4-1 所示的界面。

5）单击 Advanced 选项卡上的 Environment Variables 按钮。

6）单击 New 按钮查看允许你输入新环境变量的对话框（见图 4-2）。

7）在 Variable name 栏中输入 JAVA_HOME。

8）在 Variable value 栏中输入安装 Java 环境的路径（见图 4-3）。

9）单击 OK 按钮。接下来，选择 CLASSPATH 环境变量并单击 Update 按钮。

10）添加到 Java JDK bin 目录的路径，并将 Java JAR 文件添加到 CLASSPATH 的 Variable value 字段（见图 4-4），如下所示：

```
C:\Program Files\Java\jre1.8.0_144\bin
C:\Program Files\Java\jdk1.8.0_144\jre\bin\java.exe
```

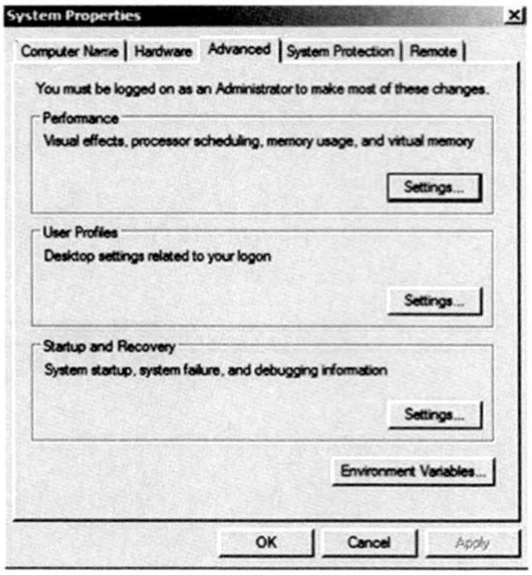

图 4-1 “系统属性”对话框

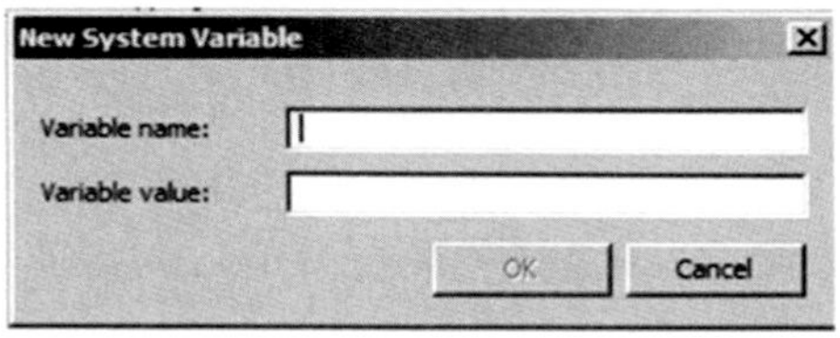

图 4-2 “新建系统变量”对话框

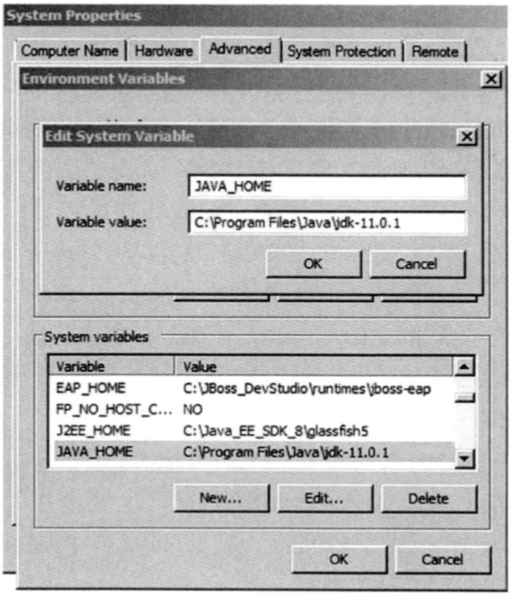

图 4-3 已填写的“新建系统变量”对话框

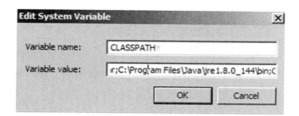

图 4-4 更新的 CLASSPATH 系统变量

11）单击 OK 按钮三次。

12）重新启动系统。Java 环境就应该已设置完成。

4.2 安装 NetBeans IDE

NetBeans 是目前由 Oracle 维护的标准 Java 开发工具。在编写本书时，NetBeans 的当前版本是 8.2，它是 Java 8 平台的官方 IDE。要安装 NetBeans，请转到 https://netbeans.org/features/index.html 并单击 Download 按钮（见图 4-5）。

图 4-5 NetBeans 主页

在下载界面上，单击 Java SE 的 Download 按钮（见图 4-6）。

Supported technologies *	Java SE	Java EE	HTML5/JavaScript	PHP	C/C++	All
NetBeans Platform SDK	●	●				●
Java SE	●	●				●
Java FX	●	●				●
Java EE		●				●
Java ME						●
HTML5/JavaScript		●	●	●		●
PHP			●	●		●
C/C++					●	●
Groovy						●
Java Card™ 3 Connected						●
Bundled servers						
GlassFish Server Open Source Edition 4.1.1		●				●
Apache Tomcat 8.0.27		●				●
	Download	Download	Download x86 / Download x64	Download x86 / Download x64	Download x86 / Download x64	Download

图 4-6 NetBeans 主页

双击下载的可执行文件并按照安装说明进行操作。NetBeans 8.2 将安装在 Windows 计算机上，其图标将放置在桌面上。

4.3 安装 Encog Java 框架

正如在第 3 章中手动处理神经网络的一些例子中所看到的，即使在单个点上函数的简单逼近也涉及大量的计算。对于任何严肃的工作，都有两种选择：自己自动化这个过程或者使用一个可用的框架。

目前有几个框架可用。以下是最常用的框架及其编写语言的列表：

❑ TensorFlow (Python、C++ 和 R)

❑ Caffe (C、C++、Python 和 MATLAB)

❑ Torch (C++、Python)

❑ Keras (Python)

❑ Deeplearning4j (Java)

❑ Encog (Java)

❑ Neurop (Java)

与用 Python 实现的框架相比，用 Java 实现的框架的效率要高得多。在这里，我们对 Java 框架感兴趣（这显然是为了在一台机器上开发应用程序并在任何地方运行它）。我们还对一个快速的 Java 框架和一个易于使用的框架感兴趣。在研究了几个 Java 框架之后，我选择 Encog 作为神经网络处理的最佳框架。这是整本书使用的框架。Encog 机器学习框架是 Heaton 研究所开发的，可以免费使用。所有 Encog 文档也可以在网站上找到。

要安装 Encog，请转到网页 https://www.heatonresearch.com/encog。向下滚动到名为 Encog Java Links 的部分，然后单击 Encog Java Download/Release 链接。在下一个界面上，为 Encog 4.3 版选择以下两个文件：

```
encog-core-3.4.jar
encog-java-examples.zip
```

解压缩第二个文件。将这些文件保存在你能记住的目录中，并将以下文件添加到 CLASSPATH 环境变量中（就像你在安装 Java 时所做的那样）：

```
c:\encog-core-3.4\lib\encog-core-3.4.jar
```

4.4 安装 XChart 包

在数据准备和神经网络开发 / 测试过程中，能够绘制出许多结果是很有用的。你将在本书中使用 XChart Java 图表库。要下载 XChart，请访问以下网站：https://knowm.org/open-source/xchart/。

单击 Download 按钮。将出现图 4-7 所示的界面。

解压缩下载的 zip 文件并双击可执行安装文件。按照安装说明操作，XChart 包将安装在你的机器上。将以下两个文件添加到 CLASSPATH 环境变量（就像你之前在安装 Java 8

时所做的那样）：

```
c:\Download\XChart\xchart-3.5.0\xchart-3.5.0.jar
c:\Download\XChart\xchart-3.5.0\xchart-demo-3.5.0.jar
```

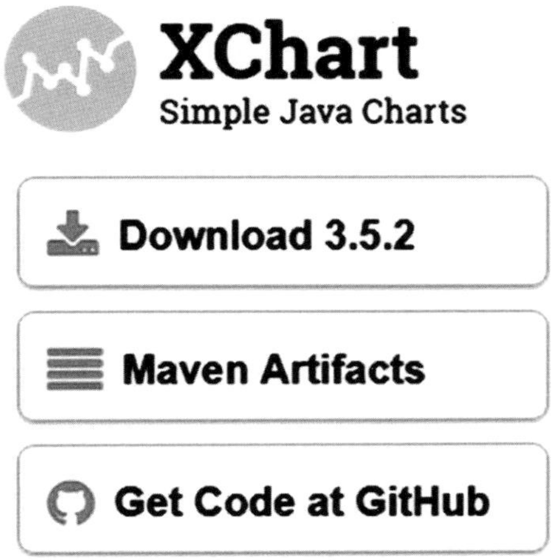

图 4-7　XChart 主页

最后，重新启动系统。你已经准备好开发神经网络了！

4.5　本章小结

本章向你介绍了 Java 环境，并解释了如何下载和安装一组构建、调试、测试和执行神经网络应用程序所需的工具。本书其余部分中的所有开发示例都将使用此环境来创建。下一章介绍如何使用 Java Encog 框架开发神经网络程序。

Chapter 3 | 第 5 章

使用 Java Encog 框架开发神经网络

为了便于你学习使用 Java 开发网络程序，你将使用第 3 章示例 1 中的函数开发你的第一个简单程序。

5.1 示例 2：使用 Java 环境进行函数逼近

图 5-1 显示了给你的函数，给出了它在 9 个点上的值。

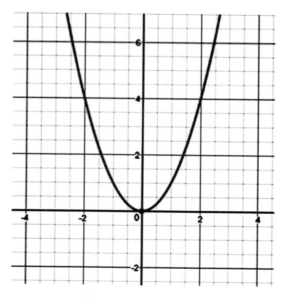

图 5-1　要逼近的函数

尽管 Encog 可以处理一组属于 BasicMLDataset 格式的文件格式，但 Encog 可以处理的最简单的文件格式是 CSV 格式。CSV 格式是一种简化的 Excel 文件格式，在每个记录中包含逗号分隔的值，文件的扩展名为 `.csv`。Encog 期望处理过的文件中的第一个记录是一个标签记录，相应地，表 5-1 显示了这个例子中具有给定函数值的输入（训练）数据集。

表 5-1　训练数据集

xPoint	函数值
0.15	0.0225
0.25	0.0625
0.5	0.25
0.75	0.5625
1	1
1.25	1.5625
1.5	2.25
1.75	3.0625
2	4

接下来是用于测试训练网络的数据集，如表 5-2 所示。此数据集的 xPoint 与训练数据集中的 xPoint 不同，因为该文件用于在不用于网络训练的 xPoint 上测试网络。

表 5-2　测试数据集

xPoint	函数值
0.2	0.04
0.3	0.09
0.4	0.16
0.7	0.49
0.95	0.9025
1.3	1.69
1.6	2.56
1.8	3.24
1.95	3.8025

5.2　网络架构

图 5-2 显示了示例的网络架构。如前所述，通过尝试各种配置并选择产生最佳结果的配置，实验性地确定每个项目的网络架构。该网络被设置为有一个带有单个神经元的输入层、七个隐藏层（每个隐藏层有五个神经元）和一个带有单个神经元的输出层。

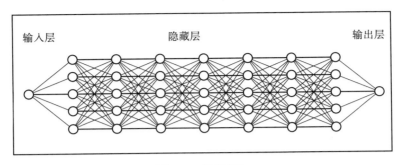

图 5-2　网络架构

5.3　规范化输入数据集

训练和测试数据集都需要在区间 [-1, 1] 上进行规范化。让我们构建规范化这些数据集的 Java 程序。要规范化文件，需要知道被规范化的字段的最大值和最小值。训练数据集的第一列的最小值为 0.15，最大值为 2.00。训练数据集的第二列的最小值为 0.0225，最大值为 4.00。测试数据集的第一列的最小值为 0.20，最大值为 1.95。测试数据集的第二列的最小值为 0.04，最大值为 3.8025。因此，为了简单起见，请为训练和测试数据集选择最小值和最大值，如下所示：最小值 =0.00，最大值 =5.00。

用于规范化区间 [-1，1] 上的值的公式如下所示：

$$f(x) = ((x - D_L) * (N_H - N_L)) / (D_H - D_L) + N_L$$

其中：

x：输入数据点

D_L：输入数据集中的最小（最低）x 值

D_H：输入数据集中的最大（最高）x 值

N_L：规范化区间 [-1, 1] 的左侧部分 =-1

N_H：规范化区间 [-1, 1] 的右侧部分 =1

使用此公式时，请确保所使用的 D_L 值和 D_H 值确实是给定区间内的最低和最高函数值，否则，优化的结果将不好。第 6 章讨论了训练范围之外的函数优化。

5.4　构建规范化两个数据集的 Java 程序

单击桌面上的 NetBeans 图标打开 NetBeans IDE。IDE 界面分为几个窗口。Navigation 窗口是你查看项目的地方（见图 5-3）。单击项目前面的 + 图标显示项目的组件：源包、测试包和库。

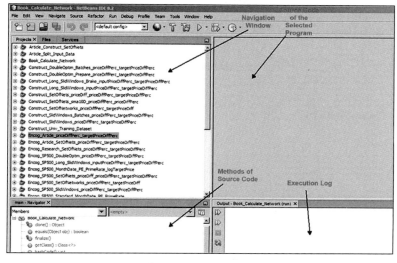

图 5-3　NetBeans IDE

若要创建新项目，请选择 File ➤ New Project。出现图 5-4 所示的对话框。

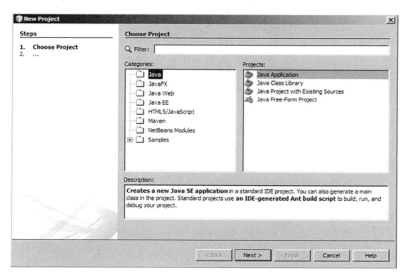

图 5-4　创建新项目

单击 Next 按钮，将出现图 5-5 所示的对话框。

输入项目名称 Sample1_Norm 并单击 Finish 按钮。图 5-6 显示了对话框。

创建的项目显示在 Navigation 窗口中（见图 5-7）。

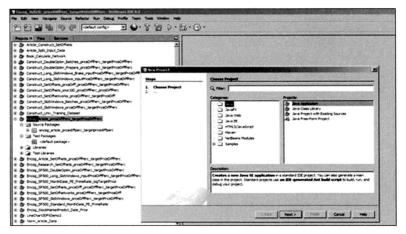

图 5-5　命名新项目

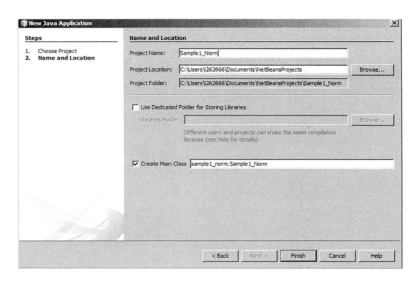

图 5-6　Sample1_Norm 项目

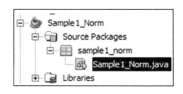

图 5-7　创建的项目

源代码在源代码窗口中变得可见，如图 5-8 所示。

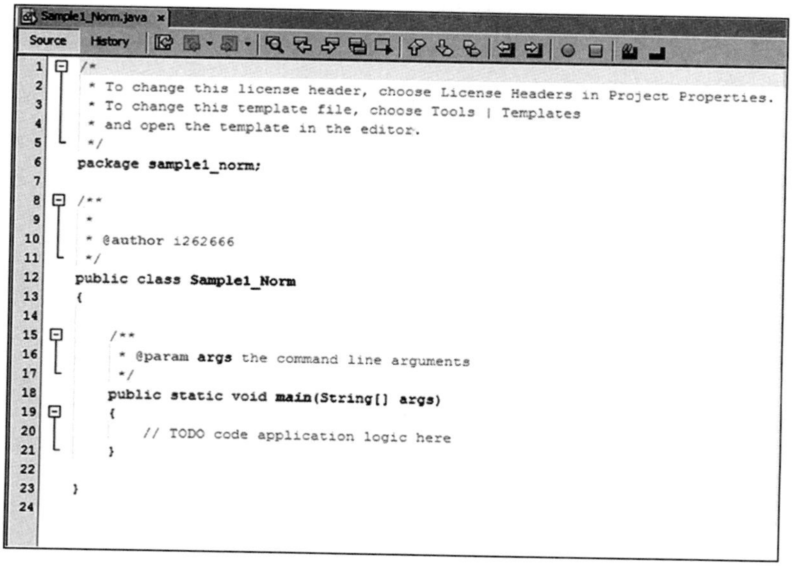

图 5-8 新项目的源代码

如你所见，这只是程序的一个框架。接下来，添加程序的规范化逻辑。清单 5-1 显示了规范化程序的源代码。

清单 5-1 规范化训练和测试数据集的程序代码

```
// =========================================================================
// Normalize all columns of the input CSV dataset putting the result
// in the output CSV file.
//
// The first column of the input dataset includes the xPoint value and
// the second column is the value of the function at the point X.
// =========================================================================
package sample2_norm;

import java.io.BufferedReader;
import java.io.BufferedWriter;
import java.io.PrintWriter;
import java.io.FileNotFoundException;
import java.io.FileReader;
import java.io.FileWriter;
import java.io.IOException;
import java.nio.file.*;

public class Sample2_Norm
 {
   // Interval to normalize
   static double Nh = 1;
   static double Nl = -1;
```

```java
// First column
static double minXPointDl = 0.00;
static double maxXPointDh = 5.00;

// Second column - target data
static double minTargetValueDl = 0.00;
static double maxTargetValueDh = 5.00;

public static double normalize(double value, double Dh, double Dl)
 {
    double normalizedValue = (value - Dl)*(Nh - Nl)/(Dh - Dl) + Nl;

    return normalizedValue;
 }

public static void main(String[] args)
 {
    // Config data (comment and uncomment the train or test config data)

    // Config for training
    //String inputFileName = "C:/My_Neural_Network_Book/Book_Examples/
                            Sample2_Train_Real.csv";
    //String outputNormFileName =
      "C:/My_Neural_Network_Book/Book_Examples/Sample2_Train_Norm.csv";

    //Config for testing
    String inputFileName = "C:/My_Neural_Network_Book/Book_Examples/
                           Sample2_Test_Real.csv";
    String outputNormFileName = "C:/My_Neural_Network_Book/Book_Examples/
                                Sample2_Test_Norm.csv";

    BufferedReader br = null;
    PrintWriter out = null;

    String line = "";
    String cvsSplitBy = ",";
    String strNormInputXPointValue;
    String strNormTargetXPointValue;
    String fullLine;
    double inputXPointValue;
    double targetXPointValue;
    double normInputXPointValue;
    double normTargetXPointValue;
    int i = -1;

    try
     {
      Files.deleteIfExists(Paths.get(outputNormFileName));

      br = new BufferedReader(new FileReader(inputFileName));
      out = new
       PrintWriter(new BufferedWriter(new FileWriter(outputNormFileName)));

      while ((line = br.readLine()) != null)
       {
```

```
            i++;

            if(i == 0)
             {
               // Write the label line
               out.println(line);
             }
            else
            {
             // Break the line using comma as separator
             String[] workFields = line.split(cvsSplitBy);

             inputXPointValue = Double.parseDouble(workFields[0]);
             targetXPointValue = Double.parseDouble( workFields[1]);

             // Normalize these fields
             normInputXPointValue =
               normalize(inputXPointValue, maxXPointDh, minXPointDl);
             normTargetXPointValue =
             normalize(targetXPointValue, maxTargetValueDh, minTargetValueDl);
             // Convert normalized fields to string, so they can be inserted
             //into the output CSV file
             strNormInputXPointValue = Double.toString(normInputXPointValue);
             strNormTargetXPointValue = Double.toString(normTargetXPointValue);

             // Concatenate these fields into a string line with
             //coma separator
             fullLine  =
               strNormInputXPointValue + "," + strNormTargetXPointValue;

             // Put fullLine into the output file
             out.println(fullLine);

            } // End of IF Else

         }    // End of WHILE
     }  // End of TRY
catch (FileNotFoundException e)
 {
    e.printStackTrace();
    System.exit(1);
 }
catch (IOException io)
 {
     io.printStackTrace();
     System.exit(2);
 }
finally
 {
   if (br != null)
     {
        try
```

```
                {
                  br.close();
                  out.close();
                }
                catch (IOException e1)
                {
                  e1.printStackTrace();
                  System.exit(3);
                }
            }
          }
        }

      } // End of the class
```

　　这是一个简单的程序，不需要太多解释。基本上，通过注释和取消注释适当的配置语句，可将配置设置为规范化训练或测试文件。你循环读取文件行。对于每一行，将其分成两个字段并规范化它们。接下来，将两个字段转换回字符串，将它们组合成一行，并将该行写入输出文件。

　　规范化的训练数据集如表 5-3 所示。

表 5-3　规范化的训练数据集

xPoint	实际值
−0.94	−0.991
−0.9	−0.975
−0.8	−0.9
−0.7	−0.775
−0.6	−0.6
−0.5	−0.375
−0.4	−0.1
−0.3	0.225
−0.2	0.6

表 5-4 显示了规范化的测试数据集。

表 5-4　规范化的测试数据集

xPoint	实际值
−0.92	−0.984
−0.88	−0.964
−0.84	−0.936
−0.72	−0.804
−0.62	−0.639

（续）

xPoint	实际值
−0.48	−0.324
−0.36	0.024
−0.28	0.296
−0.22	0.521

你将使用这些数据集作为网络训练和测试的输入。

5.5　构建神经网络处理程序

若要创建新项目，请选择 File ➤ New Project，然后会出现图 5-9 所示的对话框。

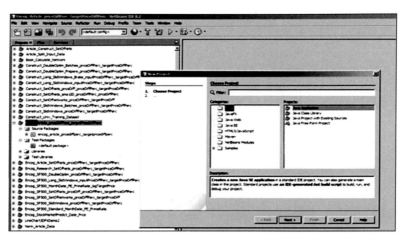

图 5-9　NetBeans IDE，打开 New Project 对话框

单击 Next 按钮。在下一个界面上，如图 5-10 所示，输入项目名称并单击 Finish 按钮。项目已经创建，你应该在 Navigation 窗口中看到它（见图 5-11）。

程序的源代码出现在源代码窗口中（见图 5-12）。

同样，这只是 Java 程序自动生成的框架。让我们在这里添加必要的逻辑。首先，包含所有必要的导入文件。有三组 import 语句（Java import、Encog import 和 XChart import），其中两个（一个属于 Encog，另一个属于 XChart）被标记为错误。这是因为 NetBeans IDE 找不到它们（见图 5-13）。

若要解决此问题，请右键单击项目并选择 Properties。Project Properties 对话框将出现（见图 5-14）。

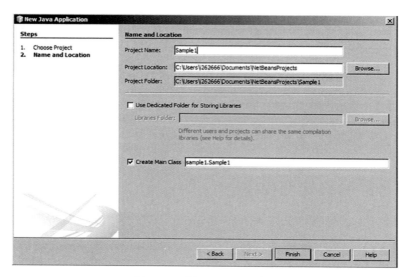

图 5-10　新 NetBeans 项目

图 5-11　项目样本 1（Sample 1）

```
1  /*
2   * To change this license header, choose License Headers in Project Properties.
3   * To change this template file, choose Tools | Templates
4   * and open the template in the editor.
5   */
6  package sample1;
7
8  /**
9   *
10  * @author i262666
11  */
12 public class Sample1
13 {
14
15     /**
16      * @param args the command line arguments
17      */
18     public static void main(String[] args)
19     {
20         // TODO code application logic here
21     }
22
23 }
24
```

图 5-12　程序 Sample1.java 的源代码

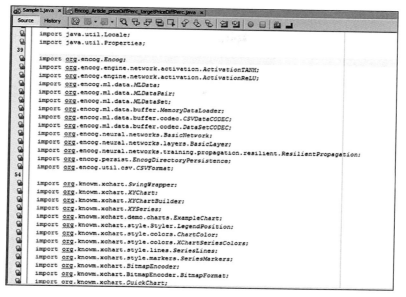

图 5-13　标记为错误的 import 语句

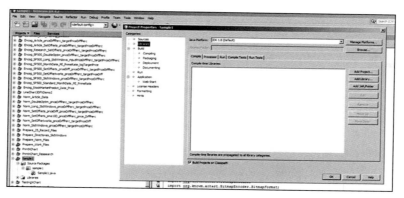

图 5-14　Project Properties 对话框

在 Project Properties 对话框的左列上选择 Libraries。单击 Project Properties 对话框右侧的 Add JAR/Folder 按钮。单击 Java PLatform 字段中的向下箭头（在屏幕顶部）并转到安装 Encog 包的位置（见图 5-15）。

双击 Installation 文件夹，将显示两个 JAR 文件（见图 5-16）。

选择两个 JAR 文件并单击 Open 按钮。它们将包含在一个要添加到 NetBeans IDE 的 JAR 文件列表中（见图 5-17）。

再次单击 Add JAR/Folder 按钮。再次单击 Java Properties 字段的向下箭头，转到 XChart 包的安装位置（见图 5-18）。

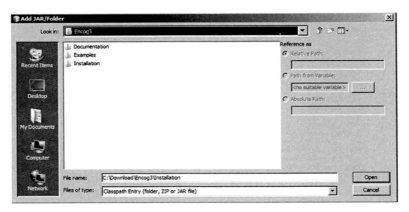

图 5-15　安装 Encog 的位置

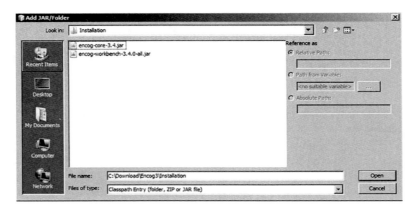

图 5-16　Encog JAR 文件位置

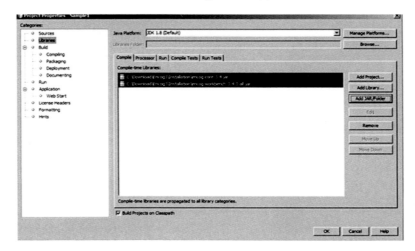

图 5-17　NetBeans IDE 中包含的 Encog JAR 文件列表

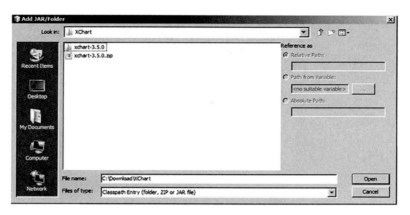

图 5-18　要包含在 NetBeans IDE 中的 XChart JAR 文件列表

双击 XChart-3.5.0 文件夹并选择两个 XChart JAR 文件（见图 5-19）。

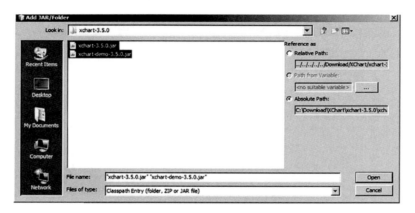

图 5-19　要包含在 NetBeans IDE 中的 XChart JAR 文件列表

单击 Open 按钮。现在你有了要包含在 NetBeans IDE 中的四个 JAR 文件（来自 Encog 和 XChart）的列表（见图 5-20）。

最后，单击 OK 按钮，所有错误都将消失。

与其为每个新项目都这样做，更好的方法是设置一个新的全局库。从主栏中，选择 Tools ➤ Libraries。将出现图 5-21 所示的对话框。

现在，你可以在项目级别重复这些相同的步骤。为此，单击 Add JAR/Folder 按钮两次（对于 Encog 和 XChart），并为 Encog 和 XChart 包添加适当的 JAR 文件。

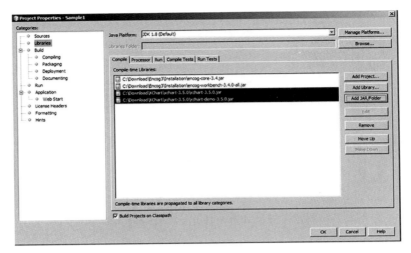

图 5-20　要包含在 NetBeans IDE 中的 JAR 文件列表

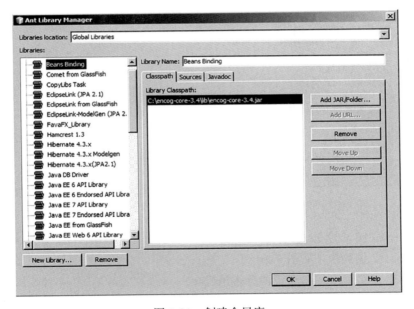

图 5-21　创建全局库

5.6　程序代码

在本节中，我将讨论使用 Encog 的程序代码的所有重要片段。请记住，你可以在 Encog 网站上找到有关所有 Encog API 的文档和许多编程示例。见清单 5-2。

清单 5-2　网络处理程序代码

```
// =====================================================================
// Approximate the single-variable function which values are given at 9
   points.
// The input train/test files are normalized.
// =====================================================================

package sample2;

import java.io.BufferedReader;
import java.io.File;
import java.io.FileInputStream;
import java.io.PrintWriter;
import java.io.FileNotFoundException;
import java.io.FileReader;
import java.io.FileWriter;
import java.io.IOException;
import java.io.InputStream;
import java.nio.file.*;
import java.util.Properties;
import java.time.YearMonth;
import java.awt.Color;
import java.awt.Font;
import java.io.BufferedReader;
import java.text.DateFormat;
import java.text.ParseException;
import java.text.SimpleDateFormat;
import java.time.LocalDate;
import java.time.Month;
import java.time.ZoneId;
import java.util.ArrayList;
import java.util.Calendar;
import java.util.Date;
import java.util.List;
import java.util.Locale;
import java.util.Properties;
import org.encog.Encog;
import org.encog.engine.network.activation.ActivationTANH;
import org.encog.engine.network.activation.ActivationReLU;
import org.encog.ml.data.MLData;
import org.encog.ml.data.MLDataPair;
import org.encog.ml.data.MLDataSet;
import org.encog.ml.data.buffer.MemoryDataLoader;
import org.encog.ml.data.buffer.codec.CSVDataCODEC;
import org.encog.ml.data.buffer.codec.DataSetCODEC;
import org.encog.neural.networks.BasicNetwork;
import org.encog.neural.networks.layers.BasicLayer;
import org.encog.neural.networks.training.propagation.resilient.
ResilientPropagation;
import org.encog.persist.EncogDirectoryPersistence;
```

```java
import org.encog.util.csv.CSVFormat;

import org.knowm.xchart.SwingWrapper;
import org.knowm.xchart.XYChart;
import org.knowm.xchart.XYChartBuilder;
import org.knowm.xchart.XYSeries;
import org.knowm.xchart.demo.charts.ExampleChart;
import org.knowm.xchart.style.Styler.LegendPosition;
import org.knowm.xchart.style.colors.ChartColor;
import org.knowm.xchart.style.colors.XChartSeriesColors;
import org.knowm.xchart.style.lines.SeriesLines;
import org.knowm.xchart.style.markers.SeriesMarkers;
import org.knowm.xchart.BitmapEncoder;
import org.knowm.xchart.BitmapEncoder.BitmapFormat;
import org.knowm.xchart.QuickChart;
import org.knowm.xchart.SwingWrapper;
public class Sample2 implements ExampleChart<XYChart>
{
    // Interval to normalize
    static double Nh =  1;
    static double Nl = -1;
    // First column
    static double minXPointDl = 0.00;
    static double maxXPointDh = 5.00;

    // Second column - target data
    static double minTargetValueDl = 0.00;
    static double maxTargetValueDh = 5.00;

    static double doublePointNumber = 0.00;
    static int intPointNumber = 0;
    static InputStream input = null;
    static int intNumberOfRecordsInTrainFile;
    static double[] arrPrices = new double[2500];
    static double normInputXPointValue = 0.00;
    static double normPredictXPointValue = 0.00;
    static double normTargetXPointValue = 0.00;
    static double normDifferencePerc = 0.00;
    static double denormInputXPointValue = 0.00;
    static double denormPredictXPointValue = 0.00;
    static double denormTargetXPointValue = 0.00;
    static double valueDifference = 0.00;
    static int returnCode  = 0;
    static int numberOfInputNeurons;
    static int numberOfOutputNeurons;
    static int intNumberOfRecordsInTestFile;
    static String trainFileName;
    static String priceFileName;
    static String testFileName;
    static String chartTrainFileName;
    static String chartTestFileName;
```

```
static String networkFileName;
static int workingMode;
static String cvsSplitBy = ",";
static List<Double> xData = new ArrayList<Double>();
static List<Double> yData1 = new ArrayList<Double>();
static List<Double> yData2 = new ArrayList<Double>();
static XYChart Chart;
@Override
public XYChart getChart()
 {

  // Create Chart
  Chart = new  XYChartBuilder().width(900).height(500).title(getClass().
          getSimpleName()).xAxisTitle("x").yAxisTitle("y= f(x)").build();

  // Customize Chart
  Chart.getStyler().setPlotBackgroundColor(ChartColor.
  getAWTColor(ChartColor.GREY));
  Chart.getStyler().setPlotGridLinesColor(new Color(255, 255, 255));
  Chart.getStyler().setChartBackgroundColor(Color.WHITE);
  Chart.getStyler().setLegendBackgroundColor(Color.PINK);
  Chart.getStyler().setChartFontColor(Color.MAGENTA);
  Chart.getStyler().setChartTitleBoxBackgroundColor(new Color(0, 222, 0));
  Chart.getStyler().setChartTitleBoxVisible(true);
  Chart.getStyler().setChartTitleBoxBorderColor(Color.BLACK);
  Chart.getStyler().setPlotGridLinesVisible(true);
  Chart.getStyler().setAxisTickPadding(20);
  Chart.getStyler().setAxisTickMarkLength(15);
  Chart.getStyler().setPlotMargin(20);
  Chart.getStyler().setChartTitleVisible(false);
  Chart.getStyler().setChartTitleFont(new Font(Font.MONOSPACED, Font.BOLD, 24));
  Chart.getStyler().setLegendFont(new Font(Font.SERIF, Font.PLAIN, 18));
  Chart.getStyler().setLegendPosition(LegendPosition.InsideSE);
  Chart.getStyler().setLegendSeriesLineLength(12);
  Chart.getStyler().setAxisTitleFont(new Font(Font.SANS_SERIF, Font.ITALIC, 18));
  Chart.getStyler().setAxisTickLabelsFont(new Font(Font.SERIF, Font.
  PLAIN, 11));
  Chart.getStyler().setDatePattern("yyyy-MM");
  Chart.getStyler().setDecimalPattern("#0.00");

  // Set the workin mode the program should run (workingMode = 1 - training,
  // workingMode = 2 - testing)
 workingMode = 1;
try
   {
     )
     If (workingMode == 1)
       {
         // Config for training the network
         workingMode = 1;
         intNumberOfRecordsInTrainFile = 10;
```

```java
            trainFileName = "C:/My_Neural_Network_Book/Book_Examples/
                          Sample2_Train_Norm.csv";
            chartTrainFileName = "Sample2_XYLine_Train_Results_Chart";
    }
  else
    {
       // Config for testing the trained network
       // workingMode = 2;
       // intNumberOfRecordsInTestFile = 10;
       // testFileName = "C:/My_Neural_Network_Book/Book_Examples/
                          Sample2_Test_Norm.csv";
       //  chartTestFileName = "XYLine_Test_Results_Chart";
    }

    // Common configuration data
    networkFileName = "C:/Book_Examples/Sample2_Saved_Network_File.csv";
    numberOfInputNeurons = 1;
    numberOfOutputNeurons = 1;

    // Check the working mode to run

    // Training mode.
    if(workingMode == 1)
     {
        File file1 = new File(chartTrainFileName);
        File file2 = new File(networkFileName);

        if(file1.exists())
          file1.delete();
        if(file2.exists())
          file2.delete();

        returnCode = 0;    // Clear the return code variable

        do
         {
           returnCode = trainValidateSaveNetwork();

         } while (returnCode > 0);
     }

  // Test mode.
  if(workingMode == 2)
   {
     // Test using the test dataset as input
     loadAndTestNetwork();
   }

 }
catch (NumberFormatException e)
 {
     System.err.println("Problem parsing workingMode.
     workingMode = " + workingMode);
     System.exit(1);
```

```
        }
    catch (Throwable t)
        {
            t.printStackTrace();
            System.exit(1);
        }
    finally
        {
          Encog.getInstance().shutdown();
        }
        Encog.getInstance().shutdown();

        return Chart;
} // End of the method
//------------------------------------------------------------
// Load CSV to memory.
// @return The loaded dataset.
// ------------------------------------------------------------
public static MLDataSet loadCSV2Memory(String filename, int input, int
ideal, boolean headers,
  CSVFormat
      format, boolean significance)
  {
      DataSetCODEC codec = new CSVDataCODEC(new File(filename), format,
      headers, input, ideal,
        significance);
      MemoryDataLoader load = new MemoryDataLoader(codec);
      MLDataSet dataset = load.external2Memory();
      return dataset;
  }

// ==================================================================
//  The main method.
//  @param Command line arguments. No arguments are used.
// ==================================================================
public static void main(String[] args)
 {
    ExampleChart<XYChart> exampleChart = new Sample2();
    XYChart Chart = exampleChart.getChart();
    new SwingWrapper<XYChart>(Chart).displayChart();
 } // End of the main method

//==================================================================
// Training method. Train, validate, and save the trained network file
//==================================================================
static public int trainValidateSaveNetwork()
 {
   // Load the training CSV file in memory
   MLDataSet trainingSet =
     loadCSV2Memory(trainFileName,numberOfInputNeurons,numberOfOutputNeurons,
       true,CSVFormat.ENGLISH,false);
```

```java
// create a neural network
BasicNetwork network = new BasicNetwork();

// Input layer
network.addLayer(new BasicLayer(null,true,1));

// Hidden layer
network.addLayer(new BasicLayer(new ActivationTANH(),true,5));
network.addLayer(new BasicLayer(new ActivationTANH(),true,5));
network.addLayer(new BasicLayer(new ActivationTANH(),true,5));
network.addLayer(new BasicLayer(new ActivationTANH(),true,5));
network.addLayer(new BasicLayer(new ActivationTANH(),true,5));
network.addLayer(new BasicLayer(new ActivationTANH(),true,5));
network.addLayer(new BasicLayer(new ActivationTANH(),true,5));

// Output layer
network.addLayer(new BasicLayer(new ActivationTANH(),false,1));

network.getStructure().finalizeStructure();
network.reset();

// Train the neural network
final ResilientPropagation train = new ResilientPropagation(network,
trainingSet);

int epoch = 1;
returnCode = 0;

do
 {
    train.iteration();
    System.out.println("Epoch #" + epoch + " Error:" + train.getError());
    epoch++;

    if (epoch >= 500 && network.calculateError(trainingSet) > 0.000000031)
     {
        returnCode = 1;
        System.out.println("Try again");
         return returnCode;
     }
 } while (network.calculateError(trainingSet) > 0.00000003);

// Save the network file
EncogDirectoryPersistence.saveObject(new File(networkFileName),network);

System.out.println("Neural Network Results:");

double sumNormDifferencePerc = 0.00;
double averNormDifferencePerc = 0.00;
double maxNormDifferencePerc = 0.00;

int m = -1;
double xPointer = -1.00;

for(MLDataPair pair: trainingSet)
  {
```

```java
            m++;
            xPointer = xPointer + 2.00;

            //if(m == 0)
            // continue;

             final MLData output = network.compute(pair.getInput());

             MLData inputData = pair.getInput();
             MLData actualData = pair.getIdeal();
             MLData predictData = network.compute(inputData);

             // Calculate and print the results
             normInputXPointValue = inputData.getData(0);
             normTargetXPointValue = actualData.getData(0);
             normPredictXPointValue = predictData.getData(0);

             denormInputXPointValue = ((minXPointDl -
               maxXPointDh)*normInputXPointValue - Nh*minXPointDl +
                  maxXPointDh *Nl)/(Nl - Nh);
             denormTargetXPointValue = ((minTargetValueDl - maxTargetValueDh)*
               normTargetXPointValue - Nh*minTargetValueDl +
                  maxTargetValueDh*Nl)/(Nl - Nh);

             denormPredictXPointValue =((minTargetValueDl - maxTargetValueDh)*
               normPredictXPointValue - Nh*minTargetValueDl +
                  maxTargetValueDh*Nl)/(Nl - Nh);

             valueDifference = Math.abs(((denormTargetXPointValue -
               denormPredictXPointValue)/denormTargetXPointValue)*100.00);

             System.out.println ("xPoint = " + denormTargetXPointValue +
                  "  denormPredictXPointValue = " + denormPredictXPointValue +
                    "  valueDifference = " + valueDifference);

             sumNormDifferencePerc = sumNormDifferencePerc + valueDifference;

             if (valueDifference > maxNormDifferencePerc)
               maxNormDifferencePerc = valueDifference;

             xData.add(denormInputXPointValue);
             yData1.add(denormTargetXPointValue);
             yData2.add(denormPredictXPointValue);
      }    // End for pair loop

XYSeries series1 = Chart.addSeries("Actual data", xData, yData1);
XYSeries series2 = Chart.addSeries("Predict data", xData, yData2);

series1.setLineColor(XChartSeriesColors.BLUE);
series2.setMarkerColor(Color.ORANGE);
series1.setLineStyle(SeriesLines.SOLID);
series2.setLineStyle(SeriesLines.SOLID);

try
 {
    //Save the chart image
```

```
            BitmapEncoder.saveBitmapWithDPI(Chart, chartTrainFileName,
            BitmapFormat.JPG, 100);
            System.out.println ("Train Chart file has been saved") ;
          }
       catch (IOException ex)
        {
         ex.printStackTrace();
         System.exit(3);
        }
        // Finally, save this trained network
        EncogDirectoryPersistence.saveObject(new File(networkFileName),network);
        System.out.println ("Train Network has been saved") ;

        averNormDifferencePerc  = sumNormDifferencePerc/
        intNumberOfRecordsInTrainFile;

        System.out.println(" ");
        System.out.println("maxErrorDifferencePerc = " + maxNormDifferencePerc + "
            averErrorDifferencePerc = " + averNormDifferencePerc);

        returnCode = 0;
        return returnCode;
   }    // End of the method

//======================================================================
// Load and test the trained network at the points not used in training.
//======================================================================
static public void loadAndTestNetwork()
 {
  System.out.println("Testing the networks results");

  List<Double> xData = new ArrayList<Double>();
  List<Double> yData1 = new ArrayList<Double>();
  List<Double> yData2 = new ArrayList<Double>();

  double targetToPredictPercent = 0;
  double maxGlobalResultDiff = 0.00;
  double averGlobalResultDiff = 0.00;
  double sumGlobalResultDiff = 0.00;
  double maxGlobalIndex = 0;
  double normInputXPointValueFromRecord = 0.00;
  double normTargetXPointValueFromRecord = 0.00;
  double normPredictXPointValueFromRecord = 0.00;

  BufferedReader br4;
  BasicNetwork network;
  int k1 = 0;
  int k3 = 0;

  maxGlobalResultDiff = 0.00;
  averGlobalResultDiff = 0.00;
  sumGlobalResultDiff = 0.00;

  // Load the test dataset into memory
```

```
MLDataSet testingSet =
loadCSV2Memory(testFileName,numberOfInputNeurons,numberOfOutputNeurons,
  true,CSVFormat.ENGLISH,false);

// Load the saved trained network
network =
 (BasicNetwork)EncogDirectoryPersistence.loadObject(new
 File(networkFileName));

int i = - 1;
double xPoint = -0.00;

for (MLDataPair pair:  testingSet)
 {
     i++;
     xPoint = xPoint + 2.00;

     MLData inputData = pair.getInput();
     MLData actualData = pair.getIdeal();
     MLData predictData = network.compute(inputData);

     // These values are Normalized as the whole input is
     normInputXPointValueFromRecord = inputData.getData(0);
     normTargetXPointValueFromRecord = actualData.getData(0);
     normPredictXPointValueFromRecord = predictData.getData(0);
     //  De-normalize the obtained values
     denormInputXPointValue = ((minXPointDl - maxXPointDh)*
       normInputXPointValueFromRecord - Nh*minXPointDl +
         maxXPointDh*Nl)/(Nl - Nh);

     denormTargetXPointValue = ((minTargetValueDl - maxTargetValueDh)*
       normTargetXPointValueFromRecord - Nh*minTargetValueDl +
         maxTargetValueDh*Nl)/(Nl - Nh);

     denormPredictXPointValue =((minTargetValueDl - maxTargetValueDh)*
       normPredictXPointValueFromRecord - Nh*minTargetValueDl +
         maxTargetValueDh*Nl)/(Nl - Nh);

     targetToPredictPercent = Math.abs((denormTargetXPointValue -
       denormPredictXPointValue)/denormTargetXPointValue*100);

     System.out.println("xPoint = " + denormInputXPointValue +
       "  denormTargetXPointValue = " + denormTargetXPointValue +
         "  denormPredictXPointValue = " + denormPredictXPointValue +
           "  targetToPredictPercent = " + targetToPredictPercent);

     if (targetToPredictPercent > maxGlobalResultDiff)
       maxGlobalResultDiff = targetToPredictPercent;

     sumGlobalResultDiff = sumGlobalResultDiff + targetToPredictPercent;

     // Populate chart elements
     xData.add(denormInputXPointValue);
     yData1.add(denormTargetXPointValue);
     yData2.add(denormPredictXPointValue);
```

```
  }  // End for pair loop

// Print the max and average results

System.out.println(" ");
averGlobalResultDiff = sumGlobalResultDiff/intNumberOfRecordsInTestFile;

System.out.println("maxErrorDifferencePercent = " + maxGlobalResultDiff);
System.out.println("averErrorDifferencePercent = " + averGlobalResultDiff);
    // All testing batch files have been processed
    XYSeries series1 = Chart.addSeries("Actual", xData, yData1);
    XYSeries series2 = Chart.addSeries("Predicted", xData, yData2);

    series1.setLineColor(XChartSeriesColors.BLUE);
    series2.setMarkerColor(Color.ORANGE);
    series1.setLineStyle(SeriesLines.SOLID);
    series2.setLineStyle(SeriesLines.SOLID);

    // Save the chart image
    try
     {
       BitmapEncoder.saveBitmapWithDPI(Chart, chartTestFileName ,
       BitmapFormat.JPG, 100);
     }
    catch (Exception bt)
     {
       bt.printStackTrace();
     }

    System.out.println ("The Chart has been saved");

    System.out.println("End of testing for test records");

  } // End of the method

} // End of the class
```

在顶部，XChart 包需要一组指令，它们允许你配置图表的外观（见清单 5-3 ）。

清单 5-3　XChart 包所需的指令集

```
static XYChart Chart;

  @Override
  public XYChart getChart()
   {

    // Create Chart
    Chart = new  XYChartBuilder().width(900).height(500).title(getClass().
           getSimpleName()).xAxisTitle("x").yAxisTitle("y= f(x)").build();
    // Customize Chart
    Chart.getStyler().setPlotBackgroundColor(ChartColor.
    getAWTColor(ChartColor.GREY));
    Chart.getStyler().setPlotGridLinesColor(new Color(255, 255, 255));
    Chart.getStyler().setChartBackgroundColor(Color.WHITE);
```

```
Chart.getStyler().setLegendBackgroundColor(Color.PINK);
Chart.getStyler().setChartFontColor(Color.MAGENTA);
Chart.getStyler().setChartTitleBoxBackgroundColor(new Color(0, 222, 0));
Chart.getStyler().setChartTitleBoxVisible(true);
Chart.getStyler().setChartTitleBoxBorderColor(Color.BLACK);
Chart.getStyler().setPlotGridLinesVisible(true);
Chart.getStyler().setAxisTickPadding(20);
Chart.getStyler().setAxisTickMarkLength(15);
Chart.getStyler().setPlotMargin(20);
Chart.getStyler().setChartTitleVisible(false);
Chart.getStyler().setChartTitleFont(new Font(Font.MONOSPACED, Font.BOLD, 24));
Chart.getStyler().setLegendFont(new Font(Font.SERIF, Font.PLAIN, 18));
Chart.getStyler().setLegendPosition(LegendPosition.InsideSE);
Chart.getStyler().setLegendSeriesLineLength(12);
Chart.getStyler().setAxisTitleFont(new Font(Font.SANS_SERIF, Font.ITALIC, 18));
Chart.getStyler().setAxisTickLabelsFont(new Font(Font.SERIF, Font.PLAIN, 11));
Chart.getStyler().setDatePattern("yyyy-MM");
Chart.getStyler().setDecimalPattern("#0.00");
```

　　程序可以在两种模式下运行。在第一种模式（训练，workingMode=1）下，程序训练网络，将训练后的网络保存在磁盘上，打印结果，显示图表结果，并将图表保存在磁盘上。在第二种模式下（测试，workingMode=2），程序加载先前保存的训练网络，计算网络训练中未使用的点的预测值，打印结果，显示图表，并将图表保存在磁盘上。

　　程序应始终首先在训练模式下运行，因为第二种模式取决于在训练模式下产生的训练结果。该配置当前设置为在训练模式下运行程序（见清单 5-4）。

清单 5-4　训练方法代码的代码片段

```
// Set the workin mode the program should run:
(workingMode = 1 - training, workingMode = 2 - testing)

workingMode = 1;

try
  {
    If (workingMode == 1)
      {
       // Config for training the network
       workingMode = 1;
       intNumberOfRecordsInTrainFile = 10;
       trainFileName = "C:/My_Neural_Network_Book/Book_Examples/
                       Sample2_Train_Norm.csv";
       chartTrainFileName = "Sample2_XYLine_Train_Results_Chart";
    }
  else
    {
    // Config for testing the trained network
    // workingMode = 2;
    // intNumberOfRecordsInTestFile = 10;
```

```
                //  testFileName = "C:/My_Neural_Network_Book/Book_Examples/
                                    Sample2_Test_Norm.csv";
                //   chartTestFileName = "XYLine_Test_Results_Chart";
            }

  // Common configuration statements  (stays always uncommented)
  networkFileName = "C:/Book_Examples/Saved_Network_File.csv";
  numberOfInputNeurons = 1;
  numberOfOutputNeurons = 1;
```

由于 `workingMode` 当前设置为 1，程序执行名为 `trainValidateSaveNetwork()` 的训练方法，否则，它调用名为 `loadAndTestNetwork()` 的测试方法（见清单 5-5）。

清单 5-5　检查 workingMode 值并执行适当的方法

```
// Check the working mode

if(workingMode == 1)
  {
      // Training mode.

      File file1 = new File(chartTrainFileName);
      File file2 = new File(networkFileName);

      if(file1.exists())
        file1.delete();

      if(file2.exists())
        file2.delete();

      trainValidateSaveNetwork();
  }

  if(workingMode == 2)
    {
      // Test using the test dataset as input
      loadAndTestNetwork();
    }
  }
catch (NumberFormatException e)
  {
      System.err.println("Problem parsing workingMode. workingMode = " +
      workingMode);
      System.exit(1);
  }
catch (Throwable t)
  {
      t.printStackTrace();
      System.exit(1);
  }
finally
  {
```

```
            Encog.getInstance().shutdown();
    }
```

清单 5-6 显示了训练方法逻辑。该方法训练网络，验证网络，并将训练后的网络文件保存在磁盘上（稍后由测试方法使用）。该方法将训练数据集加载到内存中。第一个参数是输入训练数据集的名称。第二和第三个参数表示网络中输入和输出神经元的数量。第四个参数（true）表示数据集具有标签记录。其余参数指定文件格式和语言。

清单 5-6　网络训练逻辑的片段

```
MLDataSet trainingSet =
loadCSV2Memory(trainFileName,numberOfInputNeurons,numberOfOutputNeurons,
        true,CSVFormat.ENGLISH,false);
```

在将训练数据集加载到内存中之后，通过创建基本网络并在其中添加输入、隐藏和输出层，建立一个新的神经网络。

```
// create a neural network
BasicNetwork network = new BasicNetwork();
```

下面是如何添加输入层：

```
network.addLayer(new BasicLayer(null,true,1));
```

第一个参数（null）表示这是输入层（没有激活函数）。输入 true 作为输入层和隐藏层的第二个参数，为输出层输入 false。第三个参数显示层中的神经元数量。接下来添加隐藏层。

```
network.addLayer(new BasicLayer(new ActivationTANH(),true,2));
```

第一个参数指定要使用的激活函数（ActivationTANH()）。

或者，也可以使用其他激活函数，例如称为 ActivationSigmoid() 的 sigmoid 函数、称为 ActivationLOG() 的对数激活函数、称为 ActivationReLU() 的线性传送等。第三个参数指定该层中的神经元数量。要添加第二个隐藏层，只需重复前面的语句。

最后，添加输出层，如下所示：

```
network.addLayer(new BasicLayer(new ActivationTANH(),false,1));
```

第三个参数指定输出层中的神经元数量。接下来的两个语句完成了网络的创建：

```
network.getStructure().finalizeStructure();
network.reset();
```

要训练新构建的网络，请指定反向传播的类型。在这里，你可以指定弹性传播，这是最高级的传播类型。或者，可以在这里指定常规反向传播类型。

```
final ResilientPropagation train = new ResilientPropagation(network,
trainingSet);
```

当网络被训练时，你在网络上循环。在循环的每一步，你得到下一个训练迭代数，增加 epoch 数（见第 2 章中的 epoch 定义），并检查当前迭代的网络误差是否可以清除设置为 0.00000003 的误差限制。在当前迭代中的误差最终小于误差限制时，退出循环。网络已被训练，你将训练后的网络保存在磁盘上。网络也保存在内存中。

```
int epoch = 1;
do
    {
        train.iteration();
        System.out.println("Epoch #" + epoch + " Error:" + train.getError());

        epoch++;
    } while (network.calculateError(trainingSet) > 0.00000046);

    // Save the network file
    EncogDirectoryPersistence.saveObject(new File(networkFileName),network);
```

代码的下一部分将检索训练数据集中每条记录的输入值、实际值和预测值。首先，创建 inputData、actualData 和 predictData 对象。

```
MLData inputData = pair.getInput();
MLData actualData = pair.getIdeal();
MLData predictData = network.compute(inputData);
```

完成此操作后，通过执行以下指令在 MLDataPair 对象上迭代：

```
normInputXPointValue = inputData.getData(0);
normTargetXPointValue = actualData.getData(0);
normPredictXPointValue = predictData.getData(0);
```

inputData、actualData 和 predictData 对象中的单个字段的位移为零。在本例中，记录中只有一个输入字段和一个输出字段。如果记录有两个输入字段，则可以使用以下语句检索所有输入字段：

```
normInputXPointValue1 = inputData.getData(0);
normInputXPointValue2 = inputData.getData(1);
```

相反，如果记录有两个目标字段，则可以使用类似的语句检索所有目标字段，如下所示：

```
normTargeValue1 = actualData.getData(0);
normTargeValue2 = actualData.getData(1);
```

预测值的处理方法与此类似。预测值预测下一个点的目标值。从网络检索的值是规范化的，因为网络处理的训练数据集已经规范化了。检索这些值后，可以对其进行非规范化。使用以下公式进行非规范化：

$$f(x) = ((D_L - D_H) * x - N_H * D_L + D_H * N_L) / (N_L - N_H)$$

其中：

x：输入数据点

D_L：输入数据集中 x 的最小（最低）值

D_H：输入数据集中 x 的最大（最高）值

N_L：规范化区间 [-1，1] 的左侧部分

N_H：规范化区间 [−1，1] 的右侧部分

```
denormInputXPointValue = ((minXPointDl - maxXPointDh)*normInputXPointValue -
Nh*minXPointDl + maxXPointDh *Nl)/(Nl - Nh);

denormTargetXPointValue = ((minTargetValueDl - maxTargetValueDh)*normTarget
XPointValue - Nh*minTargetValueDl + maxTargetValueDh*Nl)/(Nl - Nh);

denormPredictXPointValue =((minTargetValueDl - maxTargetValueDh)*
normPredictXPointValue - Nh*minTargetValueDl + maxTargetValueDh*Nl)/(Nl - Nh);
```

你还可以将误差百分比计算为 denormTargetXPointValue 和 denormPredict-XPointValue 字段之间的差异百分比。你可以打印结果，还可以将值 denormTarget-XPointValue 和 denormPredictXPointValue 填充为当前处理的记录 xPointer 的图形元素。

```
xData.add(denormInputXPointValue);
yData1.add(denormTargetXPointValue);
yData2.add(denormPredictXPointValue);

}    // End for pair loop // End for the pair loop
```

现在将图表文件保存在磁盘上，并计算所有处理记录的实际值和预测值之间的平均和最大百分比差值。在退出对循环后，你可以添加图表所需的一些指令来打印图表系列，并将图表文件保存在磁盘上。

```
XYSeries series1 = Chart.addSeries("Actual data", xData, yData1);
XYSeries series2 = Chart.addSeries("Predict data", xData, yData2);

series1.setLineColor(XChartSeriesColors.BLUE);
series2.setMarkerColor(Color.ORANGE);
series1.setLineStyle(SeriesLines.SOLID);
series2.setLineStyle(SeriesLines.SOLID);

try
  {
    //Save the chart image
    BitmapEncoder.saveBitmapWithDPI(Chart, chartTrainFileName,
    BitmapFormat.JPG, 100);
    System.out.println ("Train Chart file has been saved") ;
  }
catch (IOException ex)
  {
    ex.printStackTrace();
    System.exit(3);
  }

// Finally, save this trained network
EncogDirectoryPersistence.saveObject(new File(networkFileName),network);
System.out.println ("Train Network has been saved") ;

averNormDifferencePerc  = sumNormDifferencePerc/4.00;
System.out.println(" ");
```

```
System.out.println("maxErrorPerc = " + maxNormDifferencePerc +
    "averErrorPerc = " + averNormDifferencePerc);
}   // End of the method
```

5.7   调试和执行程序

当程序编码完成时，你可以尝试执行项目，但它很少能正常工作。你需要调试这个程序。要设置断点，只需单击程序源行号。图 5-22 显示了单击第 180 行的结果。红（灰）线确认断点已设置。如果再次单击同一个号码，断点将被删除。

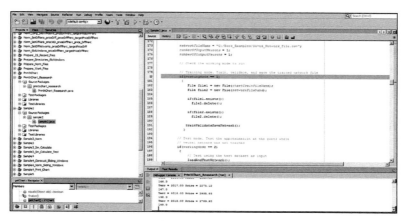

图 5-22   设置断点

在这里，你应该在逻辑上设置一个断点，用于检查要运行的工作模式。设置断点后，从主菜单中选择 Debug▶Debug Project。程序开始执行，然后在断点处停止。在这里，如果将光标移到任何变量的顶部，其值将显示在弹出窗口中。

要继续执行程序，请单击菜单箭头图标中的一个，这取决于是否要继续执行一行、进入执行的方法、退出当前方法，等等（见图 5-23）。

图 5-23   用于在调试期间推进执行的图标

要运行程序，请从菜单中选择 Run▶Run Project。执行结果显示在日志窗口中。

5.8   训练方法的处理结果

清单 5-7 显示了训练结果。

清单 5-7 训练处理结果

```
RecordNumber = 0  TargetValue = 0.0224 PredictedValue = 0.022898  DiffPerc = 1.77
RecordNumber = 1  TargetValue = 0.0625 PredictedValue = 0.062009  DiffPerc = 0.79
RecordNumber = 2  TargetValue = 0.25   PredictedValue = 0.250359  DiffPerc = 0.14
RecordNumber = 3  TargetValue = 0.5625 PredictedValue = 0.562112  DiffPerc = 0.07
RecordNumber = 4  TargetValue = 1.0    PredictedValue = 0.999552  DiffPerc = 0.04
RecordNumber = 5  TargetValue = 1.5625 PredictedValue = 1.563148  DiffPerc = 0.04
RecordNumber = 6  TargetValue = 2.25   PredictedValue = 2.249499  DiffPerc = 0.02
RecordNumber = 7  TargetValue = 3.0625 PredictedValue = 3.062648  DiffPerc = 0.00
RecordNumber = 8  TargetValue = 4.0    PredictedValue = 3.999920  DiffPerc = 0.00

maxErrorPerc = 1.769902752691229
averErrorPerc = 0.2884023848904945
```

所有记录的平均误差差异百分比为 0.29%，所有记录的最大误差差异百分比为 1.77%。

图 5-24 中的图表显示了在网络被训练的九个点上的逼近结果。

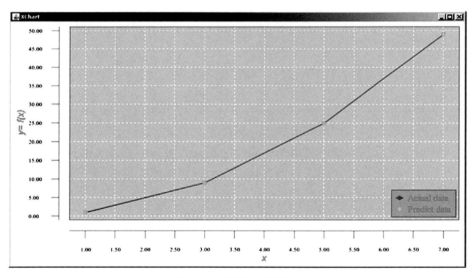

图 5-24 训练结果图表

实际图表和预测（逼近）图表实际上在网络被训练的点上是重叠的。

5.9 测试网络

测试数据集包括网络训练期间未使用的记录。要测试网络，需要调整程序配置语句以在测试模式下执行程序。为此，需要注释掉训练模式的配置语句，并取消注释测试模式的配置语句（见清单 5-8）。

清单 5-8　　在测试模式下运行程序的配置

```
If (workingMode == 1)
        {
         // Config for training the network
         workingMode = 1;
         intNumberOfRecordsInTrainFile = 10;
         trainFileName = "C:/My_Neural_Network_Book/Book_Examples/
                        Sample2_Train_Norm.csv";
         chartTrainFileName = "Sample2_XYLine_Train_Results_Chart";
       }
      else
       {
        // Config for testing the trained network
        // workingMode = 2;
        // intNumberOfRecordsInTestFile = 10;
        // testFileName = "C:/My_Neural_Network_Book/Book_Examples/
                        Sample2_Test_Norm.csv";
        //  chartTestFileName = "XYLine_Test_Results_Chart";
       }
//------------------------------------------------------
// Common configuration
//------------------------------------------------------
networkFileName = "C:/Book_Examples/Saved_Network_File.csv";
numberOfInputNeurons = 1;
numberOfOutputNeurons = 1;
```

测试方法的处理逻辑与训练方法相似，但也存在一些差异。该方法处理的输入文件现在是测试数据集，并且该方法不包括网络训练逻辑，因为在训练方法的执行过程中，网络已经被训练并保存在磁盘上。相反，该方法将先前保存的训练过的网络文件加载到内存中（见清单 5-9）。

然后将测试数据集和先前保存的训练网络文件加载到内存中。

清单 5-9　　测试方法的片段

```
// Load the test dataset into memory
MLDataSet testingSet =
loadCSV2Memory(testFileName,numberOfInputNeurons,numberOfOutputNeurons,
      true,CSVFormat.ENGLISH,false);
 // Load the saved trained network
network =
      (BasicNetwork)EncogDirectoryPersistence.loadObject(new
      File(networkFileName));
```

在成对数据集上迭代，并从网络中获取每个记录的规范化输入，以及实际值和预测值。接下来，对这些值进行非规范化，计算平均值和最大差异百分数（在非规范化的实际值和预测值之间）。获取这些值后，打印它们，并为每个记录填充图表元素。最后，添加一些代码来控制图表系列并将图表保存在磁盘上。

```java
int i = - 1;
double xPoint = -0.00;

for (MLDataPair pair:  testingSet)
    {
        i++;
        xPoint = xPoint + 2.00;  // The chart accepts only double and
        Date variable types, not integer

        MLData inputData = pair.getInput();
        MLData actualData = pair.getIdeal();
        MLData predictData = network.compute(inputData);

        // These values are Normalized as the whole input is
        normInputXPointValueFromRecord = inputData.getData(0);
        normTargetXPointValueFromRecord = actualData.getData(0);
        normPredictXPointValueFromRecord = predictData.getData(0);

        denormInputXPointValue = ((minXPointDl - maxXPointDh)*
          normInputXPointValueFromRecord - Nh*minXPointDl +
            maxXPointDh*Nl)/(Nl - Nh);
        denormTargetXPointValue = ((minTargetValueDl - maxTargetValueDh)*
          normTargetXPointValueFromRecord - Nh*minTargetValueDl +
            maxTargetValueDh*Nl)/(Nl - Nh);
        denormPredictXPointValue =((minTargetValueDl - maxTargetValueDh)*
          normPredictXPointValueFromRecord - Nh*minTargetValueDl +
            maxTargetValueDh*Nl)/(Nl - Nh);
        targetToPredictPercent = Math.abs((denormTargetXPointValue -
          denormPredictXPointValue)/denormTargetXPointValue*100);

        System.out.println("xPoint = " + xPoint +
          " denormTargetXPointValue = " + denormTargetXPointValue +
            " denormPredictXPointValue = " + denormPredictXPointValue +
              " targetToPredictPercent = " + targetToPredictPercent);

        if (targetToPredictPercent > maxGlobalResultDiff)
          maxGlobalResultDiff = targetToPredictPercent;

        sumGlobalResultDiff = sumGlobalResultDiff + targetToPredictPercent;

        // Populate chart elements
        xData.add(denormInputXPointValue);
        yData1.add(denormTargetXPointValue);
        yData2.add(denormPredictXPointValue);
    }  // End for pair loop

// Print the max and average results

System.out.println(" ");
averGlobalResultDiff = sumGlobalResultDiff/intNumberOfRecordsInTestFile;

System.out.println("maxErrorPerc = " + maxGlobalResultDiff );
System.out.println("averErrorPerc = " + averGlobalResultDiff);
```

```
// All testing batch files have been processed
XYSeries series1 = Chart.addSeries("Actual", xData, yData1);
XYSeries series2 = Chart.addSeries("Predicted", xData, yData2);

series1.setLineColor(XChartSeriesColors.BLUE);
series2.setMarkerColor(Color.ORANGE);
series1.setLineStyle(SeriesLines.SOLID);
series2.setLineStyle(SeriesLines.SOLID);

// Save the chart image
try
 {
    BitmapEncoder.saveBitmapWithDPI(Chart, chartTestFileName,
    BitmapFormat.JPG, 100);
 }
catch (Exception bt)
 {
    bt.printStackTrace();
 }

System.out.println ("The Chart has been saved");

System.out.println("End of testing for test records");

} // End of the method
```

5.10　测试结果

清单 5-10 显示了测试结果。

清单 5-10　测试结果

```
xPoint = 0.20 TargetValue = 0.04000 PredictedValue = 0.03785 targetToPredictDiffPerc = 5.37
xPoint = 0.30 TargetValue = 0.09000 PredictedValue = 0.09008 targetToPredictDiffPerc = 0.09
xPoint = 0.40 TargetValue = 0.16000 PredictedValue = 0.15798 targetToPredictDiffPerc = 1.26
xPoint = 0.70 TargetValue = 0.49000 PredictedValue = 0.48985 targetToPredictDiffPerc = 0.03
xPoint = 0.95 TargetValue = 0.90250 PredictedValue = 0.90208 targetToPredictDiffPerc = 0.05
xPoint = 1.30 TargetValue = 1.69000 PredictedValue = 1.69096 targetToPredictDiffPerc = 0.06
xPoint = 1.60 TargetValue = 2.56000 PredictedValue = 2.55464 targetToPredictDiffPerc = 0.21
xPoint = 1.80 TargetValue = 3.24000 PredictedValue = 3.25083 targetToPredictDiffPerc = 0.33
xPoint = 1.95 TargetValue = 3.80250 PredictedValue = 3.82933 targetToPredictDiffPerc = 0.71

maxErrorPerc = 5.369910680518282
averErrorPerc = 0.8098656579029523
```

平均误差（实际值与预测值的百分比差）为 5.37%。

最大误差（实际值和预测值之间的百分比差）为 0.81%。图 5-25 显示了测试结果的图表。

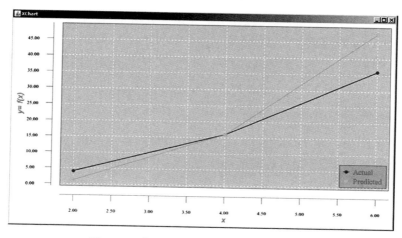

图 5-25　在网络未被训练的点上的逼近图

实际值与预测值之间的显著差异是由于粗略的函数逼近。通常可以通过修改网络的架构（隐藏层的数目、层中的神经元数目）来提高逼近精度。然而，这里的主要问题是用于训练网络的点的数量较少，并且相应地点之间的距离相对较大。为了获得更好的函数逼近结果，可以使用更多的点（它们之间的差别小得多）来逼近这个函数。

如果训练数据集包括更多的点（100、1000，甚至 10 000），并且相应地点之间的距离（0.01、0.001，甚至 0.0001）要小得多，则逼近结果将更精确。然而，这并不是第一个简单示例的目标。

5.11　深入调查

为什么需要更多的点来逼近这个函数？函数逼近控制逼近函数在训练过程处理过的点上的行为。网络学习使逼近结果与训练点的实际函数值紧密匹配，但对训练点之间的函数行为的控制要少得多。考虑图 5-26。

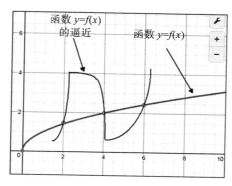

图 5-26　原始函数与逼近函数

在图 5-26 中，逼近函数值与训练点上的原始函数值紧密匹配，但在训练点之间并非如此。测试点的误差被故意夸大以使点更清楚。如果使用更多的训练点，那么测试点总是更接近其中一个训练点，并且测试点的测试结果将更接近这些点的原始函数值。

5.12 本章小结

本章描述了如何使用 Java Encog 框架开发神经网络应用程序。你看到了一种使用 Encog 对神经网络应用程序进行编码的逐步方法。本书其余部分的所有示例都使用 Encog 框架。

训练范围外的神经网络预测

　　为神经网络处理准备数据通常是使用神经网络时遇到的最困难和最耗时的任务。除了庞大的数据量可以轻易达到数百万甚至数十亿条记录之外，最主要的困难是为所讨论的任务准备正确格式的数据。在本章和后面的章节中，我将演示数据准备 / 转换的几种技术。

　　本章的示例旨在说明如何绕过神经网络逼近的主要限制，这表明预测只应在训练区间内使用。这种限制存在于任何函数逼近机制（不仅用于神经网络的逼近，而且对于任何类型的逼近，如泰勒级数和牛顿逼近演算）。在训练区间之外获取函数值称为预估或外推（而不是预测）。预估函数值是基于外推的，而神经网络的处理机制是基于逼近机制的。在训练区间外获得函数逼近值只会产生错误的结果。这是需要注意的重要概念之一。

6.1　示例 3a：逼近训练范围以外的周期函数

　　本例将使用切线周期函数 $y=\tan(x)$。假设不知道会给你什么类型的周期函数，这个函数是由它在某些点的值给你的。表 6-1 显示了区间 [0，1.2] 上的函数值。你将使用此数据进行网络训练。

表 6-1　区间 [0，1.2] 上的函数值

点 x	y
0	10
0.12	10.12058
0.24	10.24472
0.36	10.3764
0.48	10.52061

（续）

点 x	y
0.6	10.68414
0.72	10.87707
0.84	11.11563
0.96	11.42836
1.08	11.87122
1.2	12.57215

图 6-1 显示了区间 [0，1.2] 上的函数值的图表。

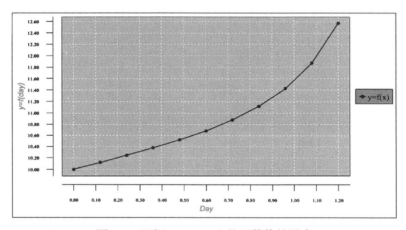

图 6-1　区间 [0，1.2] 上的函数值的图表

表 6-2 显示了区间 [3.141592654，4.341592654] 上的函数值。你将使用此数据测试经过训练的网络。

表 6-2　区间 [3.141592654，4.341592654] 上的函数值

点 x	y
3.141593	10
3.261593	10.12058
3.381593	10.24472
3.501593	10.3764
3.621593	10.52061
3.741593	10.68414
3.861593	10.87707
3.981593	11.11563
4.101593	11.42836
4.221593	11.87122
4.341593	12.57215

图 6-2 显示了区间 [3.141592654，4.341592654] 上的函数值的图表。

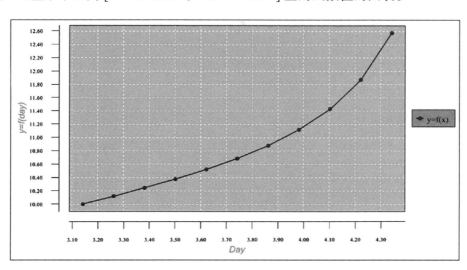

图 6-2　区间 [3.141592654、4.341592654] 上的函数值的图表

这个示例的目的是在给定的区间 [0，1.2] 上逼近函数，然后使用训练的网络来预测下一区间（即 [3.141592654，4.341592654]）的函数值。

对于示例 3a，你将尝试使用传统的方法来逼近函数，通过使用给定的数据。此数据需要在区间 [-1，1] 上规范化。规范化的训练数据集如表 6-3 所示。

表 6-3　规范化的训练数据集

点 x	y
−0.666666667	−0.5
−0.626666667	−0.43971033
−0.586666667	−0.37764165
−0.546666667	−0.311798575
−0.506666667	−0.23969458
−0.466666667	−0.157931595
−0.426666667	−0.06146605
−0.386666667	0.057816175
−0.346666667	0.214178745
−0.306666667	0.43560867
−0.266666667	0.78607581

表 6-4 显示了规范化的测试数据集。

表 6-4　规范化的测试数据集

点 x	y
0.380530885	−0.5
0.420530885	−0.43971033
0.460530885	−0.37764165
0.500530885	−0.311798575
0.540530885	−0.23969458
0.580530885	−0.157931595
0.620530885	−0.06146605
0.660530885	0.057816175
0.700530885	0.214178745
0.740530885	0.43560867
0.780530885	0.786075815

6.1.1　示例 3a 的网络架构

图 6-3 显示了本例的网络架构。典型地，特定项目的架构是通过实验来确定的，通过尝试许多方案并选择产生最佳逼近结果的方案。网络由输入层的一个神经元、三个隐藏层（每个隐藏层有五个神经元）和输出层的一个神经元组成。

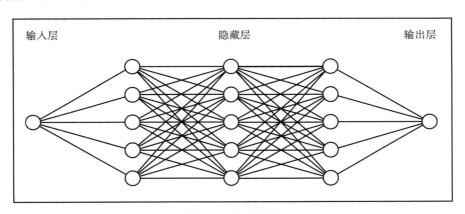

图 6-3　网络架构

6.1.2　示例 3a 的程序代码

清单 6-1 显示了程序代码。

清单 6-1　程序代码

```
// ====================================================
// Approximation of the periodic function outside of the training range.
```

```
//
// The input is the file consisting of records with two fields:
// - The first field is the xPoint value.
// - The second field is the target function value at that xPoint
// =======================================================

package sample3a;
import java.io.BufferedReader;
import java.io.File;
import java.io.FileInputStream;
import java.io.PrintWriter;
import java.io.FileNotFoundException;
import java.io.FileReader;
import java.io.FileWriter;
import java.io.IOException;
import java.io.InputStream;
import java.nio.file.*;
import java.util.Properties;
import java.time.YearMonth;
import java.awt.Color;
import java.awt.Font;
import java.io.BufferedReader;
import java.text.DateFormat;
import java.text.ParseException;
import java.text.SimpleDateFormat;
import java.time.LocalDate;
import java.time.Month;
import java.time.ZoneId;
import java.util.ArrayList;
import java.util.Calendar;
import java.util.Date;
import java.util.List;
import java.util.Locale;
import java.util.Properties;

import org.encog.Encog;
import org.encog.engine.network.activation.ActivationTANH;
import org.encog.engine.network.activation.ActivationReLU;
import org.encog.ml.data.MLData;
import org.encog.ml.data.MLDataPair;
import org.encog.ml.data.MLDataSet;
import org.encog.ml.data.buffer.MemoryDataLoader;
import org.encog.ml.data.buffer.codec.CSVDataCODEC;
import org.encog.ml.data.buffer.codec.DataSetCODEC;
import org.encog.neural.networks.BasicNetwork;
import org.encog.neural.networks.layers.BasicLayer;
import org.encog.neural.networks.training.propagation.resilient.
ResilientPropagation;
import org.encog.persist.EncogDirectoryPersistence;
import org.encog.util.csv.CSVFormat;
```

```java
import org.knowm.xchart.SwingWrapper;
import org.knowm.xchart.XYChart;
import org.knowm.xchart.XYChartBuilder;
import org.knowm.xchart.XYSeries;
import org.knowm.xchart.demo.charts.ExampleChart;
import org.knowm.xchart.style.Styler.LegendPosition;
import org.knowm.xchart.style.colors.ChartColor;
import org.knowm.xchart.style.colors.XChartSeriesColors;
import org.knowm.xchart.style.lines.SeriesLines;
import org.knowm.xchart.style.markers.SeriesMarkers;
import org.knowm.xchart.BitmapEncoder;
import org.knowm.xchart.BitmapEncoder.BitmapFormat;
import org.knowm.xchart.QuickChart;
import org.knowm.xchart.SwingWrapper;

public class Sample3a implements ExampleChart<XYChart>
{
    static double Nh =  1;
    static double Nl = -1;

   // First column
   static double maxXPointDh = 5.00;
   static double minXPointDl = -1.00;

   // Second column - target data
   static double maxTargetValueDh = 13.00;
   static double minTargetValueDl = 9.00;
   static double doublePointNumber = 0.00;
   static int intPointNumber = 0;
   static InputStream input = null;
   static double[] arrFunctionValue = new double[500];
   static double inputDiffValue = 0.00;
   static double predictDiffValue = 0.00;
   static double targetDiffValue = 0.00;
   static double valueDifferencePerc = 0.00;
    static String strFunctionValuesFileName;
   static int returnCode  = 0;
   static int numberOfInputNeurons;
   static int numberOfOutputNeurons;
   static int numberOfRecordsInFile;
   static int intNumberOfRecordsInTestFile;
   static double realTargetValue                 ;
   static double realPredictValue                ;
   static String functionValuesTrainFileName;
   static String functionValuesTestFileName;
   static String trainFileName;
   static String priceFileName;
   static String testFileName;
   static String chartTrainFileName;
   static String chartTestFileName;
```

```
static String networkFileName;
static int workingMode;
static String cvsSplitBy = ",";
static double denormTargetDiffPerc;
static double denormPredictDiffPerc;

static List<Double> xData = new ArrayList<Double>();
static List<Double> yData1 = new ArrayList<Double>();
static List<Double> yData2 = new ArrayList<Double>();

static XYChart Chart;
@Override
public XYChart getChart()
{

  // Create Chart

  Chart = new  XYChartBuilder().width(900).height(500).title(getClass().
          getSimpleName()).xAxisTitle("x").yAxisTitle("y= f(x)").build();

  // Customize Chart
  Chart.getStyler().setPlotBackgroundColor(ChartColor.
  getAWTColor(ChartColor.GREY));
  Chart.getStyler().setPlotGridLinesColor(new Color(255, 255, 255));
  Chart.getStyler().setChartBackgroundColor(Color.WHITE);
  Chart.getStyler().setLegendBackgroundColor(Color.PINK);
  Chart.getStyler().setChartFontColor(Color.MAGENTA);
  Chart.getStyler().setChartTitleBoxBackgroundColor(new Color(0, 222, 0));
  Chart.getStyler().setChartTitleBoxVisible(true);
  Chart.getStyler().setChartTitleBoxBorderColor(Color.BLACK);
  Chart.getStyler().setPlotGridLinesVisible(true);
  Chart.getStyler().setAxisTickPadding(20);
  Chart.getStyler().setAxisTickMarkLength(15);
  Chart.getStyler().setPlotMargin(20);
  Chart.getStyler().setChartTitleVisible(false);
  Chart.getStyler().setChartTitleFont(new Font(Font.MONOSPACED, Font.BOLD, 24));
  Chart.getStyler().setLegendFont(new Font(Font.SERIF, Font.PLAIN, 18));
  Chart.getStyler().setLegendPosition(LegendPosition.InsideSE);
  Chart.getStyler().setLegendSeriesLineLength(12);
  Chart.getStyler().setAxisTitleFont(new Font(Font.SANS_SERIF, Font.ITALIC, 18));
  Chart.getStyler().setAxisTickLabelsFont(new Font(Font.SERIF, Font.
  PLAIN, 11));
  Chart.getStyler().setDatePattern("yyyy-MM");
  Chart.getStyler().setDecimalPattern("#0.00");

// Configuration
// Train
workingMode = 1;
trainFileName = "C:/My_Neural_Network_Book/Book_Examples/Sample3a_Norm_
Tan_Train.csv";
unctionValuesTrainFileName =
   "C:/My_Neural_Network_Book/Book_Examples/Sample3a_Tan_Calculate_
   Train.csv";
```

```java
      chartTrainFileName =
          "C:/My_Neural_Network_Book/Book_Examples/Sample3a_XYLine_Tan_Train_Chart";
      numberOfRecordsInFile = 12;

       // Test the trained network at non-trained points
      // workingMode = 2;
      // testFileName = "C:/My_Neural_Network_Book/Book_Examples/Sample3a_
         Norm_Tan_Test.csv";
      // functionValuesTestFileName =
            "C:/My_Neural_Network_Book/Book_Examples/Sample3a_Tan_Calculate_
            Test.csv";
       //chartTestFileName =
         "C:/My_Neural_Network_Book/Book_Examples/Sample3a_XYLine_Tan_Test_Chart";
       //numberOfRecordsInFile = 12;

       // Common configuration
      networkFileName =
          "C:/My_Neural_Network_Book/Book_Examples/Sample3a_Saved_Tan_Network_
          File.csv";
      numberOfInputNeurons = 1;
      numberOfOutputNeurons = 1;

      try
       {
          // Check the working mode to run

          if(workingMode == 1)
           {
             // Train mode
             loadFunctionValueTrainFileInMemory();
              File file1 = new File(chartTrainFileName);
              File file2 = new File(networkFileName);

              if(file1.exists())
                file1.delete();

              if(file2.exists())
                file2.delete();

              returnCode = 0;     // Clear the return code variable
              do
               {
                 returnCode = trainValidateSaveNetwork();

               } while (returnCode > 0);

          }    // End the train logic
          else
           {
             // Testing mode.

             // Load testing file in memory
             loadTestFileInMemory();

             File file1 = new File(chartTestFileName);
```

```
        if(file1.exists())
           file1.delete();

        loadAndTestNetwork();

      }
    }
   catch (Throwable t)
    {
          t.printStackTrace();
        System.exit(1);
    }
   finally
    {
       Encog.getInstance().shutdown();
    }

  Encog.getInstance().shutdown();

  return Chart;

} // End of the method

// ==============================
// Load CSV to memory.
// @return The loaded dataset.
// ==============================
public static MLDataSet loadCSV2Memory(String filename, int input, int
ideal, boolean headers, CSVFormat format, boolean significance)
  {
     DataSetCODEC codec = new CSVDataCODEC(new File(filename), format,
     headers, input, ideal, significance);

     MemoryDataLoader load = new MemoryDataLoader(codec);
     MLDataSet dataset = load.external2Memory();
     return dataset;
  }

// ===============================================
//  The main method.
//  @param Command line arguments. No arguments are used.
// ===============================================
public static void main(String[] args)
 {
   ExampleChart<XYChart> exampleChart = new Sample3a();
   XYChart Chart = exampleChart.getChart();
   new SwingWrapper<XYChart>(Chart).displayChart();
 } // End of the main method
//===================================
// Train, validate, and save the trained network file
//===================================
static public int trainValidateSaveNetwork()
 {
```

```java
double functionValue = 0.00;

// Load the training CSV file in memory
MLDataSet trainingSet =
  loadCSV2Memory(trainFileName,numberOfInputNeurons,numberOfOutputNeurons,
    true,CSVFormat.ENGLISH,false);

// create a neural network
BasicNetwork network = new BasicNetwork();

// Input layer
network.addLayer(new BasicLayer(null,true,1));

// Hidden layer
network.addLayer(new BasicLayer(new ActivationTANH(),true,5));
network.addLayer(new BasicLayer(new ActivationTANH(),true,5));
network.addLayer(new BasicLayer(new ActivationTANH(),true,5));

// Output layer
network.addLayer(new BasicLayer(new ActivationTANH(),false,1));

network.getStructure().finalizeStructure();
network.reset();

// train the neural network
final ResilientPropagation train = new ResilientPropagation(network,
trainingSet);

int epoch = 1;
returnCode = 0;

do
 {
    train.iteration();
    System.out.println("Epoch #" + epoch + " Error:" + train.getError());
   epoch++;

   if (epoch >= 500 && network.calculateError(trainingSet) > 0.000000061)
     {
      returnCode = 1;

      System.out.println("Try again");
      return returnCode;
     }

 } while(train.getError() > 0.00000006);

// Save the network file
EncogDirectoryPersistence.saveObject(new File(networkFileName),network);

System.out.println("Neural Network Results:");

double sumDifferencePerc = 0.00;
double averNormDifferencePerc = 0.00;
double maxErrorPerc = 0.00;

int m = -1;
```

```java
double xPoint_Initial = 0.00;
double xPoint_Increment = 0.12;
double xPoint = xPoint_Initial - xPoint_Increment;

realTargetValue = 0.00;
realPredictValue = 0.00;

for(MLDataPair pair: trainingSet)
  {
      m++;
      xPoint = xPoint + xPoint_Increment;

      //if(xPoint >  3.14)
      //    break;

       final MLData output = network.compute(pair.getInput());

       MLData inputData = pair.getInput();
       MLData actualData = pair.getIdeal();
       MLData predictData = network.compute(inputData);
       // Calculate and print the results
       inputDiffValue = inputData.getData(0);
       targetDiffValue = actualData.getData(0);
       predictDiffValue = predictData.getData(0);

       //De-normalize the values
       denormTargetDiffPerc = ((minTargetValueDl - maxTargetValueDh)*
       targetDiffValue - Nh*minTargetValueDl + maxTargetValueDh*Nl)/
       (Nl - Nh);
       denormPredictDiffPerc =((minTargetValueDl - maxTargetValueDh)*
       predictDiffValue - Nh*minTargetValueDl + maxTargetValueDh*Nl)/
       (Nl - Nh);

       valueDifferencePerc =
         Math.abs(((denormTargetDiffPerc - denormPredictDiffPerc)/
         denormTargetDiffPerc)*100.00);

       System.out.println ("xPoint = " + xPoint + " realTargetValue = " +
         denormTargetDiffPerc + "  realPredictValue = " +
         denormPredictDiffPerc + " valueDifferencePerc = " + value
         DifferencePerc);

       sumDifferencePerc = sumDifferencePerc + valueDifferencePerc;

       if (valueDifferencePerc > maxErrorPerc && m > 0)
         maxErrorPerc = valueDifferencePerc;

       xData.add(xPoint);
       yData1.add(denormTargetDiffPerc);
       yData2.add(denormPredictDiffPerc);
}   // End for pair loop

XYSeries series1 = Chart.addSeries("Actual data", xData, yData1);
XYSeries series2 = Chart.addSeries("Predict data", xData, yData2);
```

```
        series1.setLineColor(XChartSeriesColors.BLUE);
        series2.setMarkerColor(Color.ORANGE);
        series1.setLineStyle(SeriesLines.SOLID);
        series2.setLineStyle(SeriesLines.SOLID);
        try
         {
            //Save the chart image
            BitmapEncoder.saveBitmapWithDPI(Chart, chartTrainFileName,
            BitmapFormat.JPG, 100);
            System.out.println ("Train Chart file has been saved") ;
         }
       catch (IOException ex)
         {
          ex.printStackTrace();
          System.exit(3);
         }

         // Finally, save this trained network
         EncogDirectoryPersistence.saveObject(new File(networkFileName),network);
         System.out.println ("Train Network has been saved") ;

         averNormDifferencePerc   = sumDifferencePerc/numberOfRecordsInFile;

         System.out.println(" ");
         System.out.println("maxErrorPerc = " + maxErrorPerc +
            "  averNormDifferencePerc = " + averNormDifferencePerc);

         returnCode = 0;

         return returnCode;

    }    // End of the method
//===================================================
// This method load and test the trained network at the points not
// used for training.
//===================================================
static public void loadAndTestNetwork()
 {
  System.out.println("Testing the networks results");
  List<Double> xData = new ArrayList<Double>();
  List<Double> yData1 = new ArrayList<Double>();
  List<Double> yData2 = new ArrayList<Double>();

  double sumDifferencePerc = 0.00;
  double maxErrorPerc = 0.00;
  double maxGlobalResultDiff = 0.00;
  double averErrorPerc = 0.00;
  double sumGlobalResultDiff = 0.00;
  double functionValue;

  BufferedReader br4;
  BasicNetwork network;
  int k1 = 0;
```

```
// Process test records
maxGlobalResultDiff = 0.00;
averErrorPerc = 0.00;
sumGlobalResultDiff = 0.00;

MLDataSet testingSet =
loadCSV2Memory(testFileName,numberOfInputNeurons,numberOfOutput
Neurons,true,CSVFormat.ENGLISH,false);

// Load the saved trained network
network =
  (BasicNetwork)EncogDirectoryPersistence.loadObject(new File
  (networkFileName));

int i = - 1; // Index of the current record
int m = -1;

double xPoint_Initial = 3.141592654;
double xPoint_Increment = 0.12;
double xPoint = xPoint_Initial - xPoint_Increment;

realTargetValue = 0.00;
realPredictValue = 0.00;
for (MLDataPair pair:  testingSet)
 {
    m++;
      xPoint = xPoint + xPoint_Increment;

      //if(xPoint >  3.14)
      //    break;

       final MLData output = network.compute(pair.getInput());

       MLData inputData = pair.getInput();
       MLData actualData = pair.getIdeal();
       MLData predictData = network.compute(inputData);

       // Calculate and print the results
       inputDiffValue = inputData.getData(0);
       targetDiffValue = actualData.getData(0);
       predictDiffValue = predictData.getData(0);

       // De-normalize the values
       denormTargetDiffPerc = ((minTargetValueDl - maxTargetValueDh)*
       targetDiffValue - Nh*minTargetValueDl + maxTarget
       ValueDh*Nl)/(Nl - Nh);
       denormPredictDiffPerc =((minTargetValueDl - maxTargetValueDh)*
       predictDiffValue - Nh*minTargetValueDl + maxTargetValue
       Dh*Nl)/(Nl - Nh);

       valueDifferencePerc =
         Math.abs(((denormTargetDiffPerc - denormPredictDiffPerc)/
         denormTargetDiffPerc)*100.00);

       System.out.println ("xPoint = " + xPoint + " realTargetValue = " +
         denormTargetDiffPerc + "   realPredictValue = " +
```

```
                        denormPredictDiffPerc + "
                          valueDifferencePerc = " +
                            valueDifferencePerc);

              sumDifferencePerc = sumDifferencePerc + valueDifferencePerc;
              if (valueDifferencePerc > maxErrorPerc && m > 0)
                maxErrorPerc = valueDifferencePerc;

              xData.add(xPoint);
              yData1.add(denormTargetDiffPerc);
              yData2.add(denormPredictDiffPerc);

      }  // End for pair loop

      // Print max and average results

      System.out.println(" ");
      averErrorPerc = sumDifferencePerc/numberOfRecordsInFile;

      System.out.println("maxErrorPerc = " + maxErrorPerc);
      System.out.println("averErrorPerc = " + averErrorPerc);

      // All testing batch files have been processed
      XYSeries series1 = Chart.addSeries("Actual", xData, yData1);
      XYSeries series2 = Chart.addSeries("Predicted", xData, yData2);

      series1.setLineColor(XChartSeriesColors.BLUE);
      series2.setMarkerColor(Color.ORANGE);
      series1.setLineStyle(SeriesLines.SOLID);
      series2.setLineStyle(SeriesLines.SOLID);

      // Save the chart image
      try
       {
         BitmapEncoder.saveBitmapWithDPI(Chart, chartTestFileName ,
         BitmapFormat.JPG, 100);
       }
      catch (Exception bt)
       {
         bt.printStackTrace();
       }

      System.out.println ("The Chart has been saved");

   } // End of the method
//=========================================
// Load Training Function Values file in memory
//=========================================
public static void loadFunctionValueTrainFileInMemory()
 {
    BufferedReader br1 = null;

    String line = "";
    String cvsSplitBy = ",";
    double tempYFunctionValue = 0.00;
```

```java
    try
      {
        br1 = new BufferedReader(new FileReader(functionValuesTrain
            FileName));

        int i = -1;
        int r = -2;

        while ((line = br1.readLine()) != null)
         {
            i++;
            r++;
          // Skip the header line
          if(i > 0)
            {
              // Break the line using comma as separator
              String[] workFields = line.split(cvsSplitBy);

              tempYFunctionValue = Double.parseDouble(workFields[1]);
              arrFunctionValue[r] = tempYFunctionValue;
            }
        }  // end of the while loop

        br1.close();

      }
    catch (IOException ex)
      {
        ex.printStackTrace();
        System.err.println("Error opening files = " + ex);
        System.exit(1);
      }

  }


//===================================
// Load testing Function Values file in memory
//===================================
public static void loadTestFileInMemory()
 {
    BufferedReader br1 = null;

    String line = "";
    String cvsSplitBy = ",";
    double tempYFunctionValue = 0.00;

    try
      {
        br1 = new BufferedReader(new FileReader(functionValuesTestFileName));

        int i = -1;
        int r = -2;

        while ((line = br1.readLine()) != null)
```

```
        {
          i++;
          r++;
          // Skip the header line
          if(i > 0)
            {
              // Break the line using comma as separator
              String[] workFields = line.split(cvsSplitBy);

              tempYFunctionValue = Double.parseDouble(workFields[1]);
              arrFunctionValue[r] = tempYFunctionValue;
            }
       }  // end of the while loop
       br1.close();

     }
   catch (IOException ex)
     {
       ex.printStackTrace();
       System.err.println("Error opening files = " + ex);
       System.exit(1);
     }

   }

} // End of the class
```

此代码表示常规的神经网络处理，不需要任何解释。

清单 6-2 显示了训练处理结果。

清单 6-2 训练处理结果

```
xPoint = 0.00 TargetValue = 10.00000  PredictedValue = 10.00027 DiffPerc = 0.00274
xPoint = 0.12 TargetValue = 10.12058  PredictedValue = 10.12024 DiffPerc = 0.00336
xPoint = 0.24 TargetValue = 10.24471  PredictedValue = 10.24412 DiffPerc = 0.00580
xPoint = 0.36 TargetValue = 10.37640  PredictedValue = 10.37629 DiffPerc = 0.00102
xPoint = 0.48 TargetValue = 10.52061  PredictedValue = 10.52129 DiffPerc = 0.00651
xPoint = 0.60 TargetValue = 10.68414  PredictedValue = 10.68470 DiffPerc = 0.00530
xPoint = 0.72 TargetValue = 10.87707  PredictedValue = 10.87656 DiffPerc = 0.00467
xPoint = 0.84 TargetValue = 11.11563  PredictedValue = 11.11586 DiffPerc = 0.00209
xPoint = 0.96 TargetValue = 11.42835  PredictedValue = 11.42754 DiffPerc = 0.00712
xPoint = 1.08 TargetValue = 11.87121  PredictedValue = 11.87134 DiffPerc = 0.00104
xPoint = 1.20 TargetValue = 12.57215  PredictedValue = 12.57200 DiffPerc = 0.00119

maxErrorPerc = 0.007121086942321541
averErrorPerc = 0.0034047471040211954
```

图 6-4 显示了训练结果的图表。

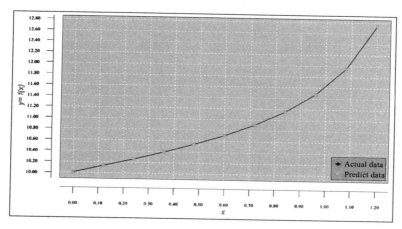

图 6-4　区间 [0，1.2] 上的训练结果的图表

6.1.3　测试网络

在处理测试数据集时，从记录中提取 xPoint 值（第 1 列），将该值馈送到经过训练的网络，从网络中获取预测的函数值，并将结果与你碰巧知道的函数值进行比较（见清单 6-2 的第 2 列）。

清单 6-3 显示了测试处理结果。

清单 6-3　测试处理结果

```
xPoint = 3.141594 TargetValue = 10.00000 PredictedValue = 12.71432 DiffPerc = 27.14318
xPoint = 3.261593 TargetValue = 10.12059 PredictedValue = 12.71777 DiffPerc = 25.66249
xPoint = 3.381593 TargetValue = 10.24471 PredictedValue = 12.72100 DiffPerc = 24.17133
xPoint = 3.501593 TargetValue = 10.37640 PredictedValue = 12.72392 DiffPerc = 22.62360
xPoint = 3.621593 TargetValue = 10.52061 PredictedValue = 12.72644 DiffPerc = 20.96674
xPoint = 3.741593 TargetValue = 10.68413 PredictedValue = 12.72849 DiffPerc = 19.13451
xPoint = 3.861593 TargetValue = 10.87706 PredictedValue = 12.73003 DiffPerc = 17.03549
xPoint = 3.981593 TargetValue = 11.11563 PredictedValue = 12.73102 DiffPerc = 14.53260
xPoint = 4.101593 TargetValue = 11.42835 PredictedValue = 12.73147 DiffPerc = 11.40249
xPoint = 4.221593 TargetValue = 11.87121 PredictedValue = 12.73141 DiffPerc = 7.246064
xPoint = 4.341593 TargetValue = 12.57215 PredictedValue = 12.73088 DiffPerc = 1.262565

maxErrorPerc = 25.662489243649677
averErrorPerc = 15.931756451553364
```

图 6-5 显示了区间 [3.141592654，4.341592654] 上的测试处理结果的图表。

请注意，与实际图表（曲线）相比，预测图表（顶部的线）的外观有多么不同。测试处理结果的大误差（`maxErrorPerc=25.66%`，`averErrorPerc>15.93%`），如清单 6-7 所示，而且图 6-5 表明这种函数逼近是无用的。当网络从训练范围之外的测试记录中输入 xPoint 值时，它将返回这些值。通过向网络发送这样的 XPoint，你可以尝试推断函数值而不是逼近它们。

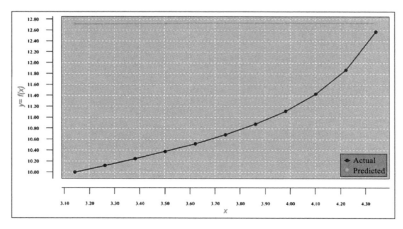

图 6-5　区间 [3.141592654，4.341592654] 上的测试结果的图表

6.2　示例 3b：逼近训练范围以外的周期函数的正确方法

在本例中，你将看到周期函数如何（用特殊的数据准备）在网络训练范围之外被正确地逼近。正如你稍后将看到的，你还可以将此技术用于更复杂的周期函数，甚至一些非周期函数。

6.2.1　准备训练数据

作为提醒，此示例需要使用区间 [0，1.2] 上训练的网络来预测区间 [3.141592654，4.341592654] 上的函数结果，该区间不在训练范围内。你将在这里看到如何避开周期函数的神经网络限制。为此，首先将给定的函数值转换为一个数据集，每个记录由两个字段组成。

❑ 字段 1 是当前点（记录）和第一个点（记录）的 xPoint 值之间的差异。
❑ 字段 2 是下一点（记录）和当前点（记录）的函数值之间的差异。

 当将记录的第一个字段表示为 xPoint 值之间的差异而不仅仅是原始 xPoint 值之间的差异时，即使尝试预测任何下一个区间（在本例中，[3.141592654，4.341592654]）的函数值，也不会超出训练区间。换言之，下一个区间 [3.141592654，4.341592654] 的 xPoint 值之间的差异在训练范围内。

通过这种方式构造输入数据集，基本上可以教会网络，在当前点和第一个点之间的函数值的差异等于某个值 "a" 时，下一个点和当前点之间的函数值的差异必须等于某个值 "b"。这允许网络通过了解当天的函数值来预测次日的函数值。表 6-5 显示了转换数据集。

表 6-5　转换后的训练数据集

点 x	y
−0.12	9.879420663
0	10
0.12	10.12057934
0.24	10.2447167
0.36	10.37640285
0.48	10.52061084
0.6	10.68413681
0.72	10.8770679
0.84	11.11563235
0.96	11.42835749
1.08	11.87121734
1.2	12.57215162
1.32	13.90334779

你可以规范化区间 [-1,1] 上的训练数据集，结果见表 6-6。

表 6-6　规范化的训练数据集

xDiff	yDiff
−0.968	−0.967073056
−0.776	−0.961380224
−0.584	−0.94930216
−0.392	−0.929267216
−0.2	−0.898358448
−0.008	−0.851310256
0.184	−0.77829688
0.376	−0.659639776
0.568	−0.45142424
0.76	−0.038505152
0.952	0.969913872

表 6-7 显示了转换后的测试数据集。

表 6-7　转换后的测试数据集

xPointDiff	yDiff
3.021592654	9.879420663
3.141592654	10
3.261592654	10.12057934
3.381592654	10.2447167

（续）

xPointDiff	yDiff
3.501592654	10.37640285
3.621592654	10.52061084
3.741592654	10.68413681
3.861592654	10.8770679
3.981592654	11.11563235
4.101592654	11.42835749
4.221592654	11.87121734
4.341592654	12.57215163
4.461592654	13.90334779

表 6-8 显示了规范化的测试数据集。

表 6-8　规范化的测试数据集

xDiff	yDiff
−0.968	−0.967073056
−0.776	−0.961380224
−0.584	−0.94930216
−0.392	−0.929267216
−0.2	−0.898358448
−0.008	−0.851310256
0.184	−0.77829688
0.376	−0.659639776
0.568	−0.45142424
0.76	−0.038505136
0.952	0.969913856

实际上不需要测试数据集中的第二列来进行处理。我只是将它包含在测试数据集中，以便能够以编程方式将预测值与实际值进行比较。将当前点和上一点（当前处理记录的字段 1）的 xPoint 值之间的差异输入训练的网络，你将得到下一点和当前点的函数值之间的预测差异。因此，下一点的预测函数值等于当前点（记录）的目标函数值与网络预测差值之和。

6.2.2　示例 3b 的网络架构

对于本例，你将使用一个网络，它由包含一个神经元的输入层、三个隐藏层（每个隐藏层包含五个神经元）和包含一个神经元的输出层组成。我再次通过实验（尝试和测试）提出了这个架构。图 6-6 显示了训练架构。

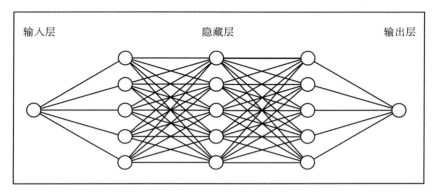

图 6-6　示例的网络架构

现在你已经准备好开发网络处理程序并运行训练以及测试方法了。

6.2.3　示例 3b 的程序代码

清单 6-4 显示了程序代码。

清单 6-4　程序代码

```
// =====================================================================
// Approximation of the periodic function outside of the training range.
//
// The input is the file consisting of records with two fields:
// - The first field holds the difference between the function values of the
// current and first records.
// - The second field holds the difference between the function values of the
// next and current records.
// =====================================================================
package sample3b;
import java.io.BufferedReader;
import java.io.File;
import java.io.FileInputStream;
import java.io.PrintWriter;
import java.io.FileNotFoundException;
import java.io.FileReader;
import java.io.FileWriter;
import java.io.IOException;
import java.io.InputStream;
import java.nio.file.*;
import java.util.Properties;
import java.time.YearMonth;
import java.awt.Color;
import java.awt.Font;
import java.io.BufferedReader;
import java.text.DateFormat;
```

```java
import java.text.ParseException;
import java.text.SimpleDateFormat;
import java.time.LocalDate;
import java.time.Month;
import java.time.ZoneId;
import java.util.ArrayList;
import java.util.Calendar;
import java.util.Date;
import java.util.List;
import java.util.Locale;
import java.util.Properties;

import org.encog.Encog;
import org.encog.engine.network.activation.ActivationTANH;
import org.encog.engine.network.activation.ActivationReLU;
import org.encog.ml.data.MLData;
import org.encog.ml.data.MLDataPair;
import org.encog.ml.data.MLDataSet;
import org.encog.ml.data.buffer.MemoryDataLoader;
import org.encog.ml.data.buffer.codec.CSVDataCODEC;
import org.encog.ml.data.buffer.codec.DataSetCODEC;
import org.encog.neural.networks.BasicNetwork;
import org.encog.neural.networks.layers.BasicLayer;
import org.encog.neural.networks.training.propagation.resilient.
ResilientPropagation;
import org.encog.persist.EncogDirectoryPersistence;
import org.encog.util.csv.CSVFormat;

import org.knowm.xchart.SwingWrapper;
import org.knowm.xchart.XYChart;
import org.knowm.xchart.XYChartBuilder;
import org.knowm.xchart.XYSeries;
import org.knowm.xchart.demo.charts.ExampleChart;
import org.knowm.xchart.style.Styler.LegendPosition;
import org.knowm.xchart.style.colors.ChartColor;
import org.knowm.xchart.style.colors.XChartSeriesColors;
import org.knowm.xchart.style.lines.SeriesLines;
import org.knowm.xchart.style.markers.SeriesMarkers;
import org.knowm.xchart.BitmapEncoder;
import org.knowm.xchart.BitmapEncoder.BitmapFormat;
import org.knowm.xchart.QuickChart;
import org.knowm.xchart.SwingWrapper;

/**
 *
 * @author i262666
 */
public class Sample3b implements ExampleChart<XYChart>
{

    static double Nh =  1;
```

```
  static double Nl = -1;

  // First column
  static double maxXPointDh = 1.35;
  static double minXPointDl = 0.10;

  // Second column - target data
  static double maxTargetValueDh = 1.35;
  static double minTargetValueDl = 0.10;
  static double doublePointNumber = 0.00;
  static int intPointNumber = 0;
  static InputStream input = null;
  static double[] arrFunctionValue = new double[500];
  static double inputDiffValue = 0.00;
  static double predictDiffValue = 0.00;
  static double targetDiffValue = 0.00;
  static double valueDifferencePerc = 0.00;
  static String strFunctionValuesFileName;
  static int returnCode  = 0;
  static int numberOfInputNeurons;
  static int numberOfOutputNeurons;
  static int numberOfRecordsInFile;
  static int intNumberOfRecordsInTestFile;
  static double realTargetValue;
  static double realPredictValue;
  static String functionValuesTrainFileName;
  static String functionValuesTestFileName;
  static String trainFileName;
  static String priceFileName;
  static String testFileName;
  static String chartTrainFileName;
  static String chartTestFileName;
  static String networkFileName;
  static int workingMode;
  static String cvsSplitBy = ",";
  static double denormTargetDiffPerc;
  static double denormPredictDiffPerc;

  static List<Double> xData = new ArrayList<Double>();
  static List<Double> yData1 = new ArrayList<Double>();
  static List<Double> yData2 = new ArrayList<Double>();

 static XYChart Chart;
@Override
public XYChart getChart()
 {
  // Create Chart

  Chart = new  XYChartBuilder().width(900).height(500).title(getClass().
          getSimpleName()).xAxisTitle("x").yAxisTitle("y= f(x)").build();

  // Customize Chart
```

```
Chart.getStyler().setPlotBackgroundColor(ChartColor.
getAWTColor(ChartColor.GREY));
Chart.getStyler().setPlotGridLinesColor(new Color(255, 255, 255));
Chart.getStyler().setChartBackgroundColor(Color.WHITE);
Chart.getStyler().setLegendBackgroundColor(Color.PINK);
Chart.getStyler().setChartFontColor(Color.MAGENTA);
Chart.getStyler().setChartTitleBoxBackgroundColor(new Color(0, 222, 0));
Chart.getStyler().setChartTitleBoxVisible(true);
Chart.getStyler().setChartTitleBoxBorderColor(Color.BLACK);
Chart.getStyler().setPlotGridLinesVisible(true);
Chart.getStyler().setAxisTickPadding(20);
Chart.getStyler().setAxisTickMarkLength(15);
Chart.getStyler().setPlotMargin(20);
Chart.getStyler().setChartTitleVisible(false);
Chart.getStyler().setChartTitleFont(new Font(Font.MONOSPACED, Font.BOLD, 24));
Chart.getStyler().setLegendFont(new Font(Font.SERIF, Font.PLAIN, 18));
Chart.getStyler().setLegendPosition(LegendPosition.InsideSE);
Chart.getStyler().setLegendSeriesLineLength(12);
Chart.getStyler().setAxisTitleFont(new Font(Font.SANS_SERIF, Font.
ITALIC, 18));
Chart.getStyler().setAxisTickLabelsFont(new Font(Font.SERIF, Font.
PLAIN, 11));
Chart.getStyler().setDatePattern("yyyy-MM");
Chart.getStyler().setDecimalPattern("#0.00");

// Configuration
// Set the mode of program run
workingMode = 1;  // Training mode

if (workingMode ==  1)
  {
     trainFileName = "C:/My_Neural_Network_Book/Book_Examples/Sample3b_
     Norm_Tan_Train.csv";
     functionValuesTrainFileName =
        "C:/My_Neural_Network_Book/Book_Examples/Sample3b_Tan_Calculate_
        Train.csv";
     chartTrainFileName =
        "C:/My_Neural_Network_Book/Book_Examples/Sample3b_XYLine_Tan_
        Train_Chart";
      numberOfRecordsInFile = 12;
  }
else
  {
    // Testing  mode
            testFileName = "C:/My_Neural_Network_Book/Book_Examples/
                        Sample3b_Norm_Tan_Test.csv";
        functionValuesTestFileName =
          "C:/My_Neural_Network_Book/Book_Examples/Sample3b_Tan_Calculate_
          Test.csv";
        chartTestFileName =
```

```
            "C:/My_Neural_Network_Book/Book_Examples/Sample3b_XYLine_Tan_
            Test_Chart";
         numberOfRecordsInFile = 12;
      }
// Common configuration
networkFileName =
      "C:/My_Neural_Network_Book/Book_Examples/Sample3b_Saved_Tan_
      Network_File.csv";
numberOfInputNeurons = 1;
numberOfOutputNeurons = 1;
try
 {
      // Check the working mode to run

      if(workingMode == 1)
       {
         // Train mode
         loadFunctionValueTrainFileInMemory();

          File file1 = new File(chartTrainFileName);
          File file2 = new File(networkFileName);

          if(file1.exists())
            file1.delete();

          if(file2.exists())
            file2.delete();

          returnCode = 0;    // Clear the return code variable

          do
           {
              returnCode = trainValidateSaveNetwork();

           } while (returnCode > 0);

       }   // End the train logic
      else
       {
         // Testing mode.

         // Load testing file in memory
         loadTestFileInMemory();

         File file1 = new File(chartTestFileName);

         if(file1.exists())
           file1.delete();

         loadAndTestNetwork();

      }
 }
catch (Throwable t)
  {
```

```java
            t.printStackTrace();
            System.exit(1);
          }
        finally
          {
            Encog.getInstance().shutdown();
          }

     Encog.getInstance().shutdown();

     return Chart;

   } // End of the method
   // =====================================================
   // Load CSV to memory.
   // @return The loaded dataset.
   // =====================================================
   public static MLDataSet loadCSV2Memory(String filename, int input, int
   ideal, boolean headers, CSVFormat format, boolean significance)
     {
        DataSetCODEC codec = new CSVDataCODEC(new File(filename), format,
        headers, input, ideal, significance);
        MemoryDataLoader load = new MemoryDataLoader(codec);
        MLDataSet dataset = load.external2Memory();
        return dataset;
     }


   // =====================================================
   //  The main method.
   //  @param Command line arguments. No arguments are used.
   // =====================================================
   public static void main(String[] args)
    {
      ExampleChart<XYChart> exampleChart = new Sample3b();
      XYChart Chart = exampleChart.getChart();
      new SwingWrapper<XYChart>(Chart).displayChart();
    } // End of the main method


   //========================================
   // Train, validate, and saves the trained network file
   //========================================
   static public int trainValidateSaveNetwork()
    {
      double functionValue = 0.00;

      // Load the training CSV file in memory
      MLDataSet trainingSet =
        loadCSV2Memory(trainFileName,numberOfInputNeurons,numberOfOutputNeurons,
          true,CSVFormat.ENGLISH,false);

      // create a neural network
      BasicNetwork network = new BasicNetwork();
```

```java
// Input layer
network.addLayer(new BasicLayer(null,true,1));

// Hidden layer
network.addLayer(new BasicLayer(new ActivationTANH(),true,5));
network.addLayer(new BasicLayer(new ActivationTANH(),true,5));
network.addLayer(new BasicLayer(new ActivationTANH(),true,5));

// Output layer
network.addLayer(new BasicLayer(new ActivationTANH(),false,1));

network.getStructure().finalizeStructure();
network.reset();

// train the neural network
final ResilientPropagation train = new ResilientPropagation(network,
trainingSet);
int epoch = 1;
returnCode = 0;

do
 {
     train.iteration();
     System.out.println("Epoch #" + epoch + " Error:" + train.getError());

    epoch++;

    if (epoch >= 500 && network.calculateError(trainingSet) > 0.000000061)
       {
         returnCode = 1;

         System.out.println("Try again");
         return returnCode;
       }

 } while(train.getError() > 0.00000006);

// Save the network file
EncogDirectoryPersistence.saveObject(new File(networkFileName),network);

System.out.println("Neural Network Results:");

double sumDifferencePerc = 0.00;
double averNormDifferencePerc = 0.00;
double maxErrorPerc = 0.00;

int m = -1;
double xPoint_Initial = 0.00;
double xPoint_Increment = 0.12;
//double xPoint = xPoint_Initial - xPoint_Increment;
double xPoint = xPoint_Initial;

realTargetValue = 0.00;
realPredictValue = 0.00;

for(MLDataPair pair: trainingSet)
  {
```

```
        m++;
        xPoint = xPoint + xPoint_Increment;

        final MLData output = network.compute(pair.getInput());

         MLData inputData = pair.getInput();
         MLData actualData = pair.getIdeal();
         MLData predictData = network.compute(inputData);

         // Calculate and print the results
         inputDiffValue = inputData.getData(0);
         targetDiffValue = actualData.getData(0);
         predictDiffValue = predictData.getData(0);

         // De-normalize the values
         denormTargetDiffPerc = ((minXPointDl -
         maxXPointDh)*targetDiffValue - Nh*minXPointDl +
             maxXPointDh*Nl)/(Nl - Nh);
         denormPredictDiffPerc =((minTargetValueDl - maxTargetValueDh)*
         predictDiffValue - Nh*minTargetValueDl + maxTarget
         ValueDh*Nl)/(Nl - Nh);

         functionValue = arrFunctionValue[m+1];

         realTargetValue = functionValue + denormTargetDiffPerc;
         realPredictValue = functionValue + denormPredictDiffPerc;

         valueDifferencePerc =
           Math.abs(((realTargetValue - realPredictValue)/
           realPredictValue)*100.00);

         System.out.println ("xPoint = " + xPoint + "  realTargetValue = " +
           denormTargetDiffPerc + "  realPredictValue = " +
           denormPredictDiffPerc + " valueDifferencePerc = " +  value
           DifferencePerc);

         sumDifferencePerc = sumDifferencePerc + valueDifferencePerc;

         if (valueDifferencePerc > maxErrorPerc && m > 0)
           maxErrorPerc = valueDifferencePerc;
         xData.add(xPoint);
         yData1.add(denormTargetDiffPerc);
         yData2.add(denormPredictDiffPerc);
     }   // End for pair loop

XYSeries series1 = Chart.addSeries("Actual data", xData, yData1);
XYSeries series2 = Chart.addSeries("Predict data", xData, yData2);

series1.setLineColor(XChartSeriesColors.BLUE);
series2.setMarkerColor(Color.ORANGE);
series1.setLineStyle(SeriesLines.SOLID);
series2.setLineStyle(SeriesLines.SOLID);

try
 {
    //Save the chart image
```

```
                BitmapEncoder.saveBitmapWithDPI(Chart, chartTrainFileName,
                BitmapFormat.JPG, 100);
                System.out.println ("Train Chart file has been saved") ;
            }
        catch (IOException ex)
         {
          ex.printStackTrace();
          System.exit(3);
         }

         // Finally, save this trained network
         EncogDirectoryPersistence.saveObject(new File(networkFileName),network);
         System.out.println ("Train Network has been saved") ;

         averNormDifferencePerc  = sumDifferencePerc/numberOfRecordsInFile;

         System.out.println(" ");
         System.out.println("maxErrorPerc = " + maxErrorPerc +
            "  averNormDifferencePerc = " + averNormDifferencePerc);

         returnCode = 0;

         return returnCode;

 }    // End of the method
//================================================
// This method load and test the trained network at the points not
// used for training.
//================================================
static public void loadAndTestNetwork()
 {
  System.out.println("Testing the networks results");

  List<Double> xData = new ArrayList<Double>();
  List<Double> yData1 = new ArrayList<Double>();
  List<Double> yData2 = new ArrayList<Double>();

  double sumDifferencePerc = 0.00;
  double maxErrorPerc = 0.00;
  double maxGlobalResultDiff = 0.00;
  double averErrorPerc = 0.00;
  double sumGlobalResultDiff = 0.00;
  double functionValue;

  BufferedReader br4;
  BasicNetwork network;
  int k1 = 0;

  // Process test records
  maxGlobalResultDiff = 0.00;
  averErrorPerc = 0.00;
  sumGlobalResultDiff = 0.00;

  MLDataSet testingSet =
  loadCSV2Memory(testFileName,numberOfInputNeurons,numberOfOutput
  Neurons,true,CSVFormat.ENGLISH,false);
```

```java
int i = - 1; // Index of the current record
int m = -1;

double xPoint_Initial = 3.141592654;
double xPoint_Increment = 0.12;
double xPoint = xPoint_Initial;
realTargetValue = 0.00;
realPredictValue = 0.00;

for (MLDataPair pair:  testingSet)
 {
   m++;
   xPoint = xPoint + xPoint_Increment;

   final MLData output = network.compute(pair.getInput());

   MLData inputData = pair.getInput();
   MLData actualData = pair.getIdeal();
   MLData predictData = network.compute(inputData);

   // Calculate and print the results
   inputDiffValue = inputData.getData(0);
   targetDiffValue = actualData.getData(0);
   predictDiffValue = predictData.getData(0);

   // De-normalize the values
   denormTargetDiffPerc = ((minXPointDl -
   maxXPointDh)*targetDiffValue - Nh*minXPointDl +
       maxXPointDh*Nl)/(Nl - Nh);
   denormPredictDiffPerc =((minTargetValueDl - maxTargetValueDh)
   *predictDiffValue - Nh*minTargetValueDl + maxTargetValueDh*Nl)/
   (Nl - Nh);

   functionValue = arrFunctionValue[m+1];

   realTargetValue = functionValue + denormTargetDiffPerc;
   realPredictValue = functionValue + denormPredictDiffPerc;

   valueDifferencePerc =
      Math.abs(((realTargetValue - realPredictValue)/realPredictValue)*100.00);

   System.out.println ("xPoint = " + xPoint + "  realTargetValue = " +
   realTargetValue + "  realPredictValue = " + realPredictValue +
   "  valueDifferencePerc = " + valueDifferencePerc);

   sumDifferencePerc = sumDifferencePerc + valueDifferencePerc;
   if (valueDifferencePerc > maxErrorPerc && m > 0)
     maxErrorPerc = valueDifferencePerc;

   xData.add(xPoint);
   yData1.add(realTargetValue);
   yData2.add(realPredictValue);

 } // End for pair loop

// Print max and average results
```

```
      System.out.println(" ");
      averErrorPerc = sumDifferencePerc/numberOfRecordsInFile;

      System.out.println("maxErrorPerc = " + maxErrorPerc);
      System.out.println("averErrorPerc = " + averErrorPerc);

      // All testing batch files have been processed
      XYSeries series1 = Chart.addSeries("Actual", xData, yData1);
      XYSeries series2 = Chart.addSeries("Predicted", xData, yData2);

      series1.setLineColor(XChartSeriesColors.BLUE);
      series2.setMarkerColor(Color.ORANGE);
      series1.setLineStyle(SeriesLines.SOLID);
      series2.setLineStyle(SeriesLines.SOLID);

      // Save the chart image
      try
       {
         BitmapEncoder.saveBitmapWithDPI(Chart, chartTestFileName ,
         BitmapFormat.JPG, 100);
       }
      catch (Exception bt)
       {
         bt.printStackTrace();
       }

      System.out.println ("The Chart has been saved");

} // End of the method
//=========================================
// Load Training Function Values file in memory
//=========================================
public static void loadFunctionValueTrainFileInMemory()
 {
    BufferedReader br1 = null;

    String line = "";
    String cvsSplitBy = ",";
    double tempYFunctionValue = 0.00;

    try
      {
        br1 = new BufferedReader(new FileReader(functionValuesTrainFileName));

        int i = -1;
        int r = -2;

        while ((line = br1.readLine()) != null)
         {
           i++;
           r++;

           // Skip the header line
           if(i > 0)
             {
```

```
                // Break the line using comma as separator
                String[] workFields = line.split(cvsSplitBy);

                tempYFunctionValue = Double.parseDouble(workFields[1]);
                arrFunctionValue[r] = tempYFunctionValue;
              }
        }  // end of the while loop

          br1.close();

      }
    catch (IOException ex)
      {
          ex.printStackTrace();
          System.err.println("Error opening files = " + ex);
          System.exit(1);
      }

  }

//====================================
// Load testing Function Values file in memory
//====================================
public static void loadTestFileInMemory()
  {
    BufferedReader br1 = null;

    String line = "";
    String cvsSplitBy = ",";
    double tempYFunctionValue = 0.00;

     try
       {
         br1 = new BufferedReader(new FileReader(functionValuesTestFileName));

         int i = -1;
         int r = -2;

         while ((line = br1.readLine()) != null)
          {
            i++;
            r++;
            // Skip the header line
            if(i > 0)
              {
                // Break the line using comma as separator
                String[] workFields = line.split(cvsSplitBy);

                tempYFunctionValue = Double.parseDouble(workFields[1]);
                arrFunctionValue[r] = tempYFunctionValue;
              }
         }  // end of the while loop
```

```
            br1.close();
         }
       catch (IOException ex)
        {
          ex.printStackTrace();
          System.err.println("Error opening files = " + ex);
          System.exit(1);
        }

     }

  } // End of the class
```

像往常一样，程序的顶部会出现一些杂项语句。它们是 XChart 包所要求的。该程序从 XChart 需要的一些初始化导入和代码开始（见清单 6-5）。

清单 6-5　循环调用训练方法

```
returnCode = 0;      // Clear the error Code
do
  {
      returnCode = trainValidateSaveNetwork();
  } while (returnCode > 0);
```

这个逻辑调用训练方法，然后检查 `returnCode` 值。如果 `returnCode` 字段不为零，将在循环中再次调用训练方法。每次调用该方法时，初始权值 / 偏差参数都被分配不同的随机值，这有助于在循环中重复调用该方法时选择它们的最佳值。

在被调用的方法中，逻辑在 500 次迭代后检查误差值。如果网络计算误差仍然大于误差限制，则该方法以 `returnCode` 值 1 退出。而且，正如你刚才看到的，该方法将再次被调用。最后，当计算出的误差清除误差限制时，该方法以 `returnCode` 值 0 退出，不再调用。通过实验选择误差限制值，使网络很难清除误差代码限制，但仍然确保经过足够的迭代后，误差将通过误差限制。

下一个代码片段（清单 6-6）显示了训练方法的开始部分。它将训练数据集加载到内存中，并创建由输入层（有一个神经元）、三个隐藏层（各有五个神经元）和输出层（有一个神经元）组成的神经网络。然后，使用最有效的 ResilientPropagation 值作为反向传播方法来训练网络。

清单 6-6　加载训练数据集并构建和训练网络

```
// Load the training CSV file in memory
MLDataSet trainingSet =
    loadCSV2Memory(trainFileName,numberOfInputNeurons,numberOfOutputNeurons,
        true,CSVFormat.ENGLISH,false);

// create a neural network
```

```
BasicNetwork network = new BasicNetwork();

// Input layer
network.addLayer(new BasicLayer(null,true,1));

// Hidden layer (seven hidden layers are created
network.addLayer(new BasicLayer(new ActivationTANH(),true,5));
network.addLayer(new BasicLayer(new ActivationTANH(),true,5));
network.addLayer(new BasicLayer(new ActivationTANH(),true,5));

// Output layer
network.addLayer(new BasicLayer(new ActivationTANH(),false,1));

network.getStructure().finalizeStructure();
network.reset();

// train the neural network
final ResilientPropagation train = new ResilientPropagation(network,
trainingSet);
```

接下来是训练网络的片段。你通过在各个 epoch 上循环来训练网络。在每次迭代中，你都要检查计算的误差是否小于所建立的误差限制（在本例中为 0.00000006）。当网络误差小于误差限制时，退出循环。网络是以所需的精度训练的，因此你可以将训练的网络保存在磁盘上。

```
int epoch = 1;

returnCode = 0;

do
    {
        train.iteration();
        System.out.println("Epoch #" + epoch + " Error:" + train.getError());

        epoch++;

        if (epoch >= 10000 && network.calculateError(trainingSet) > 0.000000061)
          {
              returnCode = 1;

              System.out.println("Try again");
              return returnCode;
          }

    } while(train.getError()0.00000006);

    // Save the network file
    EncogDirectoryPersistence.saveObject(new File(networkFileName),network);
```

注意清单 6-7 所示的逻辑，它检查网络误差是否小于误差限制。

清单 6-7　检查网络误差

```
if (epoch >= 10000 && network.calculateError(trainingSet) > 0.00000006)
  {
```

```
                returnCode = 1;

                System.out.println("Try again");
                 return returnCode;
        }
```

此代码检查经过 500 次迭代后，网络误差是否仍不小于误差限制。如果是这种情况，则将 returnCode 值设置为 1，然后退出训练方法，返回到循环中训练方法的调用点。在那里，它将再次调用带有新的随机权值/偏差参数的训练方法。如果没有该代码，则如果计算出的网络误差无法通过随机选择的初始权值/偏差参数集来清除误差限制，则循环将无限期地继续。

有两个 API 可以检查计算出的网络误差。根据使用的方法，结果略有不同。

❏ train.getError()：在应用训练之前计算误差。

❏ network.calculaterror()：在应用训练后计算误差。

下一个代码片段（见清单 6-8）循环访问成对数据集。循环中的 xPoint 设置为在区间 [0, 1.2] 上。对于每条记录，它检索输入值、实际值和预测值，对它们进行非规范化，通过函数值计算 realTargetValue 和 realPredictValue 值，将它们添加到图表数据（以及相应的 xPoint 值）。它还计算所有记录的最大值和平均值差值百分比。所有这些数据都作为训练日志打印出来。最后，将训练好的网络和图表图像文件保存在磁盘上。请注意，在从训练方法返回之前，返回代码在该点设置为零，因此将不再调用该方法。

清单 6-8　在成对数据集上循环

```
for(MLDataPair pair: trainingSet)
  {
      m++;
      xPoint = xPoint + xPoint_Increment;

      final MLData output = network.compute(pair.getInput());

    MLData inputData = pair.getInput();
    MLData actualData = pair.getIdeal();
    MLData predictData = network.compute(inputData);

     // Calculate and print the results
     inputDiffValue = inputData.getData(0);
     targetDiffValue = actualData.getData(0);
     predictDiffValue = predictData.getData(0);
     // De-normalize the values
     denormTargetDiffPerc = ((minXPointDl - maxXPointDh)*targetDiffValue -
     Nh*minXPointDl + maxXPointDh*Nl)/(Nl - Nh);

     denormPredictDiffPerc =((minTargetValueDl - maxTargetValueDh)
     *predictDiffValue - Nh*minTargetValueDl + maxTargetValueDh*Nl)/
      (Nl - Nh);

     functionValue = arrFunctionValue[m];
```

```
        realTargetValue = functionValue + targetDiffValue;
        realPredictValue = functionValue + predictDiffValue;

        valueDifferencePerc =
            Math.abs(((realTargetValue - realPredictValue)/
            realPredictValue)*100.00);

        System.out.println ("xPoint = " + xPoint + "  realTargetValue = " +
                realTargetValue + "  realPredictValue = " + realPredictValue);

      sumDifferencePerc = sumDifferencePerc + valueDifferencePerc;

      if (valueDifferencePerc > maxDifferencePerc)
              maxDifferencePerc = valueDifferencePerc;

      xData.add(xPoint);
      yData1.add(realTargetValue);
      yData2.add(realPredictValue);
   }   // End for pair loop

  XYSeries series1 = Chart.addSeries("Actual data", xData, yData1);
  XYSeries series2 = Chart.addSeries("Predict data", xData, yData2);

  series1.setLineColor(XChartSeriesColors.BLUE);
  series2.setMarkerColor(Color.ORANGE);
  series1.setLineStyle(SeriesLines.SOLID);
  series2.setLineStyle(SeriesLines.SOLID);
  try
   {
       //Save the chart image
      BitmapEncoder.saveBitmapWithDPI(Chart, chartTrainFileName,
      BitmapFormat.JPG, 100);
      System.out.println ("Train Chart file has been saved") ;
   }
 catch (IOException ex)
   {
       ex.printStackTrace();
       System.exit(3);
    }

 // Finally, save this trained network
 EncogDirectoryPersistence.saveObject(new File(networkFileName),network);
 System.out.println ("Train Network has been saved") ;

 averNormDifferencePerc  = sumDifferencePerc/numberOfRecordsInFile;

System.out.println(" ");
System.out.println("maxDifferencePerc = " + maxDifferencePerc +
" averNormDifferencePerc = " + averNormDifferencePerc);
 returnCode = 0;
 return returnCode;

}   // End of the method
```

除了建立和训练网络外，测试方法具有类似的处理逻辑。它不是构建和训练网络，而是将先前保存的训练网络加载到内存中。它还将测试数据集加载到内存中。通过循环访问成对数据集，它获得每个记录的输入、目标和预测值。循环中的 xPoint 值取自区间 [3.141592654，4.341592654]。

6.2.4　示例 3b 的训练结果

清单 6-9 显示了训练结果。

清单 6-9　训练结果

```
xPoint = 0.12 TargetValue = 0.12058 PredictedValue = 0.12072 DiffPerc = 0.00143
xPoint = 0.24 TargetValue = 0.12414 PredictedValue = 0.12427 DiffPerc = 0.00135
xPoint = 0.36 TargetValue = 0.13169 PredictedValue = 0.13157 DiffPerc = 9.6467E-4
xPoint = 0.48 TargetValue = 0.14421 PredictedValue = 0.14410 DiffPerc = 0.00100
xPoint = 0.60 TargetValue = 0.16353 PredictedValue = 0.16352 DiffPerc = 5.31138E-5
xPoint = 0.72 TargetValue = 0.19293 PredictedValue = 0.19326 DiffPerc = 0.00307
xPoint = 0.84 TargetValue = 0.23856 PredictedValue = 0.23842 DiffPerc = 0.00128
xPoint = 0.96 TargetValue = 0.31273 PredictedValue = 0.31258 DiffPerc = 0.00128
xPoint = 1.08 TargetValue = 0.44286 PredictedValue = 0.44296 DiffPerc = 8.16305E-4
xPoint = 1.20 TargetValue = 0.70093 PredictedValue = 0.70088 DiffPerc = 4.05989E-4
xPoint = 1.32 TargetValue = 1.33119 PredictedValue = 1.33123 DiffPerc = 2.74089E-4

maxErrorPerc = 0.0030734810314331077
averErrorPerc = 9.929718215067468E-4
```

图 6-7 显示了实际函数值与验证结果的对比图。

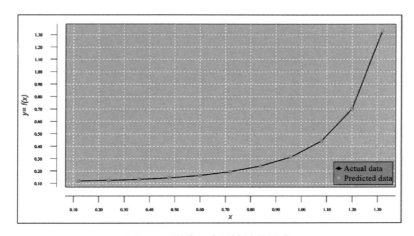

图 6-7　训练 / 验证结果的图表

如图 6-7 所示，两个图表几乎重叠。

6.2.5 示例 3b 的测试结果

清单 6-10 显示了区间 [3.141592654，4.341592654] 上的测试结果。

清单 6-10 区间 [3.141592654，4.341592654] 上的测试结果

```
xPoint = 3.26159 TargetValue = 10.12058 PredictedValue = 10.12072 DiffPerc = 0.00143
xPoint = 3.38159 TargetValue = 10.24472 PredictedValue = 10.24485 DiffPerc = 0.00135
xPoint = 3.50159 TargetValue = 10.37640 PredictedValue = 10.37630 DiffPerc = 9.64667E-4
xPoint = 3.62159 TargetValue = 10.52061 PredictedValue = 10.52050 DiffPerc = 0.00100
xPoint = 3.74159 TargetValue = 10.68414 PredictedValue = 10.68413 DiffPerc = 5.31136E-5
xPoint = 3.86159 TargetValue = 10.87707 PredictedValue = 10.87740 DiffPerc = 0.00307
xPoint = 3.98159 TargetValue = 11.11563 PredictedValue = 11.11549 DiffPerc = 0.00127
xPoint = 4.10159 TargetValue = 11.42836 PredictedValue = 11.42821 DiffPerc = 0.00128
xPoint = 4.22159 TargetValue = 11.87122 PredictedValue = 11.87131 DiffPerc = 8.16306E-4
xPoint = 4.34159 TargetValue = 12.57215 PredictedValue = 12.57210 DiffPerc = 4.06070E-4
xPoint = 4.46159 TargetValue = 13.90335 PredictedValue = 13.90338 DiffPerc = 2.74161E-4

maxErrorPerc = 0.003073481240844822
averErrorPerc = 9.929844994337172E-4
```

图 6-8 显示了区间 [3.141592654，9.424777961] 上的测试结果图表（实际函数值与预测函数值）。

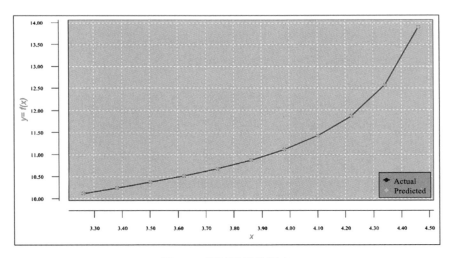

图 6-8　测试结果的图表

实际图表和预测图表实际上是重叠的。

6.3　本章小结

再次重复一遍，神经网络是通用函数逼近机制。这意味着，一旦你在某个区间上逼近了一个函数，就可以使用这样一个经过训练的神经网络来预测训练区间内任意点的函数值。但是，你不能使用这种经过训练的网络来预测训练范围之外的函数值。神经网络不是函数外推机制。

　　本章解释了对于某一类函数（在这种情况下是周期函数），如何在训练范围之外获得预测数据。你将在下一章继续探讨这个概念。

复杂周期函数的处理

本章继续讨论如何处理周期函数，重点讨论更复杂的周期函数。

7.1 示例 4：复杂周期函数的逼近

让我们看一看图 7-1 所示的函数图。该函数表示以天为单位测量的一些实验数据（x 是实验的连续天数）。这是一个周期函数，周期等于 50 天。

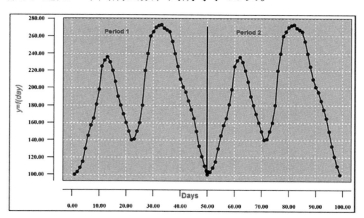

图 7-1 两个时段（1 ~ 50 天和 51 ~ 100 天）上的周期函数图

表 7-1 显示了两个时段（1 ~ 50 天和 50 ~ 100 天）的函数值。

表 7-1　两个时段的函数值

天	函数值（周期 1）	天	函数值（周期 2）
1	100	51	103
2	103	52	108
3	108	53	115
4	115	54	130
5	130	55	145
6	145	56	157
7	157	57	165
8	165	58	181
9	181	59	198
10	198	60	225
11	225	61	232
12	232	62	236
13	236	63	230
14	230	64	220
15	220	65	207
16	207	66	190
17	190	67	180
18	180	68	170
19	170	69	160
20	160	70	150
21	150	71	140
22	140	72	141
23	141	73	150
24	150	74	160
25	160	75	180
26	180	76	220
27	220	77	240
28	240	78	260
29	260	79	265
30	265	80	270
31	270	81	272
32	272	82	273
33	273	83	269
34	269	84	267
35	267	85	265
36	265	86	254
37	254	87	240

（续）

天	函数值（周期 1）	天	函数值（周期 2）
38	240	88	225
39	225	89	210
40	210	90	201
41	201	91	195
42	195	92	185
43	185	93	175
44	175	94	165
45	165	95	150
46	150	96	133
47	133	97	121
48	121	98	110
49	110	99	100
50	100	100	103

7.2　数据准备

对于本例，你将使用第一个区间的函数值训练神经网络，然后通过获取第二个区间的网络预测函数值来测试网络。与前面的示例一样，为了能够确定训练范围之外的函数逼近结果，我们将使用 xPoint 值之间的差异和函数值之间的差异，而不是给定的 xPoint 和函数值。但是，在本例中，我们将当前点和上一点之间的 xPoint 值差异用作字段 1，将下一点和当前点之间的函数值差异用作字段 2。

通过输入文件中的这些设置，我们将教网络学习，当 xPoint 值之间的差异等于某个值 "a" 时，下一天和当天之间的函数值的差异必须等于某个值 "b"。这允许网络通过知道当天（记录的）函数值来预测下一天的函数值。

在测试期间，我们将按以下方式计算函数的次日值。在 x=50 点，你想计算下一点 x=51 的预测函数值。将当前点和上一点（字段 1）的 xPoint 值之间的差异反馈给训练后的网络，我们将得到下一点和当前点的函数值之间的预测差异。因此，下一点的预测函数值等于当前点的实际函数值与从训练网络获得的预测值差异之和。

然而，对于本例是行不通的，因为图表的许多部分在当前和以前的函数值上可能有相同的差异和方向。当它试图确定这样一个点属于图表的哪个部分时，它会混淆神经网络学习过程（见图 7-2）。

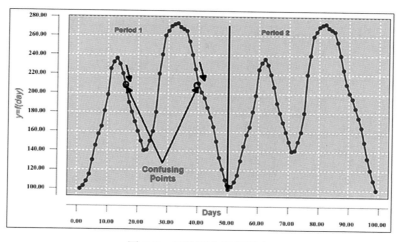

图 7-2　函数图上的混淆点

7.3　反映数据中的函数拓扑

对于本例，你需要使用一个附加技巧。你将在数据中包含函数拓扑，以帮助网络区分混淆点。具体来说，你的训练文件将使用滑动窗口作为输入记录。

每个滑动窗口记录包括十个以前记录的输入函数值差异（当前和以前的日期之间）。前 10 天的函数值包含在滑动窗口中，因为前 10 天足以使混淆的记录区分开来。滑动窗口的目标函数值是原始记录 11 的目标函数值差异（在下一天和当天之间）。

你正在生成一个滑动窗口记录，该记录由包含前十天的函数值的十个字段组成，因为十天足以区分图表上的混淆点。但是，记录中可以包括更多的天数（例如，12 天）。

本质上，通过使用这样的记录格式，可以教会网络学习以下条件。如果十条以前记录的函数值之差等于 $a1$、$a2$、$a3$、$a4$、$a5$、$a6$、$a7$、$a8$、$a9$ 和 $a10$，则下一天的函数值与当天的函数值之差应等于下一条记录（记录 11）的目标函数值。图 7-3 显示了构造滑动窗口记录的可视化示例。

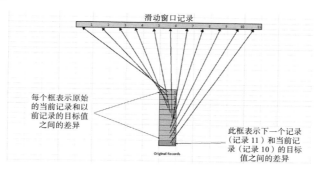

图 7-3　构造滑动窗口记录

滑动窗口训练数据集如表 7-2 所示。每个滑动窗口（记录）包含十个来自前十天的字段，外加一个包含预期值的额外字段。

表 7-2　区间 [1，50] 上的滑动窗口数据集

滑动窗口										
−9	−6	−10	−10	−10	−15	−17	−12	−11	−10	3
−6	−10	−10	−10	−15	−17	−12	−11	−10	3	5
−10	−10	−10	−15	−17	−12	−11	−10	3	3	7
−10	−10	−15	−17	−12	−11	−10	3	3	7	15
−10	−15	−17	−12	−11	−10	3	3	7	15	15
−15	−17	−12	−11	−10	3	3	7	15	15	12
−17	−12	−11	−10	3	3	7	15	15	12	8
−12	−11	−10	3	3	7	15	15	12	8	16
−11	−10	3	3	7	15	15	12	8	16	17
−10	3	3	7	15	15	12	8	16	17	27
3	3	7	15	15	12	8	16	17	27	7
3	7	15	15	12	8	16	17	27	7	4
7	15	15	12	8	16	17	27	7	4	−6
15	15	12	8	16	17	27	7	4	−6	−10
15	12	8	16	17	27	7	4	−6	−10	−13
12	8	16	17	27	7	4	−6	−10	−13	−17
8	16	17	27	7	4	−6	−10	−13	−17	−10
16	17	27	7	4	−6	−10	−13	−17	−10	−10
17	27	7	4	−6	−10	−13	−17	−10	−10	−10
27	7	4	−6	−10	−13	−17	−10	−10	−10	−10
7	4	−6	−10	−13	−17	−10	−10	−10	−10	−10
4	−6	−10	−13	−17	−10	−10	−10	−10	−10	1
−6	−10	−13	−17	−10	−10	−10	−10	−10	1	9
−10	−13	−17	−10	−10	−10	−10	−10	1	9	10
−13	−17	−10	−10	−10	−10	−10	1	9	10	20
−17	−10	−10	−10	−10	−10	1	9	10	20	40
−10	−10	−10	−10	−10	1	9	10	20	40	20
−10	−10	−10	−10	1	9	10	20	40	20	20
−10	−10	−10	1	9	10	20	40	20	20	5
−10	−10	1	9	10	20	40	20	20	5	5
−10	1	9	10	20	40	20	20	5	5	2
1	9	10	20	40	20	20	5	5	2	1
9	10	20	40	20	20	5	5	2	1	−4
10	20	40	20	20	5	5	2	1	−4	−2

（续）

滑动窗口										
20	40	20	20	5	5	2	1	-4	-2	-2
40	20	20	5	5	2	1	-4	-2	-2	-11
20	20	5	5	2	1	-4	-2	-2	-11	-14
20	5	5	2	1	-4	-2	-2	-11	-14	-15
5	5	2	1	-4	-2	-2	-11	-14	-15	-15
5	2	1	-4	-2	-2	-11	-14	-15	-15	-9
2	1	-4	-2	-2	-11	-14	-15	-15	-9	-6
1	-4	-2	-2	-11	-14	-15	-15	-9	-6	-10
-4	-2	-2	-11	-14	-15	-15	-9	-6	-10	-10
-2	-2	-11	-14	-15	-15	-9	-6	-10	-10	-10
-2	-11	-14	-15	-15	-9	-6	-10	-10	-10	-15
-11	-14	-15	-15	-9	-6	-10	-10	-10	-15	-17
-14	-15	-15	-9	-6	-10	-10	-10	-15	-17	-12
-15	-15	-9	-6	-10	-10	-10	-15	-17	-12	-11
-15	-9	-6	-10	-10	-10	-15	-17	-12	-11	-10
-9	-6	-10	-10	-10	-15	-17	-12	-11	-10	3

　　此数据集需要在区间 [-1，1] 上规范化。图 7-4 显示了规范化滑动窗口数据集的片段。每个记录的第 11 个字段保存预测值。规范化的训练数据集如表 7-3 所示。

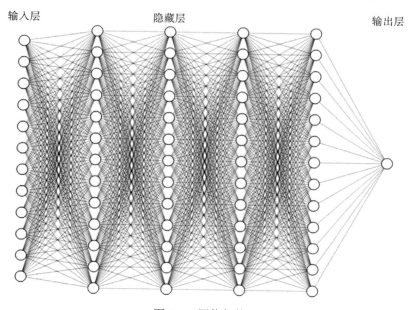

图 7-4　网络架构

表 7-3 规范化的训练数据集

规范化的滑动窗口										
-0.68571	-0.6	-0.71429	-0.71429	-0.71429	-0.85714	-0.91429	-0.77143	-0.74286	-0.71429	-0.34286
-0.6	-0.71429	-0.71429	-0.71429	-0.85714	-0.91429	-0.77143	-0.74286	-0.71429	-0.34286	-0.28571
-0.71429	-0.71429	-0.71429	-0.85714	-0.91429	-0.77143	-0.74286	-0.71429	-0.34286	-0.28571	-0.22857
-0.71429	-0.71429	-0.85714	-0.91429	-0.77143	-0.74286	-0.71429	-0.34286	-0.28571	-0.22857	0
-0.71429	-0.85714	-0.91429	-0.77143	-0.74286	-0.71429	-0.34286	-0.28571	-0.22857	0	0
-0.85714	-0.91429	-0.77143	-0.74286	-0.71429	-0.34286	-0.28571	-0.22857	0	0	-0.08571
-0.91429	-0.77143	-0.74286	-0.71429	-0.34286	-0.28571	-0.22857	0	0	-0.08571	-0.2
-0.77143	-0.74286	-0.71429	-0.34286	-0.28571	-0.22857	0	0	-0.08571	-0.2	0.028571
-0.74286	-0.71429	-0.34286	-0.28571	-0.22857	0	0	-0.08571	-0.2	0.028571	0.057143
-0.71429	-0.34286	-0.28571	-0.22857	0	0	-0.08571	-0.2	0.028571	0.057143	0.342857
-0.34286	-0.28571	-0.22857	0	0	-0.08571	-0.2	0.028571	0.057143	0.342857	-0.22857
-0.28571	-0.22857	0	0	-0.08571	-0.2	0.028571	0.057143	0.342857	-0.22857	-0.31429
-0.22857	0	0	-0.08571	-0.2	0.028571	0.057143	0.342857	-0.22857	-0.31429	-0.6
0	0	-0.08571	-0.2	0.028571	0.057143	0.342857	-0.22857	-0.31429	-0.6	-0.71429
0	-0.08571	-0.2	0.028571	0.057143	0.342857	-0.22857	-0.31429	-0.6	-0.71429	-0.8
-0.08571	-0.2	0.028571	0.057143	0.342857	-0.22857	-0.31429	-0.6	-0.71429	-0.8	-0.91429
-0.2	0.028571	0.057143	0.342857	-0.22857	-0.31429	-0.6	-0.71429	-0.8	-0.91429	-0.71429
0.028571	0.057143	0.342857	-0.22857	-0.31429	-0.6	-0.71429	-0.8	-0.91429	-0.71429	-0.71429
0.057143	0.342857	-0.22857	-0.31429	-0.6	-0.71429	-0.8	-0.91429	-0.71429	-0.71429	-0.71429
0.342857	-0.22857	-0.31429	-0.6	-0.71429	-0.8	-0.91429	-0.71429	-0.71429	-0.71429	-0.71429
-0.22857	-0.31429	-0.6	-0.71429	-0.8	-0.91429	-0.71429	-0.71429	-0.71429	-0.71429	-0.71429
-0.31429	-0.6	-0.71429	-0.8	-0.91429	-0.71429	-0.71429	-0.71429	-0.71429	-0.71429	-0.4
-0.6	-0.71429	-0.8	-0.91429	-0.71429	-0.71429	-0.71429	-0.71429	-0.71429	-0.4	-0.17143
-0.71429	-0.8	-0.91429	-0.71429	-0.71429	-0.71429	-0.71429	-0.71429	-0.4	-0.17143	-0.14286
-0.8	-0.91429	-0.71429	-0.71429	-0.71429	-0.71429	-0.71429	-0.4	-0.17143	-0.14286	0.142857
-0.91429	-0.71429	-0.71429	-0.71429	-0.71429	-0.71429	-0.4	-0.17143	-0.14286	0.142857	0.714286

-0.71429	-0.71429	-0.71429	-0.71429	-0.71429	-0.4	-0.17143	-0.14286	0.142857	0.714286	0.142857
-0.71429	-0.71429	-0.71429	-0.71429	-0.4	-0.17143	-0.14286	0.142857	0.714286	0.142857	0.142857
-0.71429	-0.71429	-0.71429	-0.4	-0.17143	-0.14286	0.142857	0.714286	0.142857	0.142857	-0.28571
-0.71429	-0.71429	-0.4	-0.17143	-0.14286	0.142857	0.714286	0.142857	0.142857	-0.28571	-0.28571
-0.71429	-0.4	-0.17143	-0.14286	0.142857	0.714286	0.142857	0.142857	-0.28571	-0.28571	-0.37143
-0.4	-0.17143	-0.14286	0.142857	0.714286	0.142857	0.142857	-0.28571	-0.28571	-0.37143	-0.4
-0.17143	-0.14286	0.142857	0.714286	0.142857	0.142857	-0.28571	-0.28571	-0.37143	-0.4	-0.54286
-0.14286	0.142857	0.714286	0.142857	0.142857	-0.28571	-0.28571	-0.37143	-0.4	-0.54286	-0.48571
0.142857	0.714286	0.142857	0.142857	-0.28571	-0.28571	-0.37143	-0.4	-0.54286	-0.48571	-0.48571
0.714286	0.142857	0.142857	-0.28571	-0.28571	-0.37143	-0.4	-0.54286	-0.48571	-0.48571	-0.74286
0.142857	0.142857	-0.28571	-0.28571	-0.37143	-0.4	-0.54286	-0.48571	-0.48571	-0.74286	-0.82857
0.142857	-0.28571	-0.28571	-0.37143	-0.4	-0.54286	-0.48571	-0.48571	-0.74286	-0.82857	-0.85714
-0.28571	-0.28571	-0.37143	-0.4	-0.54286	-0.48571	-0.48571	-0.74286	-0.82857	-0.85714	-0.85714
-0.28571	-0.37143	-0.4	-0.54286	-0.48571	-0.48571	-0.74286	-0.82857	-0.85714	-0.85714	-0.68571
-0.37143	-0.4	-0.54286	-0.48571	-0.48571	-0.74286	-0.82857	-0.85714	-0.85714	-0.68571	-0.6
-0.4	-0.54286	-0.48571	-0.48571	-0.74286	-0.82857	-0.85714	-0.85714	-0.68571	-0.6	-0.71429
-0.54286	-0.48571	-0.48571	-0.74286	-0.82857	-0.85714	-0.85714	-0.68571	-0.6	-0.71429	-0.71429
-0.48571	-0.48571	-0.74286	-0.82857	-0.85714	-0.85714	-0.68571	-0.6	-0.71429	-0.71429	-0.71429
-0.48571	-0.74286	-0.82857	-0.85714	-0.85714	-0.68571	-0.6	-0.71429	-0.71429	-0.71429	-0.85714
-0.74286	-0.82857	-0.85714	-0.85714	-0.68571	-0.6	-0.71429	-0.71429	-0.71429	-0.85714	-0.91429
-0.82857	-0.85714	-0.85714	-0.68571	-0.6	-0.71429	-0.71429	-0.71429	-0.85714	-0.91429	-0.77143
-0.85714	-0.85714	-0.68571	-0.6	-0.71429	-0.71429	-0.71429	-0.85714	-0.91429	-0.77143	-0.74286
-0.85714	-0.68571	-0.6	-0.71429	-0.71429	-0.71429	-0.85714	-0.91429	-0.77143	-0.74286	-0.71429
-0.68571	-0.6	-0.71429	-0.71429	-0.71429	-0.85714	-0.91429	-0.77143	-0.74286	-0.71429	-0.34286
-0.6	-0.71429	-0.71429	-0.71429	-0.85714	-0.91429	-0.77143	-0.74286	-0.71429		

滑动窗口训练数据集中的每条记录包含 10 个输入字段和 1 个输出字段。你已经准备好开发神经网络处理程序了。

网络架构

你将使用网络（见图 7-5），它由输入层（包含 10 个神经元）、四个隐藏层（每个隐藏层包含 13 个神经元）和输出层（包含单个神经元）组成。选择这种架构的理由在前面已经讨论过了。

图 7-5 显示了训练结果的图表。

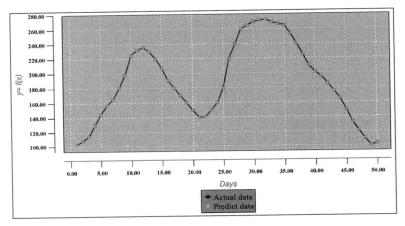

图 7-5　测试网络的训练 / 验证结果图表

7.4　程序代码

清单 7-1 显示了程序代码。

清单 7-1　程序代码

```
//=======================================================================
// Approximation of the complex periodic function. The input is a training
// or testing file with the records built as sliding windows. Each sliding
// window record contains 11 fields.
// The first 10 fields are the field1 values from the original 10 records plus
// the field2 value from the next record, which is actually the difference
//     between the target values of the next original record (record 11) and
// record 10.
//=======================================================================

package sample4;

import java.io.BufferedReader;
```

```java
import java.io.File;
import java.io.FileInputStream;
import java.io.PrintWriter;
import java.io.FileNotFoundException;
import java.io.FileReader;
import java.io.FileWriter;
import java.io.IOException;
import java.io.InputStream;
import java.nio.file.*;
import java.util.Properties;
import java.time.YearMonth;
import java.awt.Color;
import java.awt.Font;
import java.io.BufferedReader;
import java.text.DateFormat;
import java.text.ParseException;
import java.text.SimpleDateFormat;
import java.time.LocalDate;
import java.time.Month;
import java.time.ZoneId;
import java.util.ArrayList;
import java.util.Calendar;
import java.util.Date;
import java.util.List;
import java.util.Locale;
import java.util.Properties;

import org.encog.Encog;
import org.encog.engine.network.activation.ActivationTANH;
import org.encog.engine.network.activation.ActivationReLU;
import org.encog.ml.data.MLData;
import org.encog.ml.data.MLDataPair;
import org.encog.ml.data.MLDataSet;
import org.encog.ml.data.buffer.MemoryDataLoader;
import org.encog.ml.data.buffer.codec.CSVDataCODEC;
import org.encog.ml.data.buffer.codec.DataSetCODEC;
import org.encog.neural.networks.BasicNetwork;
import org.encog.neural.networks.layers.BasicLayer;
import org.encog.neural.networks.training.propagation.resilient.
ResilientPropagation;
import org.encog.persist.EncogDirectoryPersistence;
import org.encog.util.csv.CSVFormat;

import org.knowm.xchart.SwingWrapper;
import org.knowm.xchart.XYChart;
import org.knowm.xchart.XYChartBuilder;
import org.knowm.xchart.XYSeries;
import org.knowm.xchart.demo.charts.ExampleChart;
import org.knowm.xchart.style.Styler.LegendPosition;
import org.knowm.xchart.style.colors.ChartColor;
import org.knowm.xchart.style.colors.XChartSeriesColors;
```

```java
import org.knowm.xchart.style.lines.SeriesLines;
import org.knowm.xchart.style.markers.SeriesMarkers;
import org.knowm.xchart.BitmapEncoder;
import org.knowm.xchart.BitmapEncoder.BitmapFormat;
import org.knowm.xchart.QuickChart;
import org.knowm.xchart.SwingWrapper;
public class Sample4 implements ExampleChart<XYChart>
{

    static double doublePointNumber = 0.00;
    static int intPointNumber = 0;
    static InputStream input = null;
    static double[] arrFunctionValue = new double[500];
    static double inputDiffValue = 0.00;
    static double targetDiffValue = 0.00;
    static double predictDiffValue = 0.00;
    static double valueDifferencePerc = 0.00;
    static String strFunctionValuesFileName;
    static int returnCode  = 0;
    static int numberOfInputNeurons;
    static int numberOfOutputNeurons;
    static int numberOfRecordsInFile;
    static int intNumberOfRecordsInTestFile;
    static double realTargetDiffValue;
    static double realPredictDiffValue;
    static String functionValuesTrainFileName;
    static String functionValuesTestFileName;
    static String trainFileName;
    static String priceFileName;
    static String testFileName;
    static String chartTrainFileName;
    static String chartTestFileName;
    static String networkFileName;
    static int workingMode;
    static String cvsSplitBy = ",";

    // De-normalization parameters
    static double Nh =  1;
    static double Nl = -1;

    static double Dh = 50.00;
    static double Dl = -20.00;
    static String inputtargetFileName         ;
    static double lastFunctionValueForTraining = 0.00;
    static int tempIndexField;
    static double tempTargetField;
    static  int[] arrIndex = new int[100];
    static double[] arrTarget = new double[100];
    static List<Double> xData = new ArrayList<Double>();
    static List<Double> yData1 = new ArrayList<Double>();
    static List<Double> yData2 = new ArrayList<Double>();
```

```java
static XYChart Chart;

@Override
public XYChart getChart()
 {

  // Create Chart

  Chart = new  XYChartBuilder().width(900).height(500).title(getClass().
          getSimpleName()).xAxisTitle("Days").yAxisTitle("y= f(x)").build();

  // Customize Chart
  Chart.getStyler().setPlotBackgroundColor(ChartColor.
  getAWTColor(ChartColor.GREY));
  Chart.getStyler().setPlotGridLinesColor(new Color(255, 255, 255));
  Chart.getStyler().setChartBackgroundColor(Color.WHITE);
  Chart.getStyler().setLegendBackgroundColor(Color.PINK);
  Chart.getStyler().setChartFontColor(Color.MAGENTA);
  Chart.getStyler().setChartTitleBoxBackgroundColor(new Color(0, 222, 0));
  Chart.getStyler().setChartTitleBoxVisible(true);
  Chart.getStyler().setChartTitleBoxBorderColor(Color.BLACK);
  Chart.getStyler().setPlotGridLinesVisible(true);
  Chart.getStyler().setAxisTickPadding(20);
  Chart.getStyler().setAxisTickMarkLength(15);
  Chart.getStyler().setPlotMargin(20);
  Chart.getStyler().setChartTitleVisible(false);
  Chart.getStyler().setChartTitleFont(new Font(Font.MONOSPACED,
  Font.BOLD, 24));
  Chart.getStyler().setLegendFont(new Font(Font.SERIF, Font.PLAIN, 18));
  Chart.getStyler().setLegendPosition(LegendPosition.OutsideS);
  Chart.getStyler().setLegendSeriesLineLength(12);
  Chart.getStyler().setAxisTitleFont(new Font(Font.SANS_SERIF,
  Font.ITALIC, 18));
  Chart.getStyler().setAxisTickLabelsFont(new Font(Font.SERIF, Font.PLAIN, 11));
  Chart.getStyler().setDatePattern("yyyy-MM");
  Chart.getStyler().setDecimalPattern("#0.00");

// Interval to normalize
double Nh =  1;
double Nl = -1;

// Values in the sliding windows
double Dh = 50.00;
double Dl = -20.00;

try
   {

     // Configuration

     // Setting the mode of the program run
     workingMode = 1; // Set to run the program in the training mode

     if (workingMode == 1)
```

```java
   {
     // Configure the program to run in the training mode

     trainFileName = "C:/Book_Examples/Sample4_Norm_Train_Sliding_
     Windows_File.csv";
     functionValuesTrainFileName = "C:/Book_Examples/Sample4_
     Function_values_Period_1.csv";
     chartTrainFileName = "XYLine_Sample4_Train_Chart";
     numberOfRecordsInFile = 51;
   }
 else
   {
    // Configure the program to run in the testing mode
     trainFileName = "C:/Book_Examples/Sample4_Norm_Train_Sliding_
     Windows_File.csv";
     functionValuesTrainFileName = "C:/Book_Examples/Sample4_
     Function_values_Period_1.csv";
     chartTestFileName = "XYLine_Sample4_Test_Chart";
     numberOfRecordsInFile = 51;
     lastFunctionValueForTraining = 100.00;
   }
 //---------------------------------------------------------
 // Common configuration
 //---------------------------------------------------------
 networkFileName = "C:/Book_Examples/Example4_Saved_Network_File.csv";
 inputtargetFileName        = "C:/Book_Examples/Sample4_Input_File.csv";
 numberOfInputNeurons = 10;
 numberOfOutputNeurons = 1;

 // Check the working mode to run

 // Training mode. Train, validate, and save the trained network file
 if(workingMode == 1)
  {

    // Load function values for training file in memory
    loadFunctionValueTrainFileInMemory();

    File file1 = new File(chartTrainFileName);
    File file2 = new File(networkFileName);

    if(file1.exists())
      file1.delete();

    if(file2.exists())
      file2.delete();

    returnCode = 0;      // Clear the error Code
    do
     {
       returnCode = trainValidateSaveNetwork();

     } while (returnCode > 0);
```

```
            }    // End the train logic
          else
            {
              // Test mode. Test the approximation at the points where
              // neural network was not trained

              // Load function values for training file in memory
              loadInputTargetFileInMemory();

              //loadFunctionValueTrainFileInMemory();

              File file1 = new File(chartTestFileName);

              if(file1.exists())
                file1.delete();

              loadAndTestNetwork();

            }
        }
    catch (NumberFormatException e)
      {
          System.err.println("Problem parsing workingMode.workingMode = " +
          workingMode);
          System.exit(1);
      }
    catch (Throwable t)
      {
          t.printStackTrace();
          System.exit(1);
      }
    finally
      {
          Encog.getInstance().shutdown();
      }

  Encog.getInstance().shutdown();

  return Chart;

}  // End of the method
// ===================================================================
// Load CSV to memory.
// @return The loaded dataset.
// ===================================================================
public static MLDataSet loadCSV2Memory(String filename, int input,
int ideal, boolean headers, CSVFormat format, boolean significance)
  {
      DataSetCODEC codec = new CSVDataCODEC(new File(filename), format,
      headers, input, ideal, significance);
      MemoryDataLoader load = new MemoryDataLoader(codec);
      MLDataSet dataset = load.external2Memory();
```

```
      return dataset;
  }

// =====================================================================
//  The main method.
//  @param Command line arguments. No arguments are used.
// =====================================================================
public static void main(String[] args)
 {
    ExampleChart<XYChart> exampleChart = new Sample4();
    XYChart Chart = exampleChart.getChart();
    new SwingWrapper<XYChart>(Chart).displayChart();
 } // End of the main method
//=====================================================================
// This method trains, Validates, and saves the trained network file
//=====================================================================
static public int trainValidateSaveNetwork()
 {
    double functionValue = 0.00;
    double denormInputValueDiff = 0.00;
    double denormTargetValueDiff = 0.00;
    double denormTargetValueDiff_02 = 0.00;
    double denormPredictValueDiff = 0.00;
    double denormPredictValueDiff_02 = 0.00;

    // Load the training CSV file in memory
    MLDataSet trainingSet =
    loadCSV2Memory(trainFileName,numberOfInputNeurons,
    numberOfOutputNeurons,true,CSVFormat.ENGLISH,false);

    // create a neural network
    BasicNetwork network = new BasicNetwork();

    // Input layer
    network.addLayer(new BasicLayer(null,true,10));

    // Hidden layer
    network.addLayer(new BasicLayer(new ActivationTANH(),true,13));
    network.addLayer(new BasicLayer(new ActivationTANH(),true,13));
    network.addLayer(new BasicLayer(new ActivationTANH(),true,13));
    network.addLayer(new BasicLayer(new ActivationTANH(),true,13));

    // Output layer
    network.addLayer(new BasicLayer(new ActivationTANH(),false,1));

    network.getStructure().finalizeStructure();
    network.reset();

    // train the neural network
    final ResilientPropagation train = new ResilientPropagation(network,
    trainingSet);
    int epoch = 1;
    returnCode = 0;
```

```
do
 {
    train.iteration();
    System.out.println("Epoch #" + epoch + " Error:" + train.getError());

    epoch++;

    if (epoch >= 11000 && network.calculateError(trainingSet) > 0.00000119)
        {
          returnCode = 1;

          System.out.println("Error = " + network.calculateError
          (trainingSet));
          System.out.println("Try again");
          return returnCode;
        }

 } while(train.getError() > 0.000001187);
// Save the network file
EncogDirectoryPersistence.saveObject(new File(networkFileName),network);

double sumGlobalDifferencePerc = 0.00;
double sumGlobalDifferencePerc_02 = 0.00;

double averGlobalDifferencePerc = 0.00;
double maxGlobalDifferencePerc = 0.00;
double maxGlobalDifferencePerc_02 = 0.00;

int m = 0; // Record number in the input file
double xPoint_Initial = 1.00;
double xPoint_Increment = 1.00;
double xPoint = xPoint_Initial - xPoint_Increment;

realTargetDiffValue = 0.00;
realPredictDiffValue = 0.00;
for(MLDataPair pair: trainingSet)
  {
      m++;
      xPoint = xPoint + xPoint_Increment;

      if(xPoint >  50.00)
         break;

       final MLData output = network.compute(pair.getInput());

       MLData inputData = pair.getInput();
       MLData actualData = pair.getIdeal();
       MLData predictData = network.compute(inputData);

       inputDiffValue = inputData.getData(0);
       targetDiffValue = actualData.getData(0);
       predictDiffValue = predictData.getData(0);

       // De-normalize the values
       denormInputValueDiff      =((Dl - Dh)*inputDiffValue - Nh*Dl +
```

```
            Dh*Nl)/(Nl - Nh);
        denormTargetValueDiff = ((Dl - Dh)*targetDiffValue - Nh*Dl +
        Dh*Nl)/(Nl - Nh);
        denormPredictValueDiff =((Dl - Dh)*predictDiffValue - Nh*Dl +
        Dh*Nl)/(Nl - Nh);

        functionValue = arrFunctionValue[m-1];

        realTargetDiffValue = functionValue + denormTargetValueDiff;
        realPredictDiffValue = functionValue + denormPredictValueDiff;

        valueDifferencePerc =
          Math.abs(((realTargetDiffValue - realPredictDiffValue)/
          realPredictDiffValue)*100.00);

        System.out.println ("xPoint = " + xPoint +
        " realTargetDiffValue = " + realTargetDiffValue +
        " realPredictDiffValue = " + realPredictDiffValue);

        sumGlobalDifferencePerc = sumGlobalDifferencePerc +
        valueDifferencePerc;
        if (valueDifferencePerc > maxGlobalDifferencePerc)
          maxGlobalDifferencePerc = valueDifferencePerc;

        xData.add(xPoint);
        yData1.add(realTargetDiffValue);
        yData2.add(realPredictDiffValue);

    }    // End for pair loop

XYSeries series1 = Chart.addSeries("Actual data", xData, yData1);
XYSeries series2 = Chart.addSeries("Predict data", xData, yData2);

series1.setLineColor(XChartSeriesColors.BLUE);
series2.setMarkerColor(Color.ORANGE);
series1.setLineStyle(SeriesLines.SOLID);
series2.setLineStyle(SeriesLines.SOLID);

try
  {
    //Save the chart image
    BitmapEncoder.saveBitmapWithDPI(Chart, chartTrainFileName,
    BitmapFormat.JPG, 100);
    System.out.println ("Train Chart file has been saved") ;
  }
catch (IOException ex)
  {
  ex.printStackTrace();
  System.exit(3);
  }

// Finally, save this trained network
EncogDirectoryPersistence.saveObject(new File(networkFileName),network);
System.out.println ("Train Network has been saved") ;
```

```
        averGlobalDifferencePerc = sumGlobalDifferencePerc/numberOfRecordsInFile;

        System.out.println(" ");
        System.out.println("maxGlobalDifferencePerc = " + maxGlobalDifferencePerc +
                "  averGlobalDifferencePerc = " + averGlobalDifferencePerc);
        returnCode = 0;

        return returnCode;

    }    // End of the method

//=====================================================================
// Testing Method
//=====================================================================
static public void loadAndTestNetwork()
 {
   System.out.println("Testing the networks results");

   List<Double> xData = new ArrayList<Double>();
   List<Double> yData1 = new ArrayList<Double>();
   List<Double> yData2 = new ArrayList<Double>();

   int intStartingPriceIndexForBatch = 0;
   int intStartingDatesIndexForBatch = 0;
   double sumGlobalDifferencePerc = 0.00;
   double maxGlobalDifferencePerc = 0.00;
   double averGlobalDifferencePerc = 0.00;
   double targetToPredictPercent = 0;
   double maxGlobalResultDiff = 0.00;
   double averGlobalResultDiff = 0.00;
   double sumGlobalResultDiff = 0.00;
   double maxGlobalInputPrice = 0.00;
   double sumGlobalInputPrice = 0.00;
   double averGlobalInputPrice = 0.00;
   double maxGlobalIndex = 0;
   double inputDiffValueFromRecord = 0.00;
   double targetDiffValueFromRecord = 0.00;
   double predictDiffValueFromRecord = 0.00;
   double denormInputValueDiff     = 0.00;
   double denormTargetValueDiff = 0.00;
   double denormTargetValueDiff_02 = 0.00;
   double denormPredictValueDiff = 0.00;
   double denormPredictValueDiff_02 = 0.00;
   double normTargetPriceDiff;
   double normPredictPriceDiff;
   String tempLine;
   String[] tempWorkFields;
   double tempInputXPointValueFromRecord = 0.0;
   double tempTargetXPointValueFromRecord = 0.00;
   double tempValueDiffence = 0.00;
   double functionValue;
   double minXPointValue = 0.00;
```

```java
double minTargetXPointValue = 0.00;
int tempMinIndex = 0;
double rTempTargetXPointValue = 0.00;
double rTempPriceDiffPercKey = 0.00;
double rTempPriceDiff = 0.00;
double rTempSumDiff = 0.00;
double r1 = 0.00;
double r2 = 0.00;

BufferedReader br4;
BasicNetwork network;

 int k1 = 0;

// Process testing records
maxGlobalDifferencePerc = 0.00;
averGlobalDifferencePerc = 0.00;
sumGlobalDifferencePerc = 0.00;

realTargetDiffValue = 0.00;
realPredictDiffValue = 0.00;

// Load the training dataset into memory
MLDataSet trainingSet =
    loadCSV2Memory(trainFileName,numberOfInputNeurons,numberOfOutput
    Neurons,true,CSVFormat.ENGLISH,false);
// Load the saved trained network
network =
  (BasicNetwork)EncogDirectoryPersistence.loadObject(new
  File(networkFileName));

int m = 0;  // Index of the current record

// Record number in the input file
double xPoint_Initial = 51.00;
double xPoint_Increment = 1.00;
double xPoint = xPoint_Initial - xPoint_Increment;

for (MLDataPair pair:  trainingSet)
 {
   m++;
   xPoint = xPoint + xPoint_Increment;

   final MLData output = network.compute(pair.getInput());

   MLData inputData = pair.getInput();
   MLData actualData = pair.getIdeal();
   MLData predictData = network.compute(inputData);

   // Calculate and print the results
   inputDiffValue = inputData.getData(0);
   targetDiffValue = actualData.getData(0);
   predictDiffValue = predictData.getData(0);

   if(m == 1)
     functionValue = lastFunctionValueForTraining;
```

```
  else
   functionValue = realPredictDiffValue;

  // De-normalize the values
  denormInputValueDiff      =((Dl - Dh)*inputDiffValue - Nh*Dl +
  Dh*Nl)/(Nl - Nh);
  denormTargetValueDiff = ((Dl - Dh)*targetDiffValue - Nh*Dl +
  Dh*Nl)/(Nl - Nh);
  denormPredictValueDiff =((Dl - Dh)*predictDiffValue - Nh*Dl +
  Dh*Nl)/(Nl - Nh);

  realTargetDiffValue = functionValue +  denormTargetValueDiff;
  realPredictDiffValue = functionValue + denormPredictValueDiff;

  valueDifferencePerc =
          Math.abs(((realTargetDiffValue - realPredictDiffValue)/
          realPredictDiffValue)*100.00);

  System.out.println ("xPoint = " + xPoint + " realTargetDiffValue = " +
  realTargetDiffValue + " realPredictDiffValue = " +
  realPredictDiffValue);

  sumGlobalDifferencePerc = sumGlobalDifferencePerc + valueDifferencePerc;

  if (valueDifferencePerc > maxGlobalDifferencePerc)
    maxGlobalDifferencePerc = valueDifferencePerc;

  xData.add(xPoint);
  yData1.add(realTargetDiffValue);
  yData2.add(realPredictDiffValue);

 }  // End for pair loop

// Print the max and average results

System.out.println(" ");
averGlobalDifferencePerc = sumGlobalDifferencePerc/numberOfRecordsInFile;

System.out.println("maxGlobalResultDiff = " + maxGlobalDifferencePerc);
System.out.println("averGlobalResultDiff = " + averGlobalDifferencePerc);

// All testing batch files have been processed
XYSeries series1 = Chart.addSeries("Actual", xData, yData1);
XYSeries series2 = Chart.addSeries("Predicted", xData, yData2);

series1.setLineColor(XChartSeriesColors.BLUE);
series2.setMarkerColor(Color.ORANGE);
series1.setLineStyle(SeriesLines.SOLID);
series2.setLineStyle(SeriesLines.SOLID);
// Save the chart image
try
 {
   BitmapEncoder.saveBitmapWithDPI(Chart, chartTestFileName,
   BitmapFormat.JPG, 100);
 }
catch (Exception bt)
```

```java
        {
          bt.printStackTrace();
        }

    System.out.println ("The Chart has been saved");

    System.out.println("End of testing for test records");
    } // End of the method
//------------------------------------------------------------------
// Load Function values for training file in memory
//------------------------------------------------------------------
public static void loadFunctionValueTrainFileInMemory()
  {
    BufferedReader br1 = null;

    String line = "";
    String cvsSplitBy = ",";
    String tempXPointValue = "";
    double tempYFunctionValue = 0.00;

     try
       {
          br1 = new BufferedReader(new FileReader(functionValuesTrainFileName));

         int i = -1;
         int r = -2;

         while ((line = br1.readLine()) != null)
          {
            i++;
            r++;
           // Skip the header line
           if(i > 0)
             {
               // Break the line using comma as separator
               String[] workFields = line.split(cvsSplitBy);

               tempYFunctionValue = Double.parseDouble(workFields[0]);
               arrFunctionValue[r] = tempYFunctionValue;

               //System.out.println("arrFunctionValue[r] = " +
               arrFunctionValue[r]);
             }
        } // end of the while loop

       br1.close();

     }
   catch (IOException ex)
    {
      ex.printStackTrace();
      System.err.println("Error opening files = " + ex);
      System.exit(1);
```

```java
        }
    }
//========================================================================
// Load Sample4_Input_File into 2 arrays in memory
//========================================================================
public static void loadInputTargetFileInMemory()
{
    BufferedReader br1 = null;

    String line = "";
    String cvsSplitBy = ",";
    String tempXPointValue = "";
    double tempYFunctionValue = 0.00;
     try
       {
          br1 = new BufferedReader(new FileReader(inputtargetFileName ));

         int i = -1;
         int r = -2;

         while ((line = br1.readLine()) != null)
          {
            i++;
            r++;

            // Skip the header line
            if(i > 0)
              {
                // Break the line using comma as separator
                String[] workFields = line.split(cvsSplitBy);

                tempTargetField = Double.parseDouble(workFields[1]);

                arrIndex[r] =  r;
                arrTarget[r] = tempTargetField;
              }
        } // end of the while loop

        br1.close();

      }
    catch (IOException ex)
     {
       ex.printStackTrace();
       System.err.println("Error opening files = " + ex);
       System.exit(1);
     }

    }

} // End of the class
```

像往常一样, 你将把训练文件加载到内存中并构建网络。所构建的网络包含有 10 个神经元的输入层、4 个隐藏层(每个隐藏层有 13 个神经元)和有 1 个神经元的输出层。一旦网络建成, 你将通过在各个 epoch 上循环来训练网络, 直到网络误差清除误差限制。最后, 将训练好的网络保存在磁盘上(稍后将由测试方法使用)。

注意, 你在循环中调用了训练方法(如前一个示例中所做的)。当 11 000 次迭代后网络误差仍然不小于误差限制时, 你将以返回代码 1 退出训练方法。这将触发使用新的权值 / 偏差参数集再次调用训练方法(见清单 7-2)。

清单 7-2 训练方法开始部分的代码片段

```java
// Load the training CSV file in memory
MLDataSet trainingSet =
    loadCSV2Memory(trainFileName,numberOfInputNeurons,numberOfOutputNeurons,
        true,CSVFormat.ENGLISH,false);

// Create a neural network
 BasicNetwork network = new BasicNetwork();

// Input layer
network.addLayer(new BasicLayer(null,true,10));

// Hidden layer
network.addLayer(new BasicLayer(new ActivationTANH(),true,13));
network.addLayer(new BasicLayer(new ActivationTANH(),true,13));
network.addLayer(new BasicLayer(new ActivationTANH(),true,13));
network.addLayer(new BasicLayer(new ActivationTANH(),true,13));
// Output layer
network.addLayer(new BasicLayer(new ActivationTANH(),false,1));

network.getStructure().finalizeStructure();
network.reset();

// train the neural network
final ResilientPropagation train = new ResilientPropagation(network,
trainingSet);
int epoch = 1;
returnCode = 0;

do
    {
        train.iteration();
        System.out.println("Epoch #" + epoch + " Error:" + train.getError());

        epoch++;

        if (epoch >= 11000 && network.calculateError(trainingSet) > 0.00000119)
            {
                // Exit the training method with the return code = 1

                returnCode = 1;
                System.out.println("Try again");
                 return returnCode;
```

```
        }
    } while(train.getError() > 0.000001187);

    // Save the network file

    EncogDirectoryPersistence.saveObject(new File(networkFileName),network);
```

接下来，循环访问成对数据集，从网络中获取每条记录的输入值、实际值和预测值。记录值是规范化的，因此你可以对其值进行非规范化。以下公式用于非规范化。

$$f(x) = ((D_L - D_H) * x - N_H * D_L + N_L * D_H) / (N_L - N_H)$$

其中：

x：输入数据点

D_L：输入数据集中 x 的最小（最低）值

D_H：输入数据集中 x 的最大（最高）值

N_L：规范化区间 [−1，1] 的左侧部分 =−1

N_H：规范化区间 [−1，1] 的右侧部分 =1

非规范化之后，计算 `realTargetDiffValue` 和 `realPredictDiffValue` 字段，在处理日志中打印它们的值，并为当前记录填充图表数据。最后，将图表文件保存在磁盘上，并使用返回代码 0 退出训练方法（见清单 7-3）。

清单 7-3　训练方法结束部分的代码片段

```
int m = 0;
double xPoint_Initial = 1.00;
double xPoint_Increment = 1.00;
double xPoint = xPoint_Initial - xPoint_Increment;
realTargetDiffValue = 0.00;
realPredictDiffValue = 0.00;

for(MLDataPair pair: trainingSet)
    {
        m++;
        xPoint = xPoint + xPoint_Increment;

        final MLData output = network.compute(pair.getInput());

        MLData inputData = pair.getInput();
        MLData actualData = pair.getIdeal();
        MLData predictData = network.compute(inputData);

        // Calculate and print the results
        inputDiffValue = inputData.getData(0);
        targetDiffValue = actualData.getData(0);
        predictDiffValue = predictData.getData(0);

        // De-normalize the values
        denormInputValueDiff    =((Dl - Dh)*inputDiffValue - Nh*Dl +
```

```
            Dh*Nl)/(Nl - Nh);
            denormTargetValueDiff = ((Dl - Dh)*targetDiffValue - Nh*Dl +
            Dh*Nl)/(Nl - Nh);
            denormPredictValueDiff =((Dl - Dh)*predictDiffValue - Nh*Dl +
            Dh*Nl)/(Nl - Nh);
            functionValue = arrFunctionValue[m-1];
            realTargetDiffValue = functionValue + denormTargetValueDiff;
            realPredictDiffValue = functionValue + denormPredictValueDiff;

            valueDifferencePerc =
              Math.abs(((realTargetDiffValue - realPredictDiffValue)/
              realPredictDiffValue)*100.00);

            System.out.println ("xPoint = " + xPoint +
            "  realTargetDiffValue = " + realTargetDiffValue +
            "  realPredictDiffValue = " + realPredictDiffValue);

            sumDifferencePerc = sumDifferencePerc + valueDifferencePerc;

            if (valueDifferencePerc > maxDifferencePerc)
              maxDifferencePerc = valueDifferencePerc;

            xData.add(xPoint);
            yData1.add(realTargetDiffValue);
            yData2.add(realPredictDiffValue);

        }   // End for pair loop
    XYSeries series1 = Chart.addSeries("Actual data", xData, yData1);
    XYSeries series2 = Chart.addSeries("Predict data", xData, yData2);

    series1.setLineColor(XChartSeriesColors.BLUE);
    series2.setMarkerColor(Color.ORANGE);
    series1.setLineStyle(SeriesLines.SOLID);
    series2.setLineStyle(SeriesLines.SOLID);
    try
     {
        //Save the chart image
        BitmapEncoder.saveBitmapWithDPI(Chart, chartTrainFileName,
        BitmapFormat.JPG, 100);
        System.out.println ("Train Chart file has been saved") ;
      }
    catch (IOException ex)
     {
      ex.printStackTrace();
      System.exit(3);
     }
    // Finally, save this trained network
    EncogDirectoryPersistence.saveObject(new File(networkFileName),network);
    System.out.println ("Train Network has been saved") ;

    averNormDifferencePerc  = sumDifferencePerc/numberOfRecordsInFile;

    System.out.println(" ");
```

```
System.out.println("maxDifferencePerc = " + maxDifferencePerc +
"  averNormDifferencePerc = " + averNormDifferencePerc);

returnCode = 0;
return returnCode;
}   // End of the method
```

到目前为止，尽管训练数据集的格式不同并且包括滑动窗口记录，但训练方法的处理逻辑与前面的示例中的处理逻辑大致相同。你将看到测试方法的逻辑发生了实质性的变化。

7.5　训练网络

清单 7-4 显示了训练处理结果。

清单 7-4　训练结果

```
xPoint =   1.0  TargetDiff = 102.99999  PredictDiff = 102.98510
xPoint =   2.0  TargetDiff = 107.99999  PredictDiff = 107.99950
xPoint =   3.0  TargetDiff = 114.99999  PredictDiff = 114.99861
xPoint =   4.0  TargetDiff = 130.0      PredictDiff = 130.00147
xPoint =   5.0  TargetDiff = 145.0      PredictDiff = 144.99901
xPoint =   6.0  TargetDiff = 156.99999  PredictDiff = 157.00011
xPoint =   7.0  TargetDiff = 165.0      PredictDiff = 164.99849
xPoint =   8.0  TargetDiff = 181.00000  PredictDiff = 181.00009
xPoint =   9.0  TargetDiff = 197.99999  PredictDiff = 197.99984
xPoint =  10.0  TargetDiff = 225.00000  PredictDiff = 224.99914
xPoint =  11.0  TargetDiff = 231.99999  PredictDiff = 231.99987
xPoint =  12.0  TargetDiff = 236.00000  PredictDiff = 235.99949
xPoint =  13.0  TargetDiff = 230.0      PredictDiff = 230.00122
xPoint =  14.0  TargetDiff = 220.00000  PredictDiff = 219.99767
xPoint =  15.0  TargetDiff = 207.0      PredictDiff = 206.99951
xPoint =  16.0  TargetDiff = 190.00000  PredictDiff = 190.00221
xPoint =  17.0  TargetDiff = 180.00000  PredictDiff = 180.00009
xPoint =  18.0  TargetDiff = 170.00000  PredictDiff = 169.99977
xPoint =  19.0  TargetDiff = 160.00000  PredictDiff = 159.98978
xPoint =  20.0  TargetDiff = 150.00000  PredictDiff = 150.07543
xPoint =  21.0  TargetDiff = 140.00000  PredictDiff = 139.89404
xPoint =  22.0  TargetDiff = 141.0      PredictDiff = 140.99714
xPoint =  23.0  TargetDiff = 150.00000  PredictDiff = 149.99875
xPoint =  24.0  TargetDiff = 159.99999  PredictDiff = 159.99929
xPoint =  25.0  TargetDiff = 180.00000  PredictDiff = 179.99896
xPoint =  26.0  TargetDiff = 219.99999  PredictDiff = 219.99909
xPoint =  27.0  TargetDiff = 240.00000  PredictDiff = 240.00141
xPoint =  28.0  TargetDiff = 260.00000  PredictDiff = 259.99865
xPoint =  29.0  TargetDiff = 264.99999  PredictDiff = 264.99938
xPoint =  30.0  TargetDiff = 269.99999  PredictDiff = 270.00068
```

```
xPoint = 31.0   TargetDiff = 272.00000   PredictDiff = 271.99931
xPoint = 32.0   TargetDiff = 273.0       PredictDiff = 272.99969
xPoint = 33.0   TargetDiff = 268.99999   PredictDiff = 268.99975
xPoint = 34.0   TargetDiff = 266.99999   PredictDiff = 266.99994
xPoint = 35.0   TargetDiff = 264.99999   PredictDiff = 264.99742
xPoint = 36.0   TargetDiff = 253.99999   PredictDiff = 254.00076
xPoint = 37.0   TargetDiff = 239.99999   PredictDiff = 240.02203
xPoint = 38.0   TargetDiff = 225.00000   PredictDiff = 225.00479
xPoint = 39.0   TargetDiff = 210.00000   PredictDiff = 210.03944
xPoint = 40.0   TargetDiff = 200.99999   PredictDiff = 200.86493
xPoint = 41.0   TargetDiff = 195.0       PredictDiff = 195.11291
xPoint = 42.0   TargetDiff = 185.00000   PredictDiff = 184.91010
xPoint = 43.0   TargetDiff = 175.00000   PredictDiff = 175.02804
xPoint = 44.0   TargetDiff = 165.00000   PredictDiff = 165.07052
xPoint = 45.0   TargetDiff = 150.00000   PredictDiff = 150.01101
xPoint = 46.0   TargetDiff = 133.00000   PredictDiff = 132.91352
xPoint = 47.0   TargetDiff = 121.00000   PredictDiff = 121.00125
xPoint = 48.0   TargetDiff = 109.99999   PredictDiff = 110.02157
xPoint = 49.0   TargetDiff = 100.00000   PredictDiff = 100.01322
xPoint = 50.0   TargetDiff = 102.99999   PredictDiff = 102.98510

maxErrorPerc = 0.07574160995391013
averErrorPerc = 0.01071011328541703
```

7.6　测试网络

首先，更改配置数据以处理测试逻辑。加载先前保存的训练网络。注意这里没有加载测试数据集。你将按以下方式确定当前函数值。在循环的第一步中，当前函数值等于训练过程中计算的 `lastFunctionValueForTraining` 变量。这个变量保存最后一点的函数值（即 50）。在循环的以后所有步骤中，将当前记录值设置为在循环的上一步骤中计算的函数值。

在本例的开头，我解释了如何在测试阶段计算预测值。我在这里重复这个解释：

"在测试期间，你将按以下方式计算函数的第二天值。通过在 $x=50$ 点，你想计算下一点 $x=51$ 的预测函数值。将当前点和上一点（字段 1）的 xPoint 值之间的差异输入到训练的网络，你将得到下一点和当前点的函数值之间的预测差异。因此，下一点的预测函数值等于当前点的实际函数值与从训练网络获得的预测值差之和。"

接下来，从 xPoint 51（测试区间的第一个点）开始循环成对数据集。在循环的每个步骤中，你将获得每个记录的输入值、实际值和预测值，对其值进行非规范化，并计算每个记录的 `realTargetDiffValue` 和 `realPredictDiffValue`。你可以将它们的值打印为测试日志，并用每个记录的数据填充图表元素。最后，保存生成的图表文件。清单7-5 显示了测试处理结果。

清单 7-5　测试结果

```
xPoint = 51.0  TargetDiff = 102.99999  PredictedDiff = 102.98510
xPoint = 52.0  TargetDiff = 107.98510  PredictedDiff = 107.98461
xPoint = 53.0  TargetDiff = 114.98461  PredictedDiff = 114.98322
xPoint = 54.0  TargetDiff = 129.98322  PredictedDiff = 129.98470
xPoint = 55.0  TargetDiff = 144.98469  PredictedDiff = 144.98371
xPoint = 56.0  TargetDiff = 156.98371  PredictedDiff = 156.98383
xPoint = 57.0  TargetDiff = 164.98383  PredictedDiff = 164.98232
xPoint = 58.0  TargetDiff = 180.98232  PredictedDiff = 180.98241
xPoint = 59.0  TargetDiff = 197.98241  PredictedDiff = 197.98225
xPoint = 60.0  TargetDiff = 224.98225  PredictedDiff = 224.98139
xPoint = 61.0  TargetDiff = 231.98139  PredictedDiff = 231.98127
xPoint = 62.0  TargetDiff = 235.98127  PredictedDiff = 235.98077
xPoint = 63.0  TargetDiff = 229.98077  PredictedDiff = 229.98199
xPoint = 64.0  TargetDiff = 219.98199  PredictedDiff = 219.97966
xPoint = 65.0  TargetDiff = 206.97966  PredictedDiff = 206.97917
xPoint = 66.0  TargetDiff = 189.97917  PredictedDiff = 189.98139
xPoint = 67.0  TargetDiff = 179.98139  PredictedDiff = 179.98147
xPoint = 68.0  TargetDiff = 169.98147  PredictedDiff = 169.98124
xPoint = 69.0  TargetDiff = 159.98124  PredictedDiff = 159.97102
xPoint = 70.0  TargetDiff = 149.97102  PredictedDiff = 150.04646
xPoint = 71.0  TargetDiff = 140.04646  PredictedDiff = 139.94050
xPoint = 72.0  TargetDiff = 140.94050  PredictedDiff = 140.93764
xPoint = 73.0  TargetDiff = 149.93764  PredictedDiff = 149.93640
xPoint = 74.0  TargetDiff = 159.93640  PredictedDiff = 159.93569
xPoint = 75.0  TargetDiff = 179.93573  PredictedDiff = 179.93465
xPoint = 76.0  TargetDiff = 219.93465  PredictedDiff = 219.93374
xPoint = 77.0  TargetDiff = 239.93374  PredictedDiff = 239.93515
xPoint = 78.0  TargetDiff = 259.93515  PredictedDiff = 259.93381
xPoint = 79.0  TargetDiff = 264.93381  PredictedDiff = 264.93318
xPoint = 80.0  TargetDiff = 269.93318  PredictedDiff = 269.93387
xPoint = 81.0  TargetDiff = 271.93387  PredictedDiff = 271.93319
xPoint = 82.0  TargetDiff = 272.93318  PredictedDiff = 272.93287
xPoint = 83.0  TargetDiff = 268.93287  PredictedDiff = 268.93262
xPoint = 84.0  TargetDiff = 266.93262  PredictedDiff = 266.93256
xPoint = 85.0  TargetDiff = 264.93256  PredictedDiff = 264.92998
xPoint = 86.0  TargetDiff = 253.92998  PredictedDiff = 253.93075
xPoint = 87.0  TargetDiff = 239.93075  PredictedDiff = 239.95277
xPoint = 88.0  TargetDiff = 224.95278  PredictedDiff = 224.95756
xPoint = 89.0  TargetDiff = 209.95756  PredictedDiff = 209.99701
xPoint = 90.0  TargetDiff = 200.99701  PredictedDiff = 200.86194
xPoint = 91.0  TargetDiff = 194.86194  PredictedDiff = 194.97485

maxGlobalResultDiff = 0.07571646804925916
averGlobalResultDiff = 0.01071236446121567
```

图 7-6 显示了测试结果的图表。

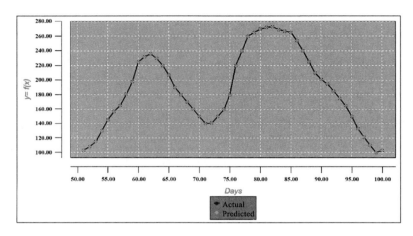

图 7-6　测试结果记录的图表

两个图表实际上是重叠的。

7.7　深入调查

在本例中，你了解到，通过使用一些特殊的数据准备技术，你可以通过了解训练区间最后一点的函数值来计算下一个区间的第一点的函数值。对测试区间中的其余点重复此过程，可以获得测试区间中所有点的函数值。

为什么我总是提到函数需要是周期性的？因为你可以根据为训练区间计算的结果来确定下一个区间的函数值。这项技术也可以应用于非周期函数。唯一的要求是下一个区间的函数值可以根据训练区间的值以某种方式来确定。例如，考虑一个函数，其中下一个区间的值是训练区间值的两倍。这样的函数不是周期性的，但是本章讨论的技术将起作用。而且，不必由训练区间中的相应点来确定下一个区间中的每个点。只要存在某规则可基于训练区间某点的函数值来确定在下一个区间某点的函数值，此技术将起作用。这大大增加了网络可以在训练区间之外处理的函数的类别。

 提示　如何获得误差限制？在开始时，只需猜测误差限制值并运行训练过程。如果在循环期间看到网络误差很容易清除误差限制，请降低误差限制并重试。继续减小误差限制值，直到你看到网络误差能够清除误差限制，但是，必须努力做到这一点。

当你发现这样的误差限制时，尝试通过更改隐藏层的数量和隐藏层中的神经元数量来使用网络架构，以查看是否有可能进一步降低误差限制。请记住，对于更复杂的函数拓扑，使用更多隐藏层将改进结果。如果在增加隐藏层数量和神经元数量的同时，可降低网络误差，请停止此过程并回到以前的层和神经元数量。

7.8　本章小结

在本章中，你了解了如何逼近复杂周期函数。训练和测试数据集被转换为滑动窗口记录格式，以将函数拓扑信息添加到数据中。第 8 章将讨论一个更复杂的情况，涉及非连续函数的逼近（这是目前已知的神经网络逼近问题）。

非连续函数的处理

本章将讨论非连续函数的神经网络逼近。目前，这是神经网络的一个问题领域，因为网络处理的基础是计算偏函数导数（使用梯度下降算法），并在函数值突然跳跃或下降导致可疑结果的点计算非连续函数的导数。我们将在本章深入探讨这个问题。本章还包括我开发的解决这个问题的方法。

8.1　示例 5：非连续函数的逼近

你将首先尝试使用传统的神经网络处理来逼近一个非连续函数（见图 8-1），以便你可以看到质量非常低的结果。我将解释为什么会发生这种情况，然后介绍一种方法，使你能够以良好的精度逼近这些函数。

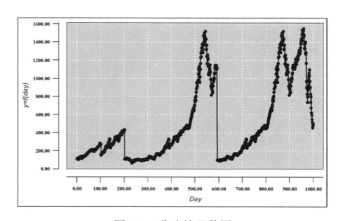

图 8-1　非连续函数图

如前几章所述，神经网络反向传播使用网络误差函数的偏导数将从输出层计算的误差重新分配给所有隐藏层神经元。它通过向与发散函数相反的方向移动来重复这个迭代过程，以找到局部（可能是全局）误差函数的最小值之一。由于计算非连续函数的发散 / 导数的问题，逼近这类函数是有问题的。

这个例子的函数是由它在 1000 点的值给出的。你试图用传统的神经网络反向传播过程来逼近这个函数。表 8-1 显示了输入数据集的片段。

表 8-1 输入数据集的片段

xPoint	yValue	xPoint	yValue	xPoint	yValue
1	107.387	31	137.932	61	199.499
2	110.449	32	140.658	62	210.45
3	116.943	33	144.067	63	206.789
4	118.669	34	141.216	64	208.551
5	108.941	35	141.618	65	210.739
6	103.071	36	142.619	66	206.311
7	110.16	37	149.811	67	210.384
8	104.933	38	151.468	68	197.218
9	114.12	39	156.919	69	192.003
10	118.326	40	159.757	70	207.936
11	118.055	41	163.074	71	208.041
12	125.764	42	160.628	72	204.394
13	128.612	43	168.573	73	194.024
14	132.722	44	163.297	74	193.223
15	132.583	45	168.155	75	205.974
16	136.361	46	175.654	76	206.53
17	134.52	47	180.581	77	209.696
18	132.064	48	184.836	78	209.886
19	129.228	49	178.259	79	217.36
20	121.889	50	185.945	80	217.095
21	113.142	51	187.234	81	216.827
22	125.33	52	188.395	82	212.615
23	124.696	53	192.357	83	219.881
24	125.76	54	196.023	84	223.883
25	131.241	55	193.067	85	227.887
26	136.568	56	200.337	86	236.364
27	140.847	57	197.229	87	236.272
28	139.791	58	201.805	88	238.42
29	131.033	59	206.756	89	241.18
30	136.216	60	205.89	90	242.341

此数据集需要在区间 [–1, 1] 上规范化。表 8-2 显示了规范化的输入数据集的片段。

表 8-2　规范化的输入数据集的片段

xPoint	yValue	xPoint	yValue	xPoint	yValue
–1	–0.93846	–0.93994	–0.89879	–0.87988	–0.81883
–0.998	–0.93448	–0.93794	–0.89525	–0.87788	–0.80461
–0.996	–0.92605	–0.93594	–0.89082	–0.87588	–0.80936
–0.99399	–0.92381	–0.93393	–0.89452	–0.87387	–0.80708
–0.99199	–0.93644	–0.93193	–0.894	–0.87187	–0.80424
–0.98999	–0.94406	–0.92993	–0.8927	–0.86987	–0.80999
–0.98799	–0.93486	–0.92793	–0.88336	–0.86787	–0.8047
–0.98599	–0.94165	–0.92593	–0.88121	–0.86587	–0.82179
–0.98398	–0.92971	–0.92392	–0.87413	–0.86386	–0.82857
–0.98198	–0.92425	–0.92192	–0.87045	–0.86186	–0.80788
–0.97998	–0.9246	–0.91992	–0.86614	–0.85986	–0.80774
–0.97798	–0.91459	–0.91792	–0.86931	–0.85786	–0.81248
–0.97598	–0.91089	–0.91592	–0.859	–0.85586	–0.82594
–0.97397	–0.90556	–0.91391	–0.86585	–0.85385	–0.82698
–0.97197	–0.90574	–0.91191	–0.85954	–0.85185	–0.81042
–0.96997	–0.90083	–0.90991	–0.8498	–0.84985	–0.8097
–0.96797	–0.90322	–0.90791	–0.8434	–0.84785	–0.80559
–0.96597	–0.90641	–0.90591	–0.83788	–0.84585	–0.80534
–0.96396	–0.91009	–0.9039	–0.84642	–0.84384	–0.79564
–0.96196	–0.91962	–0.9019	–0.83644	–0.84184	–0.79598
–0.95996	–0.93098	–0.8999	–0.83476	–0.83984	–0.79633
–0.95796	–0.91516	–0.8979	–0.83325	–0.83784	–0.8018
–0.95596	–0.91598	–0.8959	–0.82811	–0.83584	–0.79236
–0.95395	–0.9146	–0.89389	–0.82335	–0.83383	–0.78716
–0.95195	–0.90748	–0.89189	–0.82719	–0.83183	–0.78196
–0.94995	–0.90056	–0.88989	–0.81774	–0.82983	–0.77096
–0.94795	–0.895	–0.88789	–0.82178	–0.82783	–0.77108
–0.94595	–0.89638	–0.88589	–0.81584	–0.82583	–0.76829
–0.94394	–0.90775	–0.88388	–0.80941	–0.82382	–0.7647
–0.94194	–0.90102	–0.88188	–0.81053	–0.82182	–0.76319

网络架构

这个例子中的网络由带有单个神经元的输入层、七个隐藏层（每个隐藏层有五个神经元）和带有单个神经元的输出层组成，见图 8-2。

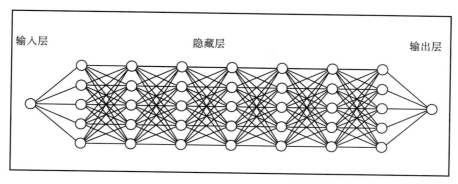

图 8-2 网络架构

8.2 程序代码

清单 8-1 显示了程序代码。

清单 8-1 程序代码

```
// ==========================================================
// Approximation non-continuous function whose values are given
// at 999 points. The input file is normalized.
// ==========================================================

package sample5;

import java.io.BufferedReader;
import java.io.File;
import java.io.FileInputStream;
import java.io.PrintWriter;
import java.io.FileNotFoundException;
import java.io.FileReader;
import java.io.FileWriter;
import java.io.IOException;
import java.io.InputStream;
import java.nio.file.*;
import java.util.Properties;
import java.time.YearMonth;
import java.awt.Color;
import java.awt.Font;
import java.io.BufferedReader;
import java.text.DateFormat;
import java.text.ParseException;
import java.text.SimpleDateFormat;
import java.time.LocalDate;
import java.time.Month;
import java.time.ZoneId;
```

```java
import java.util.ArrayList;
import java.util.Calendar;
import java.util.Date;
import java.util.List;
import java.util.Locale;
import java.util.Properties;

import org.encog.Encog;
import org.encog.engine.network.activation.ActivationTANH;
import org.encog.engine.network.activation.ActivationReLU;
import org.encog.ml.data.MLData;
import org.encog.ml.data.MLDataPair;
import org.encog.ml.data.MLDataSet;
import org.encog.ml.data.buffer.MemoryDataLoader;
import org.encog.ml.data.buffer.codec.CSVDataCODEC;
import org.encog.ml.data.buffer.codec.DataSetCODEC;
import org.encog.neural.networks.BasicNetwork;
import org.encog.neural.networks.layers.BasicLayer;
import org.encog.neural.networks.training.propagation.resilient.
ResilientPropagation;
import org.encog.persist.EncogDirectoryPersistence;
import org.encog.util.csv.CSVFormat;

import org.knowm.xchart.SwingWrapper;
import org.knowm.xchart.XYChart;
import org.knowm.xchart.XYChartBuilder;
import org.knowm.xchart.XYSeries;
import org.knowm.xchart.demo.charts.ExampleChart;
import org.knowm.xchart.style.Styler.LegendPosition;
import org.knowm.xchart.style.colors.ChartColor;
import org.knowm.xchart.style.colors.XChartSeriesColors;
import org.knowm.xchart.style.lines.SeriesLines;
import org.knowm.xchart.style.markers.SeriesMarkers;
import org.knowm.xchart.BitmapEncoder;
import org.knowm.xchart.BitmapEncoder.BitmapFormat;
import org.knowm.xchart.QuickChart;
import org.knowm.xchart.SwingWrapper;

public class Sample5 implements ExampleChart<XYChart>
 {
    // Interval to normalize
   static double Nh =  1;
   static double Nl = -1;

   // First column
   static double minXPointDl = 1.00;
   static double maxXPointDh = 1000.00;

   // Second column - target data
   static double minTargetValueDl = 60.00;
   static double maxTargetValueDh = 1600.00;
```

```java
static double doublePointNumber = 0.00;
static int intPointNumber = 0;
static InputStream input = null;
static double[] arrPrices = new double[2500];
static double normInputXPointValue = 0.00;
static double normPredictXPointValue = 0.00;
static double normTargetXPointValue = 0.00;
static double normDifferencePerc = 0.00;
static double returnCode = 0.00;
static double denormInputXPointValue = 0.00;
static double denormPredictXPointValue = 0.00;
static double denormTargetXPointValue = 0.00;
static double valueDifference = 0.00;
static int numberOfInputNeurons;
static int numberOfOutputNeurons;
static int intNumberOfRecordsInTestFile;
static String trainFileName;
static String priceFileName;
static String testFileName;
static String chartTrainFileName;
static String chartTestFileName;
static String networkFileName;
static int workingMode;
static String cvsSplitBy = ",";

static List<Double> xData = new ArrayList<Double>();
static List<Double> yData1 = new ArrayList<Double>();
static List<Double> yData2 = new ArrayList<Double>();

static XYChart Chart;

@Override
public XYChart getChart()
 {
  // Create Chart

  Chart = new  XYChartBuilder().width(900).height(500).title(getClass().
            getSimpleName()).xAxisTitle("x").yAxisTitle("y= f(x)").
            build();

  // Customize Chart
  Chart.getStyler().setPlotBackgroundColor(ChartColor.getAWTColor
  (ChartColor.GREY));
  Chart.getStyler().setPlotGridLinesColor(new Color(255, 255, 255));
  Chart.getStyler().setChartBackgroundColor(Color.WHITE);
  Chart.getStyler().setLegendBackgroundColor(Color.PINK);
  Chart.getStyler().setChartFontColor(Color.MAGENTA);
  Chart.getStyler().setChartTitleBoxBackgroundColor(new Color(0, 222, 0));
  Chart.getStyler().setChartTitleBoxVisible(true);
  Chart.getStyler().setChartTitleBoxBorderColor(Color.BLACK);
  Chart.getStyler().setPlotGridLinesVisible(true);
  Chart.getStyler().setAxisTickPadding(20);
```

```
Chart.getStyler().setAxisTickMarkLength(15);
Chart.getStyler().setPlotMargin(20);
Chart.getStyler().setChartTitleVisible(false);
Chart.getStyler().setChartTitleFont(new Font(Font.MONOSPACED,
Font.BOLD, 24));
Chart.getStyler().setLegendFont(new Font(Font.SERIF, Font.PLAIN, 18));
Chart.getStyler().setLegendPosition(LegendPosition.InsideSE);
Chart.getStyler().setLegendSeriesLineLength(12);
Chart.getStyler().setAxisTitleFont(new Font(Font.SANS_SERIF,
Font.ITALIC, 18));
Chart.getStyler().setAxisTickLabelsFont(new Font(Font.SERIF,
Font.PLAIN, 11));
Chart.getStyler().setDatePattern("yyyy-MM");
Chart.getStyler().setDecimalPattern("#0.00");
//Chart.getStyler().setLocale(Locale.GERMAN);

try
  {
    // Configuration

     // Set the mode to run the program

   workingModee = 1;   // Training mode

   if( workingMode == 1)
     {
       // Training mode
                  trainFileName = "C:/Book_Examples/Sample5_Train_
                  Norm.csv";
          chartTrainFileName = "XYLine_Sample5_Train_Chart_Results";
     }
   else
     {
       // Testing mode
                  intNumberOfRecordsInTestFile = 3;
       testFileName = "C:/Book_Examples/Sample2_Norm.csv";
       chartTestFileName = "XYLine_Test_Results_Chart";
     }

   // Common part of config data
   networkFileName = "C:/Book_Examples/Sample5_Saved_Network_File.csv";
   numberOfInputNeurons = 1;
   numberOfOutputNeurons = 1;

   // Check the working mode to run

   if(workingMode == 1)
    {
      // Training mode
      File file1 = new File(chartTrainFileName);
      File file2 = new File(networkFileName);

      if(file1.exists())
        file1.delete();
```

```
            if(file2.exists())
              file2.delete();

            returnCode = 0;      // Clear the error Code

            do
             {
               returnCode = trainValidateSaveNetwork();
             } while (returnCode > 0);
           }
         else
           {
             // Test mode
             loadAndTestNetwork();
           }
       }
     catch (Throwable t)
       {
         t.printStackTrace();
         System.exit(1);
       }
     finally
       {
         Encog.getInstance().shutdown();
       }

  Encog.getInstance().shutdown();
  return Chart;

} // End of the method
// =========================================================
// Load CSV to memory.
// @return The loaded dataset.
// =========================================================
public static MLDataSet loadCSV2Memory(String filename, int input,
int ideal, boolean headers, CSVFormat format, boolean significance)
  {
     DataSetCODEC codec = new CSVDataCODEC(new File(filename), format,
     headers, input, ideal, significance);
     MemoryDataLoader load = new MemoryDataLoader(codec);
     MLDataSet dataset = load.external2Memory();
     return dataset;
  }
// =========================================================
//  The main method.
//  @param Command line arguments. No arguments are used.
// =========================================================
public static void main(String[] args)
 {
    ExampleChart<XYChart> exampleChart = new Sample5();
    XYChart Chart = exampleChart.getChart();
```

```
      new SwingWrapper<XYChart>(Chart).displayChart();
   } // End of the main method
//=====================================================================
// This method trains, Validates, and saves the trained network file
//=====================================================================
static public double trainValidateSaveNetwork()
  {
     // Load the training CSV file in memory
     MLDataSet trainingSet =
       loadCSV2Memory(trainFileName,numberOfInputNeurons,numberOfOutput
       Neurons,true,CSVFormat.ENGLISH,false);

     // create a neural network
     BasicNetwork network = new BasicNetwork();

     // Input layer
     network.addLayer(new BasicLayer(null,true,1));

     // Hidden layer
     network.addLayer(new BasicLayer(new ActivationTANH(),true,5));
     network.addLayer(new BasicLayer(new ActivationTANH(),true,5));
     network.addLayer(new BasicLayer(new ActivationTANH(),true,5));
     network.addLayer(new BasicLayer(new ActivationTANH(),true,5));
     network.addLayer(new BasicLayer(new ActivationTANH(),true,5));
     network.addLayer(new BasicLayer(new ActivationTANH(),true,5));
     network.addLayer(new BasicLayer(new ActivationTANH(),true,5));
     // Output layer
     network.addLayer(new BasicLayer(new ActivationTANH(),false,1));

     network.getStructure().finalizeStructure();
     network.reset();

     // train the neural network
     final ResilientPropagation train = new ResilientPropagation
     (network, trainingSet);

     int epoch = 1;

     do
       {
          train.iteration();
          System.out.println("Epoch #" + epoch + " Error:" + train.getError());

          epoch++;

          if (epoch >= 11000 && network.calculateError(trainingSet) > 0.00225)
             {
               returnCode = 1;

               System.out.println("Try again");
               return returnCode;
             }
       } while(train.getError() > 0.0022);

     // Save the network file
```

```
EncogDirectoryPersistence.saveObject(new File(networkFileName),network);

System.out.println("Neural Network Results:");
double sumNormDifferencePerc = 0.00;
double averNormDifferencePerc = 0.00;
double maxNormDifferencePerc = 0.00;
int m = 0;
double xPointer = 0.00;
for(MLDataPair pair: trainingSet)
  {
      m++;
      xPointer++;

      final MLData output = network.compute(pair.getInput());

      MLData inputData = pair.getInput();
      MLData actualData = pair.getIdeal();
      MLData predictData = network.compute(inputData);

      // Calculate and print the results
      normInputXPointValue = inputData.getData(0);
      normTargetXPointValue = actualData.getData(0);
      normPredictXPointValue = predictData.getData(0);

      denormInputXPointValue = ((minXPointDl - maxXPointDh)*
      normInputXPointValue - Nh*minXPointDl + maxXPointDh *Nl)/
      (Nl - Nh);

      denormTargetXPointValue =((minTargetValueDl - maxTargetValueDh)*
      normTargetXPointValue - Nh*minTargetValueDl + maxTargetValueDh*Nl)/
      (Nl - Nh);
      denormPredictXPointValue =((minTargetValueDl - maxTargetValueDh)*
      normPredictXPointValue - Nh*minTargetValueDl + maxTargetValue
      Dh*Nl)/(Nl - Nh);

      valueDifference =
        Math.abs(((denormTargetXPointValue - denormPredictXPointValue)/
              denormTargetXPointValue)*100.00);

      System.out.println ("RecordNumber = " + m + "  denormTargetX
      PointValue = " + denormTargetXPointValue + "  denormPredictX
      PointValue = " + denormPredictXPointValue + "  value
      Difference = " + valueDifference);

      sumNormDifferencePerc = sumNormDifferencePerc + valueDifference;
      if (valueDifference > maxNormDifferencePerc)
        maxNormDifferencePerc = valueDifference;

      xData.add(xPointer);
      yData1.add(denormTargetXPointValue);
      yData2.add(denormPredictXPointValue);

}   // End for pair loop

XYSeries series1 = Chart.addSeries("Actual data", xData, yData1);
XYSeries series2 = Chart.addSeries("Predict data", xData, yData2);
```

```
        series1.setLineColor(XChartSeriesColors.BLUE);
        series2.setMarkerColor(Color.ORANGE);
        series1.setLineStyle(SeriesLines.SOLID);
        series2.setLineStyle(SeriesLines.SOLID);

        try
         {
            //Save the chart image
            BitmapEncoder.saveBitmapWithDPI(Chart, chartTrainFileName,
            BitmapFormat.JPG, 100);
            System.out.println ("Train Chart file has been saved") ;
         }
      catch (IOException ex)
         {
          ex.printStackTrace();
          System.exit(3);
         }

        // Finally, save this trained network
        EncogDirectoryPersistence.saveObject(new File(networkFileName),
        network);
        System.out.println ("Train Network has been saved") ;

        averNormDifferencePerc  = sumNormDifferencePerc/1000.00;

        System.out.println(" ");
        System.out.println("maxNormDifferencePerc = " + maxNormDifference
        Perc + "  averNormDifferencePerc = " + averNormDifferencePerc);
        returnCode = 0.00;
        return returnCode;

  }   // End of the method

//=================================================
// This method load and test the trained network
//=================================================
static public void loadAndTestNetwork()
 {
  System.out.println("Testing the networks results");

  List<Double> xData = new ArrayList<Double>();
  List<Double> yData1 = new ArrayList<Double>();
  List<Double> yData2 = new ArrayList<Double>();

  double targetToPredictPercent = 0;
  double maxGlobalResultDiff = 0.00;
  double averGlobalResultDiff = 0.00;
  double sumGlobalResultDiff = 0.00;
  double maxGlobalIndex = 0;
  double normInputXPointValueFromRecord = 0.00;
  double normTargetXPointValueFromRecord = 0.00;
  double normPredictXPointValueFromRecord = 0.00;

  BasicNetwork network;
```

```
maxGlobalResultDiff = 0.00;
averGlobalResultDiff = 0.00;
sumGlobalResultDiff = 0.00;

// Load the test dataset into memory
MLDataSet testingSet = loadCSV2Memory(testFileName, numberOfInput
Neurons,numberOfOutputNeurons,true,CSVFormat.ENGLISH,false);

// Load the saved trained network
network = (BasicNetwork)EncogDirectoryPersistence.loadObject(new File
(networkFileName));

int i = - 1; // Index of the current record
double xPoint = -0.00;

for (MLDataPair pair:  testingSet)
 {
     i++;
     xPoint = xPoint + 2.00;

     MLData inputData = pair.getInput();
     MLData actualData = pair.getIdeal();
     MLData predictData = network.compute(inputData);

     normInputXPointValueFromRecord = inputData.getData(0);
     normTargetXPointValueFromRecord = actualData.getData(0);
     normPredictXPointValueFromRecord = predictData.getData(0);

     // De-normalize them
     denormInputXPointValue = ((minXPointDl - maxXPointDh)*
     normInputXPointValueFromRecord - Nh*minXPointDl +
     maxXPointDh*Nl)/(Nl - Nh);

     denormTargetXPointValue = ((minTargetValueDl - maxTargetValueDh)*
     normTargetXPointValueFromRecord - Nh*minTargetValueDl +
     maxTargetValueDh*Nl)/(Nl - Nh);

     denormPredictXPointValue =((minTargetValueDl - maxTargetValueDh)*
     normPredictXPointValueFromRecord - Nh*minTargetValueDl +
     maxTargetValueDh*Nl)/(Nl - Nh);

     targetToPredictPercent = Math.abs((denormTargetXPointValue -
     denormPredictXPointValue)/denormTargetXPointValue*100);

     System.out.println("xPoint = " + xPoint +  "  denormTargetX
     PointValue = " + denormTargetXPointValue + "  denormPredictX
     PointValue = " + denormPredictXPointValue + "   targetToPredict
     Percent = " + targetToPredictPercent);
     if (targetToPredictPercent > maxGlobalResultDiff)
     maxGlobalResultDiff = targetToPredictPercent;

     sumGlobalResultDiff = sumGlobalResultDiff + targetToPredictPercent;

     // Populate chart elements
     xData.add(xPoint);
     yData1.add(denormTargetXPointValue);
```

```
            yData2.add(denormPredictXPointValue);

      } // End for pair loop

   // Print the max and average results
   System.out.println(" ");
   averGlobalResultDiff = sumGlobalResultDiff/intNumberOfRecordsInTestFile;

   System.out.println("maxGlobalResultDiff = " + maxGlobalResultDiff +
   " i = " + maxGlobalIndex);
   System.out.println("averGlobalResultDiff = " + averGlobalResultDiff);

   // All testing batch files have been processed
   XYSeries series1 = Chart.addSeries("Actual", xData, yData1);
   XYSeries series2 = Chart.addSeries("Predicted", xData, yData2);

   series1.setLineColor(XChartSeriesColors.BLUE);
   series2.setMarkerColor(Color.ORANGE);
   series1.setLineStyle(SeriesLines.SOLID);
   series2.setLineStyle(SeriesLines.SOLID);

   // Save the chart image
   try
    {
       BitmapEncoder.saveBitmapWithDPI(Chart, chartTestFileName,
       BitmapFormat.JPG, 100);
    }
   catch (Exception bt)
    {
      bt.printStackTrace();
    }
   System.out.println ("The Chart has been saved");
   System.out.println("End of testing for test records");

  } // End of the method

 } // End of the class
```

训练过程的代码片段

训练方法在循环中调用，直到成功清除误差限制。加载规范化的训练文件，然后使用一个输入层（一个神经元）、七个隐藏层（每个层有五个神经元）和输出层（一个神经元）来创建网络。下一步，通过循环遍历各个 epoch 来训练网络，直到网络误差清除误差限制。此时，退出循环。网络是经过训练的，你可以将其保存在磁盘上（测试方法将使用它）。清单 8-2 显示了训练方法的片段。

清单 8-2　训练方法的代码片段

```
// Load the training CSV file in memory
MLDataSet trainingSet =
loadCSV2Memory(trainFileName,numberOfInputNeurons,numberOfOutputNeurons,
```

```
                        true,CSVFormat.ENGLISH,false);
  // create a neural network
  BasicNetwork network = new BasicNetwork();

  // Input layer
  network.addLayer(new BasicLayer(null,true,1));

  // Hidden layer
  network.addLayer(new BasicLayer(new ActivationTANH(),true,5));
  network.addLayer(new BasicLayer(new ActivationTANH(),true,5));
  network.addLayer(new BasicLayer(new ActivationTANH(),true,5));
  network.addLayer(new BasicLayer(new ActivationTANH(),true,5));
  network.addLayer(new BasicLayer(new ActivationTANH(),true,5));
  network.addLayer(new BasicLayer(new ActivationTANH(),true,5));
  network.addLayer(new BasicLayer(new ActivationTANH(),true,5));
  // Output layer
  network.addLayer(new BasicLayer(new ActivationTANH(),false,1));

  network.getStructure().finalizeStructure();
  network.reset();

  // train the neural network
  final ResilientPropagation train = new ResilientPropagation(network,
  trainingSet);

  int epoch = 1;

  do
    {
        train.iteration();
        System.out.println("Epoch #" + epoch + " Error:" + train.getError());

        epoch++;

        if (epoch >= 11000 && network.calculateError(trainingSet) > 0.00225)
        // 0.0221    0.00008
          {
              returnCode = 1;
              System.out.println("Try again");
              return returnCode;
          }
    } while(train.getError() > 0.0022);

  // Save the network file
  EncogDirectoryPersistence.saveObject(new File(networkFileName),network);
```

接下来，循环访问成对数据集，并从网络中检索每条记录的输入值、实际值和预测值。然后，对检索到的值进行非规范化，将它们放入日志中，并填充图表数据。

```
int m = 0;
double xPointer = 0.00;

for(MLDataPair pair: trainingSet)
  {
```

```
    m++;
    xPointer++;
    final MLData output = network.compute(pair.getInput());

    MLData inputData = pair.getInput();
    MLData actualData = pair.getIdeal();
    MLData predictData = network.compute(inputData);

     // Calculate and print the results
     normInputXPointValue = inputData.getData(0);
     normTargetXPointValue = actualData.getData(0);
     normPredictXPointValue = predictData.getData(0);

     denormInputXPointValue = ((minXPointDl - maxXPointDh)*normInputX
     PointValue - Nh*minXPointDl + maxXPointDh *Nl)/(Nl - Nh);

     denormTargetXPointValue =((minTargetValueDl - maxTargetValueDh)*
     normTargetXPointValue - Nh*minTargetValueDl + maxTargetValueDh*Nl)/
     (Nl - Nh);
     denormPredictXPointValue =((minTargetValueDl - maxTargetValueDh)*
     normPredictXPointValue - Nh*minTargetValueDl + maxTargetValueDh*Nl)/
     (Nl - Nh);

     valueDifference = Math.abs((((denormTargetXPointValue - denormPredictX
     PointValue)/denormTargetXPointValue)*100.00);

     System.out.println ("RecordNumber = " + m + "  denormTargetX
     PointValue = " + denormTargetXPointValue + "  denormPredictXPoint
     Value = " + denormPredictXPointValue + "  valueDifference = " +
     valueDifference);

     sumNormDifferencePerc = sumNormDifferencePerc + valueDifference;

     if (valueDifference > maxNormDifferencePerc)
     maxNormDifferencePerc = valueDifference;

     xData.add(xPointer);
     yData1.add(denormTargetXPointValue);
     yData2.add(denormPredictXPointValue);

    }   // End for pair loop
```

最后，计算结果的平均值和最大值并保存图表文件。

```
XYSeries series1 = Chart.addSeries("Actual data", xData, yData1);
XYSeries series2 = Chart.addSeries("Predict data", xData, yData2);

    series1.setLineColor(XChartSeriesColors.BLUE);
    series2.setMarkerColor(Color.ORANGE);
    series1.setLineStyle(SeriesLines.SOLID);
    series2.setLineStyle(SeriesLines.SOLID);

    try
     {
        //Save the chart image
        BitmapEncoder.saveBitmapWithDPI(Chart, chartTrainFileName,
```

```
      BitmapFormat.JPG, 100);
      System.out.println ("Train Chart file has been saved") ;
   }
   catch (IOException ex)
   {
      ex.printStackTrace();
      System.exit(3);
   }

   // Save this trained network
   EncogDirectoryPersistence.saveObject(new File(networkFileName),network);
   System.out.println ("Train Network has been saved") ;

   averNormDifferencePerc  = sumNormDifferencePerc/1000.00;

   System.out.println(" ");
   System.out.println("maxNormDifferencePerc = " + maxNormDifferencePerc + "
   averNormDifferencePerc = " + averNormDifferencePerc);

   returnCode = 0.00;
   return returnCode;

} // End of the method
```

8.3　训练效果不理想

清单 8-3 显示了训练结果的结束片段。

清单 8-3　训练结果的结束片段

```
RecordNumber =  983  TargetValue = 1036.19  PredictedValue = 930.03102
DiffPerc = 10.24513
RecordNumber =  984  TargetValue = 1095.63  PredictedValue = 915.36958
DiffPerc = 16.45267
RecordNumber =  985  TargetValue = 968.75   PredictedValue = 892.96942
DiffPerc = 7.822511
RecordNumber =  986  TargetValue = 896.24   PredictedValue = 863.64775
DiffPerc = 3.636554
RecordNumber =  987  TargetValue = 903.25   PredictedValue = 829.19287
DiffPerc = 8.198962
RecordNumber =  988  TargetValue = 825.88   PredictedValue = 791.96691
DiffPerc = 4.106298
RecordNumber =  989  TargetValue = 735.09   PredictedValue = 754.34279
DiffPerc = 2.619107
RecordNumber =  990  TargetValue = 797.87   PredictedValue = 718.23458
DiffPerc = 9.981002
RecordNumber =  991  TargetValue = 672.81   PredictedValue = 684.88576
DiffPerc = 1.794825
RecordNumber =  992  TargetValue = 619.14   PredictedValue = 654.90309
DiffPerc = 5.776254
RecordNumber =  993  TargetValue = 619.32   PredictedValue = 628.42044
DiffPerc = 1.469424
```

```
RecordNumber =  994   TargetValue = 590.47   PredictedValue = 605.28210
DiffPerc = 2.508528
RecordNumber =  995   TargetValue = 547.28   PredictedValue = 585.18808
DiffPerc = 6.926634
RecordNumber =  996   TargetValue = 514.62   PredictedValue = 567.78844
DiffPerc = 10.33159
RecordNumber =  997   TargetValue = 455.4    PredictedValue = 552.73603
DiffPerc = 21.37374
RecordNumber =  998   TargetValue = 470.43   PredictedValue = 539.71156
DiffPerc = 14.72728
RecordNumber =  999   TargetValue = 480.28   PredictedValue = 528.43269
DiffPerc = 10.02596
RecordNumber = 1000   TargetValue = 496.77   PredictedValue = 518.65485
DiffPerc = 4.405429

maxNormDifferencePerc = 97.69386964911284
averNormDifferencePerc = 7.232624870097155
```

这种逼近是低质量的。即使网络得到了很好的优化，所有记录的平均逼近误差也都大于 8%，最大逼近误差（最差逼近记录）也大于 97%。这样的函数逼近肯定是不可用的。图 8-3 显示了逼近结果的图表。

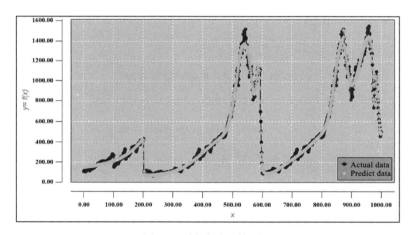

图 8-3 低质量函数逼近

我知道这种逼近是行不通的，所以在例子的开头就说明了这一点。然而，这是为了证明这一点。现在，我将展示如何使用神经网络成功地逼近这个非连续函数。

这种函数逼近的问题是函数拓扑（在某些点上函数值突然跳跃或下降）。因此，你将把输入文件分解为一系列单记录输入文件，这些文件称为微批次。这与批次训练类似，但在这里你可以主动控制批次大小。通过这样做，可以消除困难函数拓扑的负面影响。在分解数据集之后，每个记录都将被隔离，并且不会链接到上一个或下一个函数值。将输入文件分为多个微批次以创建 1000 个输入文件，网络将单独处理这些文件。你把每个训练过的网络和它所代表的记录联系起来。在验证和测试过程中，逻辑找到与相应的测试或验证记录的第一个字段最匹配的训练网络。

8.4 用微批次方法逼近非连续函数

让我们将规范化的训练数据集分成几个微批次。每个微批次数据集应包含标签记录和要处理的原始文件中的一条记录。表 8-3 显示了微批次数据集的外观。

表 8-3 微批次文件

xPoint	函数值
−1	−0.938458442

在这里，你将编写一个简单的程序，将规范化的训练数据集分解为微批次。执行此程序后，你创建了 999 个微批次数据集（编号从 0 到 998）。图 8-4 显示了微批次数据集列表的片段。

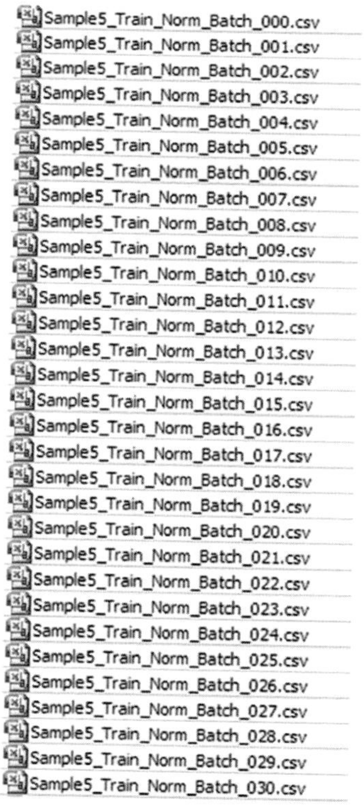

```
Sample5_Train_Norm_Batch_000.csv
Sample5_Train_Norm_Batch_001.csv
Sample5_Train_Norm_Batch_002.csv
Sample5_Train_Norm_Batch_003.csv
Sample5_Train_Norm_Batch_004.csv
Sample5_Train_Norm_Batch_005.csv
Sample5_Train_Norm_Batch_006.csv
Sample5_Train_Norm_Batch_007.csv
Sample5_Train_Norm_Batch_008.csv
Sample5_Train_Norm_Batch_009.csv
Sample5_Train_Norm_Batch_010.csv
Sample5_Train_Norm_Batch_011.csv
Sample5_Train_Norm_Batch_012.csv
Sample5_Train_Norm_Batch_013.csv
Sample5_Train_Norm_Batch_014.csv
Sample5_Train_Norm_Batch_015.csv
Sample5_Train_Norm_Batch_016.csv
Sample5_Train_Norm_Batch_017.csv
Sample5_Train_Norm_Batch_018.csv
Sample5_Train_Norm_Batch_019.csv
Sample5_Train_Norm_Batch_020.csv
Sample5_Train_Norm_Batch_021.csv
Sample5_Train_Norm_Batch_022.csv
Sample5_Train_Norm_Batch_023.csv
Sample5_Train_Norm_Batch_024.csv
Sample5_Train_Norm_Batch_025.csv
Sample5_Train_Norm_Batch_026.csv
Sample5_Train_Norm_Batch_027.csv
Sample5_Train_Norm_Batch_028.csv
Sample5_Train_Norm_Batch_029.csv
Sample5_Train_Norm_Batch_030.csv
```

图 8-4 规范化的训练微批次数据集列表的片段

这组微批次数据集现在是训练网络的输入。

8.5   微批次处理程序代码

清单 8-4 显示了程序代码。

清单 8-4   程序代码

```
// ============================================================
// Approximation of non-continuous function using the micro-batch method.
// The input is the normalized set of micro-batch files  (each micro-batch
// includes a single day record).
// Each record consists of:
// - normDayValue
// - normTargetValue
//
// The number of inputLayer neurons is 12
// The number of outputLayer neurons is 1
//
// The difference of this program is that it independently trains many
// single-day networks. That allows training each daily network using the
// best value of weights/biases parameters, therefore achieving the best
// optimization results for each year.
//
// Each network is saved on disk and a map is created to link each saved
   trained
// network with the corresponding training micro-batch file.
// ============================================================
package sample5_microbatches;
import java.io.BufferedReader;
import java.io.File;
import java.io.FileInputStream;
import java.io.PrintWriter;
import java.io.FileNotFoundException;
import java.io.FileReader;
import java.io.FileWriter;
import java.io.IOException;
import java.io.InputStream;
import java.nio.file.*;
import java.util.Properties;
import java.time.YearMonth;
import java.awt.Color;
import java.awt.Font;
import java.io.BufferedReader;
import java.time.Month;
import java.time.ZoneId;
import java.util.ArrayList;
import java.util.Calendar;
import java.util.List;
import java.util.Locale;
import java.util.Properties;
```

```java
import org.encog.Encog;
import org.encog.engine.network.activation.ActivationTANH;
import org.encog.engine.network.activation.ActivationReLU;
import org.encog.ml.data.MLData;
import org.encog.ml.data.MLDataPair;
import org.encog.ml.data.MLDataSet;
import org.encog.ml.data.buffer.MemoryDataLoader;
import org.encog.ml.data.buffer.codec.CSVDataCODEC;
import org.encog.ml.data.buffer.codec.DataSetCODEC;
import org.encog.neural.networks.BasicNetwork;
import org.encog.neural.networks.layers.BasicLayer;
import org.encog.neural.networks.training.propagation.
resilient. ResilientPropagation;
import org.encog.persist.EncogDirectoryPersistence;
import org.encog.util.csv.CSVFormat;

import org.knowm.xchart.SwingWrapper;
import org.knowm.xchart.XYChart;
import org.knowm.xchart.XYChartBuilder;
import org.knowm.xchart.XYSeries;
import org.knowm.xchart.demo.charts.ExampleChart;
import org.knowm.xchart.style.Styler.LegendPosition;
import org.knowm.xchart.style.colors.ChartColor;
import org.knowm.xchart.style.colors.XChartSeriesColors;
import org.knowm.xchart.style.lines.SeriesLines;
import org.knowm.xchart.style.markers.SeriesMarkers;
import org.knowm.xchart.BitmapEncoder;
import org.knowm.xchart.BitmapEncoder.BitmapFormat;
import org.knowm.xchart.QuickChart;
import org.knowm.xchart.SwingWrapper;

public class Sample5_Microbatches implements ExampleChart<XYChart>
{
    // Normalization parameters

    // Normalizing interval
    static double Nh =  1;
    static double Nl = -1;

  static double inputDayDh = 1000.00;
  static double inputDayDl = 1.00;
  static double targetFunctValueDiffPercDh = 1600.00;
  static double targetFunctValueDiffPercDl = 60.00;
   static String cvsSplitBy = ",";
   static Properties prop = null;
   static String strWorkingMode;
   static String strNumberOfBatchesToProcess;
   static String strTrainFileNameBase;
   static String strTestFileNameBase;
   static String strSaveTrainNetworkFileBase;
   static String strSaveTestNetworkFileBase;
```

```
static String strValidateFileName;
static String strTrainChartFileName;
static String strTestChartFileName;
static String strFunctValueTrainFile;
static String strFunctValueTestFile;
static int intDayNumber;
static double doubleDayNumber;
static int intWorkingMode;
static int numberOfTrainBatchesToProcess;
static int numberOfTestBatchesToProcess;
static int intNumberOfRecordsInTrainFile;
static int intNumberOfRecordsInTestFile;
static int intNumberOfRowsInBatches;
static int intInputNeuronNumber;
static int intOutputNeuronNumber;
static String strOutputFileName;
static String strSaveNetworkFileName;
static String strDaysTrainFileName;
static XYChart Chart;
static String iString;
static double inputFunctValueFromFile;
static double targetToPredictFunctValueDiff;
static int[] returnCodes  = new int[3];
static List<Double> xData = new ArrayList<Double>();
static List<Double> yData1 = new ArrayList<Double>();
static List<Double> yData2 = new ArrayList<Double>();
static double[] DaysyearDayTraining = new double[1200];
static String[] strTrainingFileNames = new String[1200];
static String[] strTestingFileNames = new String[1200];
static String[] strSaveTrainNetworkFileNames = new String[1200];
static double[] linkToSaveNetworkDayKeys = new double[1200];
static double[] linkToSaveNetworkTargetFunctValueKeys = new double[1200];
static double[] arrTrainFunctValues = new double[1200];
static double[] arrTestFunctValues = new double[1200];

@Override
public XYChart getChart()
 {
   // Create Chart

  Chart = new XYChartBuilder().width(900).height(500).title(getClass().
  getSimpleName()).xAxisTitle("day").yAxisTitle("y=f(day)").build();
  // Customize Chart
  Chart.getStyler().setPlotBackgroundColor(ChartColor.getAWTColor(Chart
  Color.GREY));
  Chart.getStyler().setPlotGridLinesColor(new Color(255, 255, 255));
  Chart.getStyler().setChartBackgroundColor(Color.WHITE);
  Chart.getStyler().setLegendBackgroundColor(Color.PINK);
  Chart.getStyler().setChartFontColor(Color.MAGENTA);
  Chart.getStyler().setChartTitleBoxBackgroundColor(new Color(0, 222, 0));
```

```java
Chart.getStyler().setChartTitleBoxVisible(true);
Chart.getStyler().setChartTitleBoxBorderColor(Color.BLACK);
Chart.getStyler().setPlotGridLinesVisible(true);
Chart.getStyler().setAxisTickPadding(20);
Chart.getStyler().setAxisTickMarkLength(15);
Chart.getStyler().setPlotMargin(20);
Chart.getStyler().setChartTitleVisible(false);
Chart.getStyler().setChartTitleFont(new Font(Font.MONOSPACED,
Font.BOLD, 24));
Chart.getStyler().setLegendFont(new Font(Font.SERIF, Font.PLAIN, 18));
Chart.getStyler().setLegendPosition(LegendPosition.OutsideE);
Chart.getStyler().setLegendSeriesLineLength(12);
Chart.getStyler().setAxisTitleFont(new Font(Font.SANS_SERIF,
Font.ITALIC, 18));
Chart.getStyler().setAxisTickLabelsFont(new Font(Font.SERIF,
Font.PLAIN, 11));
//Chart.getStyler().setDayPattern("yyyy-MM");
Chart.getStyler().setDecimalPattern("#0.00");

// Config data
// Training mode
intWorkingMode = 0;

// Testing mode
numberOfTrainBatchesToProcess = 1000;
numberOfTestBatchesToProcess = 999;
intNumberOfRowsInBatches = 1;
intInputNeuronNumber = 1;
intOutputNeuronNumber = 1;
strTrainFileNameBase = "C:/My_Neural_Network_Book/Temp_Files/Sample5_
Train_Norm_Batch_";
strTestFileNameBase = "C:/My_Neural_Network_Book/Temp_Files/Sample5_
Test_Norm_Batch_";
strSaveTrainNetworkFileBase = "C:/Book_Examples/Sample5_Save_Network_
Batch_";
strTrainChartFileName = "C:/Book_Examples/Sample5_Chart_Train_File_
Microbatch.jpg";
strTestChartFileName = "C:/Book_Examples/Sample5_Chart_Test_File_
Microbatch.jpg";

// Generate training batch file names and the corresponding saveNetwork
   file names
intDayNumber = -1;  // Day number for the chart

for (int i = 0; i < numberOfTrainBatchesToProcess; i++)
 {
   intDayNumber++;
    iString = Integer.toString(intDayNumber);

   if (intDayNumber >= 10 & intDayNumber < 100  )
    {
      strOutputFileName = strTrainFileNameBase + "0" + iString + ".csv";
```

```
      strSaveNetworkFileName = strSaveTrainNetworkFileBase + "0" +
        iString + ".csv";
  }
  else
  {
      if (intDayNumber < 10)
      {
        strOutputFileName = strTrainFileNameBase + "00" + iString +
          ".csv";
        strSaveNetworkFileName = strSaveTrainNetworkFileBase + "00" +
          iString + ".csv";
      }
      else
      {
        strOutputFileName = strTrainFileNameBase + iString + ".csv";

        strSaveNetworkFileName = strSaveTrainNetworkFileBase +
          iString + ".csv";
      }
  }
      strTrainingFileNames[intDayNumber] = strOutputFileName;
      strSaveTrainNetworkFileNames[intDayNumber] = strSaveNetwork
      FileName;

} // End the FOR loop
// Build the array linkToSaveNetworkFunctValueDiffKeys
String tempLine;
double tempNormFunctValueDiff = 0.00;
double tempNormFunctValueDiffPerc = 0.00;
double tempNormTargetFunctValueDiffPerc = 0.00;
String[] tempWorkFields;
try
{
      intDayNumber = -1;  // Day number for the chart

      for (int m = 0; m < numberOfTrainBatchesToProcess; m++)
      {
          intDayNumber++;
          BufferedReader br3 = new BufferedReader(newFileReader
              (strTrainingFileNames[intDayNumber]));
          tempLine = br3.readLine();

          // Skip the label record and zero batch record
          tempLine = br3.readLine();

          // Break the line using comma as separator
          tempWorkFields = tempLine.split(cvsSplitBy);
          tempNormFunctValueDiffPerc = Double.parseDouble
          (tempWorkFields[0]);
          tempNormTargetFunctValueDiffPerc = Double.parseDouble
          (tempWorkFields[1]);
```

```
                linkToSaveNetworkDayKeys[intDayNumber] = tempNormFunctValue
                DiffPerc;
                linkToSaveNetworkTargetFunctValueKeys[intDayNumber] =
                    tempNormTargetFunctValueDiffPerc;
    }  // End the FOR loop
        // Generate testing batche file names
        if(intWorkingMode == 1)
         {
            intDayNumber = -1;

            for (int i = 0; i < numberOfTestBatchesToProcess; i++)
             {
                intDayNumber++;
                iString = Integer.toString(intDayNumber);

                // Construct the testing batch names
                if (intDayNumber >= 10 & intDayNumber < 100  )
                 {
                    strOutputFileName = strTestFileNameBase + "0" +
                        iString + ".csv";
                 }
                else
                 {
                    if (intDayNumber < 10)
                     {
                        strOutputFileName = strTestFileNameBase + "00" +
                            iString + ".csv";
                     }
                    else
                     {
                        strOutputFileName = strTestFileNameBase +
                            iString + ".csv";
                     }
                 }

            strTestingFileNames[intDayNumber] = strOutputFileName;

         }  // End the FOR loop

       }  // End of IF

   }      // End for try
catch (IOException io1)
 {
   io1.printStackTrace();
   System.exit(1);
 }

 // Load, train, and test Function Values file in memory
 //loadTrainFunctValueFileInMemory();

if(intWorkingMode == 0)
   {
```

```java
    // Train mode
    int paramErrorCode;
    int paramBatchNumber;
    int paramR;
    int paramDayNumber;
    int paramS;

    File file1 = new File(strTrainChartFileName);
    if(file1.exists())
       file1.delete();
    returnCodes[0] = 0;    // Clear the error Code
    returnCodes[1] = 0;    // Set the initial batch Number to 0;
    returnCodes[2] = 0;    // Day number;
    do
      {
        paramErrorCode = returnCodes[0];
        paramBatchNumber = returnCodes[1];
        paramDayNumber = returnCodes[2];
        returnCodes = trainBatches(paramErrorCode,paramBatchNumber,
        paramDayNumber);
      } while (returnCodes[0] > 0);

    }   // End the train logic
    else
      {
        // Testing mode
        File file2 = new File(strTestChartFileName);
        if(file2.exists())
          file2.delete();

        loadAndTestNetwork();

        // End the test logic
      }

    Encog.getInstance().shutdown();
    //System.exit(0);
    return Chart;

  } // End of method

// ======================================================
// Load CSV to memory.
// @return The loaded dataset.
// ======================================================
public static MLDataSet loadCSV2Memory(String filename, int input, int
ideal, boolean headers, CSVFormat format, boolean significance)
  {
    DataSetCODEC codec = new CSVDataCODEC(new File(filename), format,
    headers, input, ideal, significance);
    MemoryDataLoader load = new MemoryDataLoader(codec);
    MLDataSet dataset = load.external2Memory();
    return dataset;
```

```
    }
// ===================================================
//  The main method.
//  @param Command line arguments. No arguments are used.
// ===================================================
public static void main(String[] args)
 {
   ExampleChart<XYChart> exampleChart = new Sample5_Microbatches();
   XYChart Chart = exampleChart.getChart();
   new SwingWrapper<XYChart>(Chart).displayChart();
 } // End of the main method
//===================================================================
// This method trains batches as individual network1s
// saving them in separate trained datasets
//===================================================================
static public int[] trainBatches(int paramErrorCode,int paramBatch
Number,int paramDayNumber)
  {
    int rBatchNumber;
    double targetToPredictFunctValueDiff = 0;
    double maxGlobalResultDiff = 0.00;
    double averGlobalResultDiff = 0.00;
    double sumGlobalResultDiff = 0.00;
    double normInputFunctValueDiffPercFromRecord = 0.00;
    double normTargetFunctValue1 = 0.00;
    double normPredictFunctValue1 = 0.00;
    double denormInputDayFromRecord1;
    double denormInputFunctValueDiffPercFromRecord;
    double denormTargetFunctValue1 = 0.00;
    double denormAverPredictFunctValue11 = 0.00;
    BasicNetwork network1 = new BasicNetwork();

    // Input layer
    network1.addLayer(new BasicLayer(null,true,intInputNeuronNumber));

    // Hidden layer.
    network1.addLayer(new BasicLayer(new ActivationTANH(),true,7));
    network1.addLayer(new BasicLayer(new ActivationTANH(),true,7));
    network1.addLayer(new BasicLayer(new ActivationTANH(),true,7));
    network1.addLayer(new BasicLayer(new ActivationTANH(),true,7));
    network1.addLayer(new BasicLayer(new ActivationTANH(),true,7));
    network1.addLayer(new BasicLayer(new ActivationTANH(),true,7));
    network1.addLayer(new BasicLayer(new ActivationTANH(),true,7));

    // Output layer
    network1.addLayer(new BasicLayer(new ActivationTANH(),false,
    intOutputNeuronNumber));
    network1.getStructure().finalizeStructure();
    network1.reset();
maxGlobalResultDiff = 0.00;
averGlobalResultDiff = 0.00;
```

```
sumGlobalResultDiff = 0.00;

// Loop over batches
intDayNumber = paramDayNumber;   // Day number for the chart

for (rBatchNumber = paramBatchNumber; rBatchNumber < numberOfTrain
BatchesToProcess; rBatchNumber++)
 {
   intDayNumber++;

  // Load the training file in memory
  MLDataSet trainingSet = loadCSV2Memory(strTrainingFileNames
  [rBatchNumber],intInputNeuronNumber,intOutputNeuronNumber, true,
  CSVFormat.ENGLISH,false);
 // train the neural network1
  ResilientPropagation train = new ResilientPropagation(network1,
  trainingSet);
  int epoch = 1;
 do
    {
 train.iteration();
 epoch++;

        for (MLDataPair pair11:  trainingSet)
        {
          MLData inputData1 = pair11.getInput();
          MLData actualData1 = pair11.getIdeal();
          MLData predictData1 = network1.compute(inputData1);

          // These values are Normalized as the whole input is
          normInputFunctValueDiffPercFromRecord = inputData1.getData(0);
          normTargetFunctValue1 = actualData1.getData(0);
          normPredictFunctValue1 = predictData1.getData(0);
          denormInputFunctValueDiffPercFromRecord =((inputDayDl -
          inputDayDh)*normInputFunctValueDiffPercFromRecord -
          Nh*inputDayDl + inputDayDh*Nl)/(Nl - Nh);
          denormTargetFunctValue1 = ((targetFunctValueDiffPercDl -
          targetFunctValueDiffPercDh)*normTargetFunctValue1 - Nh*target
          FunctValueDiffPercDl + targetFunctValueDiffPercDh*Nl)/(Nl - Nh);
          denormAverPredictFunctValue11 =((targetFunctValueDiffPercDl -
          targetFunctValueDiffPercDh)*normPredictFunctValue1 - Nh*
          targetFunctValueDiffPercDl + targetFunctValueDiffPercDh*Nl)/
          (Nl - Nh);

          targetToPredictFunctValueDiff = (Math.abs(denormTarget
          FunctValue1 - denormAverPredictFunctValue11)/denormTarget
          FunctValue1)*100;
        }
        if (epoch >= 1000 && targetToPredictFunctValueDiff > 0.0000071)
        {
          returnCodes[0] = 1;
          returnCodes[1] = rBatchNumber;
```

```
        returnCodes[2] = intDayNumber-1;

        return returnCodes;
    }

  } while(targetToPredictFunctValueDiff > 0.000007);
// This batch is optimized

// Save the network1 for the current batch
EncogDirectoryPersistence.saveObject(newFile(strSaveTrainNetwork
FileNames[rBatchNumber]),network1);

// Get the results after the network1 optimization
int i = - 1;

for (MLDataPair pair1:  trainingSet)
 {
  i++;
  MLData inputData1 = pair1.getInput();
  MLData actualData1 = pair1.getIdeal();
  MLData predictData1 = network1.compute(inputData1);

  // These values are Normalized as the whole input is
  normInputFunctValueDiffPercFromRecord = inputData1.getData(0);
  normTargetFunctValue1 = actualData1.getData(0);
  normPredictFunctValue1 = predictData1.getData(0);

  // De-normalize the obtained values
  denormInputFunctValueDiffPercFromRecord =((inputDayDl - inputDayDh)*
  normInputFunctValueDiffPercFromRecord - Nh*inputDayDl +
  inputDayDh*Nl)/(Nl - Nh);

  denormTargetFunctValue1 = ((targetFunctValueDiffPercDl - target
  FunctValueDiffPercDh)*normTargetFunctValue1 - Nh*targetFunctValue
  DiffPercDl + targetFunctValueDiffPercDh*Nl)/(Nl - Nh);

  denormAverPredictFunctValue11 =((targetFunctValueDiffPercDl - target
  FunctValueDiffPercDh)*normPredictFunctValue1 - Nh*targetFunctValue
  DiffPercDl + targetFunctValueDiffPercDh*Nl)/(Nl - Nh);

  //inputFunctValueFromFile = arrTrainFunctValues[rBatchNumber];

  targetToPredictFunctValueDiff = (Math.abs(denormTargetFunctValue1 -
  denormAverPredictFunctValue11)/denormTargetFunctValue1)*100;

    System.out.println("intDayNumber = " + intDayNumber +  "  target
    FunctionValue = " + denormTargetFunctValue1 + "  predictFunction
    Value = " + denormAverPredictFunctValue11 + "  valurDiff = " +
    targetToPredictFunctValueDiff);

if (targetToPredictFunctValueDiff > maxGlobalResultDiff)maxGlobal
ResultDiff =targetToPredictFunctValueDiff;

sumGlobalResultDiff = sumGlobalResultDiff +targetToPredictFunct
ValueDiff;
```

```
      // Populate chart elements
      doubleDayNumber = (double) rBatchNumber+1;
      xData.add(doubleDayNumber);
      yData1.add(denormTargetFunctValue1);
      yData2.add(denormAverPredictFunctValue11);

   }  // End for FunctValue pair1 loop

 }  // End of the loop over batches

 sumGlobalResultDiff = sumGlobalResultDiff +targetToPredictFunctValue
 Diff;
 averGlobalResultDiff = sumGlobalResultDiff/numberOfTrainBatchesTo
 Process;

 // Print the max and average results

 System.out.println(" ");
 System.out.println(" ");
 System.out.println("maxGlobalResultDiff = " + maxGlobalResultDiff);
 System.out.println("averGlobalResultDiff = " + averGlobalResultDiff);

 XYSeries series1 = Chart.addSeries("Actual", xData, yData1);
 XYSeries series2 = Chart.addSeries("Predicted", xData, yData2);

 series1.setLineColor(XChartSeriesColors.BLUE);
 series2.setMarkerColor(Color.ORANGE);
 series1.setLineStyle(SeriesLines.SOLID);
 series2.setLineStyle(SeriesLines.SOLID);

 // Save the chart image
 try
   {
     BitmapEncoder.saveBitmapWithDPI(Chart, strTrainChartFileName,
     BitmapFormat.JPG, 100);
   }
  catch (Exception bt)
   {
     bt.printStackTrace();
   }

  System.out.println ("The Chart has been saved");
  returnCodes[0] = 0;
  returnCodes[1] = 0;
  returnCodes[2] = 0;
  return returnCodes;

 }  // End of method

//======================================================================
// Load the previously saved trained network1 and tests it by
// processing the Test record
//======================================================================
static public void loadAndTestNetwork()
 {
```

```java
System.out.println("Testing the network1s results");

List<Double> xData = new ArrayList<Double>();
List<Double> yData1 = new ArrayList<Double>();
List<Double> yData2 = new ArrayList<Double>();

double targetToPredictFunctValueDiff = 0;
double maxGlobalResultDiff = 0.00;
double averGlobalResultDiff = 0.00;
double sumGlobalResultDiff = 0.00;
double maxGlobalIndex = 0;
double normInputDayFromRecord1 = 0.00;
double normTargetFunctValue1 = 0.00;
double normPredictFunctValue1 = 0.00;
double denormInputDayFromRecord1 = 0.00;
double denormTargetFunctValue1 = 0.00;
double denormAverPredictFunctValue1 = 0.00;
double normInputDayFromRecord2 = 0.00;
double normTargetFunctValue2 = 0.00;
double normPredictFunctValue2 = 0.00;
double denormInputDayFromRecord2 = 0.00;
double denormTargetFunctValue2 = 0.00;
double denormAverPredictFunctValue2 = 0.00;
double normInputDayFromTestRecord = 0.00;
double denormInputDayFromTestRecord = 0.00;
double denormAverPredictFunctValue = 0.00;
double denormTargetFunctValueFromTestRecord = 0.00;
String tempLine;
String[] tempWorkFields;
double dayKeyFromTestRecord = 0.00;
double targetFunctValueFromTestRecord = 0.00;
double r1 = 0.00;
double r2 = 0.00;
BufferedReader br4;
BasicNetwork network1;
BasicNetwork network2;
int k1 = 0;
int k3 = 0;

try
  {
    // Process testing records
    maxGlobalResultDiff = 0.00;
    averGlobalResultDiff = 0.00;
    sumGlobalResultDiff = 0.00;

    for (k1 = 0; k1 < numberOfTestBatchesToProcess; k1++)
     {
        // Read the corresponding test micro-batch file.
        br4 = new BufferedReader(new FileReader(strTestingFileNames[k1]));
        tempLine = br4.readLine();
```

```
// Skip the label record
tempLine = br4.readLine();

// Break the line using comma as separator
tempWorkFields = tempLine.split(cvsSplitBy);

dayKeyFromTestRecord = Double.parseDouble(tempWorkFields[0]);
targetFunctValueFromTestRecord = Double.parseDouble(tempWork
Fields[1]);
// De-normalize the dayKeyFromTestRecord
denormInputDayFromTestRecord = ((inputDayDl - inputDayDh)*day
KeyFromTestRecord - Nh*inputDayDl + inputDayDh*Nl)/(Nl - Nh);

// De-normalize the targetFunctValueFromTestRecord
denormTargetFunctValueFromTestRecord = ((targetFunctValue
DiffPercDl - targetFunctValueDiffPercDh)*targetFunctValueFrom
TestRecord - Nh*targetFunctValueDiffPercDl + targetFunctValue
DiffPercDh*Nl)/(Nl - Nh);

// Load the corresponding training micro-batch dataset in memory
MLDataSet trainingSet1 = loadCSV2Memory(strTrainingFile
Names[k1],intInputNeuronNumber,intOutputNeuronNumber,true,
CSVFormat.ENGLISH,false);
 network1 = (BasicNetwork)EncogDirectoryPersistence.
 loadObject(new File(strSaveTrainNetworkFileNames[k1]));

 // Get the results after the network1 optimization
 int iMax = 0;
 int i = - 1; // Index of the array to get results

 for (MLDataPair pair1:  trainingSet1)
  {
     i++;
     iMax = i+1;

     MLData inputData1 = pair1.getInput();
     MLData actualData1 = pair1.getIdeal();
     MLData predictData1 = network1.compute(inputData1);

     // These values are Normalized
     normInputDayFromRecord1 = inputData1.getData(0);
     normTargetFunctValue1 = actualData1.getData(0);
     normPredictFunctValue1 = predictData1.getData(0);

     // De-normalize the obtained values
     denormInputDayFromRecord1 = ((inputDayDl - inputDayDh)*
     normInputDayFromRecord1 - Nh*inputDayDl + inputDayDh*Nl)/
     (Nl - Nh);
     denormTargetFunctValue1 = ((targetFunctValueDiffPercDl -
     targetFunctValueDiffPercDh)*normTargetFunctValue1 - Nh*
     targetFunctValueDiffPercDl + targetFunctValueDiffPercDh*Nl)/
     (Nl - Nh);

     denormAverPredictFunctValue1 =((targetFunctValueDiffPercDl -
     targetFunctValueDiffPercDh)*normPredictFunctValue1 - Nh*
```

```
        targetFunctValueDiffPercDl + targetFunctValueDiffPercDh*Nl)/
        (Nl - Nh);

    } // End for pair1

    // Now calculate everything again for the SaveNetwork (which
    // key is greater than dayKeyFromTestRecord value)in memory
MLDataSet trainingSet2 = loadCSV2Memory(strTrainingFile
Names[k1+1],intInputNeuronNumber,intOutputNeuronNumber,true,
CSVFormat.ENGLISH,false);
network2 = (BasicNetwork)EncogDirectoryPersistence.loadObject
(new File(strSaveTrainNetworkFileNames[k1+1]));

    // Get the results after the network1 optimization
    iMax = 0;
    i = - 1;

for (MLDataPair pair2:  trainingSet2)
{
    i++;
    iMax = i+1;

    MLData inputData2 = pair2.getInput();
    MLData actualData2 = pair2.getIdeal();
    MLData predictData2 = network2.compute(inputData2);

    // These values are Normalized
    normInputDayFromRecord2 = inputData2.getData(0);
    normTargetFunctValue2 = actualData2.getData(0);
    normPredictFunctValue2 = predictData2.getData(0);
    // De-normalize the obtained values
    denormInputDayFromRecord2 = ((inputDayDl - inputDayDh)*
    normInputDayFromRecord2 - Nh*inputDayDl + inputDayDh*Nl)/
    (Nl - Nh);

    denormTargetFunctValue2 = ((targetFunctValueDiffPercDl -
    targetFunctValueDiffPercDh)*normTargetFunctValue2 - Nh*target
    FunctValueDiffPercDl + targetFunctValueDiffPercDh*Nl)/
    (Nl - Nh);

    denormAverPredictFunctValue2 =((targetFunctValueDiffPercDl -
    targetFunctValueDiffPercDh)*normPredictFunctValue2 -
    Nh*targetFunctValueDiffPercDl + targetFunctValueDiffPercDh
    *Nl)/(Nl - Nh);
} // End for pair1 loop

// Get the average of the denormAverPredictFunctValue1 and
denormAverPredictFunctValue2 denormAverPredictFunctValue =
(denormAverPredictFunctValue1 + denormAverPredictFunctValue2)/2;

targetToPredictFunctValueDiff =
  (Math.abs(denormTargetFunctValueFromTestRecord - denormAver
  PredictFunctValue)/denormTargetFunctValueFromTestRecord)*100;

System.out.println("Record Number = " + k1 + "  DayNumber =
```

```
                   " + denormInputDayFromTestRecord + "   denormTargetFunctValue
                   FromTestRecord = " + denormTargetFunctValueFromTestRecord +
                   "  denormAverPredictFunctValue = " + denormAverPredict
                   FunctValue + "  valurDiff = " + targetToPredictFunctValueDiff);
                   if (targetToPredictFunctValueDiff > maxGlobalResultDiff)
                     {
                       maxGlobalIndex = iMax;
                       maxGlobalResultDiff =targetToPredictFunctValueDiff;
                     }
                   sumGlobalResultDiff = sumGlobalResultDiff + targetToPredict
                   FunctValueDiff;
                   // Populate chart elements
                   xData.add(denormInputDayFromTestRecord);
                   yData1.add(denormTargetFunctValueFromTestRecord);
                   yData2.add(denormAverPredictFunctValue);

            }    // End of loop using k1

        // Print the max and average results

        System.out.println(" ");

        averGlobalResultDiff = sumGlobalResultDiff/numberOfTestBatchesToProcess;

        System.out.println("maxGlobalResultDiff = " + maxGlobalResultDiff +
           "  i = " + maxGlobalIndex);
        System.out.println("averGlobalResultDiff = " + averGlobalResultDiff);

    }    // End of TRY
catch (IOException e1)
  {
         e1.printStackTrace();
  }

    // All testing batch files have been processed
    XYSeries series1 = Chart.addSeries("Actual", xData, yData1);
    XYSeries series2 = Chart.addSeries("Forecasted", xData, yData2);

    series1.setLineColor(XChartSeriesColors.BLUE);
    series2.setMarkerColor(Color.ORANGE);
    series1.setLineStyle(SeriesLines.SOLID);
    series2.setLineStyle(SeriesLines.SOLID);

    // Save the chart image
    try
      {
        BitmapEncoder.saveBitmapWithDPI(Chart, strTrainChartFileName,
        BitmapFormat.JPG, 100);
      }
    catch (Exception bt)
      {
        bt.printStackTrace();
      }
```

```
        System.out.println ("The Chart has been saved");
        System.out.println("End of testing for mini-batches training");

    } // End of the method

} // End of the  Encog class
```

　　这个程序的处理逻辑是完全不同的。让我们从 getChart() 方法开始。除了 XChart 包所需的常用语句外，你还可以在这里生成训练微批次的名称并保存网络文件。将规范化的训练文件拆分为微批次时，生成的微批次文件名必须与磁盘上准备的微批次文件名匹配。

　　保存的网络文件的名称具有相应的结构。训练方法将使用这些生成的名称来保存与磁盘上的微批次对应的训练网络。生成的名称保存在两个名为 strTrainingFileNames[] 和 strSaveTrainNetworkFileNames[] 的数组中。

　　图 8-5 显示了生成的已保存网络的片段。

图 8-5　生成的保存的网络文件的片段

　　接下来，生成并填充两个名为 linkToSaveNetworkDayKeys[] 和 linkToSave-NetworkTargetFunctValueKeys[] 的数组。对于连续的每一天，都要使用来自训练微批次记录的 field1 值填充 linkToSaveNetworkDayKeys[] 数组。使用磁盘上相应的 saveNetworkFiles 的名称填充 linkToSaveNetworkTargetFunttValueKeys[] 数组。因此，这两个数组保持着微批次数据集和相应的保存的网络数据集之间的链接。

　　该程序还生成测试微批次文件的名称，类似于为训练微批次文件生成的名称。完成所有这些操作后，将调用 loadTrainFunctValueFileInMemory 方法，该方法将在内存中加载训练文件值。

8.5.1 getChart() 方法的程序代码

清单 8-5 显示了 getChart() 方法的程序代码。

清单 8-5 getChart 方法的代码

```
public XYChart getChart()
 {
  // Create the Chart
  Chart = new XYChartBuilder().width(900).height(500).title(getClass().
    getSimpleName()).xAxisTitle("day").yAxisTitle("y=f(day)").build();

  // Customize Chart
  Chart.getStyler().setPlotBackgroundColor(ChartColor.getAWTColor
  (ChartColor.GREY));
  Chart.getStyler().setPlotGridLinesColor(new Color(255, 255, 255));
  Chart.getStyler().setChartBackgroundColor(Color.WHITE);
  Chart.getStyler().setLegendBackgroundColor(Color.PINK);
  Chart.getStyler().setChartFontColor(Color.MAGENTA);
  Chart.getStyler().setChartTitleBoxBackgroundColor(new Color(0, 222, 0));
  Chart.getStyler().setChartTitleBoxVisible(true);
  Chart.getStyler().setChartTitleBoxBorderColor(Color.BLACK);
  Chart.getStyler().setPlotGridLinesVisible(true);
  Chart.getStyler().setAxisTickPadding(20);
  Chart.getStyler().setAxisTickMarkLength(15);
  Chart.getStyler().setPlotMargin(20);
  Chart.getStyler().setChartTitleVisible(false);
  Chart.getStyler().setChartTitleFont(new Font(Font.MONOSPACED,
  Font.BOLD, 24));
  Chart.getStyler().setLegendFont(new Font(Font.SERIF, Font.PLAIN, 18));
  Chart.getStyler().setLegendPosition(LegendPosition.OutsideE);
  Chart.getStyler().setLegendSeriesLineLength(12);
  Chart.getStyler().setAxisTitleFont(new Font(Font.SANS_SERIF,
  Font.ITALIC, 18));
  Chart.getStyler().setAxisTickLabelsFont(new Font(Font.SERIF,
  Font.PLAIN, 11));
  //Chart.getStyler().setDayPattern("yyyy-MM");
  Chart.getStyler().setDecimalPattern("#0.00");

  // Config data

  // For training
  //intWorkingMode = 0;

  // For testing
  intWorkingMode = 1;
  // common config data

  intNumberOfTrainBatchesToProcess = 1000;
```

```
intNumberOfTestBatchesToProcess = 1000;
intNumberOfRecordsInTestFile = 999;
intNumberOfRowsInBatches = 1;
intInputNeuronNumber = 1;
intOutputNeuronNumber = 1;
strTrainFileNameBase = "C:/Book_Examples/Sample5_Train_Norm_Batch_";
strTestFileNameBase = "C:/Book_Examples/Sample5_Test_Norm_Batch_";
strSaveTrainNetworkFileBase = "C:/Book_Examples/Sample5_Save_Network_
Batch_";
strTrainChartFileName = "C:/Book_Examples/Sample5_Chart_Train_File_
Microbatch.jpg";
strTestChartFileName = "C:/Book_Examples/Sample5_Chart_Test_File_
Microbatch.jpg";
strFunctValueTrainFile = "C:/Book_Examples/Sample5_Train_Real.csv";
strFunctValueTestFile = "C:/Book_Examples/Sample5_Test_Real.csv";

// Generate training micro-batch file names and the corresponding Save
   Network file names

intDayNumber = -1;  // Day number for the chart

for (int i = 0; i < intNumberOfTrainBatchesToProcess; i++)
 {
   intDayNumber++;

   iString = Integer.toString(intDayNumber);
   if (intDayNumber >= 10 & intDayNumber < 100  )
    {
      strOutputFileName = strTrainFileNameBase + "0" + iString + ".csv";
      strSaveNetworkFileName = strSaveTrainNetworkFileBase + "0" +
      iString + ".csv";
    }
   else
    {
      if (intDayNumber < 10)
       {
         strOutputFileName = strTrainFileNameBase + "00" + iString +
         ".csv";
         strSaveNetworkFileName = strSaveTrainNetworkFileBase + "00" +
         iString + ".csv";
       }
      else
       {
         strOutputFileName = strTrainFileNameBase + iString + ".csv";

         strSaveNetworkFileName = strSaveTrainNetworkFileBase +
         iString + ".csv";
       }
    }

    strTrainingFileNames[intDayNumber] = strOutputFileName;
    strSaveTrainNetworkFileNames[intDayNumber] = strSaveNetwork
    FileName;
```

```
}  // End the FOR loop
// Build the array linkToSaveNetworkFunctValueDiffKeys
String tempLine;
double tempNormFunctValueDiff = 0.00;
double tempNormFunctValueDiffPerc = 0.00;
double tempNormTargetFunctValueDiffPerc = 0.00;

String[] tempWorkFields;
try
  {
      intDayNumber = -1;  // Day number for the chart

      for (int m = 0; m < intNumberOfTrainBatchesToProcess; m++)
        {
            intDayNumber++;

            BufferedReader br3 = new BufferedReader(new
            FileReader(strTrainingFileNames[intDayNumber]));
            tempLine = br3.readLine();

            // Skip the label record and zero batch record
            tempLine = br3.readLine();

            // Break the line using comma as separator
            tempWorkFields = tempLine.split(cvsSplitBy);

            tempNormFunctValueDiffPerc = Double.parseDouble(tempWork
            Fields[0]);
            tempNormTargetFunctValueDiffPerc = Double.parseDouble
            (tempWorkFields[1]);

            linkToSaveNetworkDayKeys[intDayNumber] = tempNormFunctValue
            DiffPerc;
            linkToSaveNetworkTargetFunctValueKeys[intDayNumber] =
            tempNormTargetFunctValueDiffPerc;

        }  // End the FOR loop
    // Generate testing micro-batch file names

    if(intWorkingMode == 1)
    {
        intDayNumber = -1;

        for (int i = 0; i < intNumberOfTestBatchesToProcess; i++)
          {
            intDayNumber++;
            iString = Integer.toString(intDayNumber);
            // Construct the testing batch names
            if (intDayNumber >= 10 & intDayNumber < 100)
              {
                strOutputFileName = strTestFileNameBase + "0" + iString +
                ".csv";
              }
```

```
          else
           {
            if (intDayNumber < 10)
             {
              strOutputFileName = strTestFileNameBase + "00" +
              iString + ".csv";
             }
            else
             {
              strOutputFileName = strTrainFileNameBase + iString +
              ".csv";
             }
           }
         strTestingFileNames[intDayNumber] = strOutputFileName;
       } // End the FOR loop
     } // End of IF
   } // End for try
  catch (IOException io1)
   {
    io1.printStackTrace();
    System.exit(1);
   }

  loadTrainFunctValueFileInMemory();
```

完成该部分后，逻辑将检查是运行训练方法还是测试方法。当 workingMode 字段等于 1 时，它在循环中调用训练方法（如你之前所做的那样）。但是，由于现在有许多微批次训练文件（而不是单个数据集），因此需要展开 errorCode 数组以保存另一个值：微批次编号。

8.5.2　训练方法的代码片段 1

在训练文件中，如果经过多次迭代后，网络误差无法清除误差限制，则以 returnCode 值 1 退出训练方法。控件返回到 getChart() 方法内部的逻辑，该方法在循环中调用训练方法。此时，你需要返回用以调用微批次方法的参数。清单 8-6 显示了训练方法的代码片段 1。

清单 8-6　训练方法的代码片段 1

```
if(intWorkingMode == 0)
  {
    // Train batches and save the trained networks
    int paramErrorCode;
    int paramBatchNumber;
```

```
        int paramR;
        int paramDayNumber;
        int paramS;

        File file1 = new File(strTrainChartFileName);

        if(file1.exists())
         file1.delete();

    returnCodes[0] = 0;    // Clear the error Code
    returnCodes[1] = 0;    // Set the initial batch Number to 0;
    returnCodes[2] = 0;    // Set the initial day number to 0;
    do
      {
          paramErrorCode = returnCodes[0];
          paramBatchNumber = returnCodes[1];
          paramDayNumber = returnCodes[2];

          returnCodes =
          trainBatches(paramErrorCode,paramBatchNumber,paramDayNumber);
        } while (returnCodes[0] > 0);

    }   // End of the train logic
else
  {
    // Load and test the network logic

    File file2 = new File(strTestChartFileName);

    if(file2.exists())
     file2.delete();

    loadAndTestNetwork();

    // End of the test logic
  }
  Encog.getInstance().shutdown();
  return Chart;

}  // End of method
```

8.5.3 训练方法的代码片段 2

在这里，除了处理微批次所涉及的逻辑之外，你应该对大多数代码都很熟悉。你建立了网络。接下来，循环微批次（记住，有许多训练微批次文件，而不是以前处理的单个训练数据集）。在循环中，将训练微批次文件加载到内存中，然后使用当前微批次文件训练网络。

训练网络后，使用与当前处理的微批次文件相对应的 linkToSaveNetworkDayKeys 数组中的名称将其保存在磁盘上。在成对数据集上循环，检索每个微批次的输入值、实际值和预测值，将其非规范化，并将结果打印为训练日志。

在网络训练循环中，当多次迭代后网络误差无法清除误差限制时，将 `returnCode` 值设置为 1 并退出训练方法。控制返回到调用循环。退出训练方法后，现在可以设置三个 `returnCode` 值：`returnCode` 值、微批次号和日期。这有助于在循环中调用训练方法的逻辑以保持在相同的微批次和处理日内。还可以填充图表元素的结果。最后，添加图表系列数据，计算所有微批次的平均和最大误差，将结果打印为日志文件，并保存图表文件。清单 8-7 显示了训练方法的代码片段 2。

清单 8-7　训练方法的代码片段 2

```java
// Build the network
BasicNetwork network = new BasicNetwork();

// Input layer
network.addLayer(new BasicLayer(null,true,intInputNeuronNumber));

// Hidden layer.
network.addLayer(new BasicLayer(new ActivationTANH(),true,5));
network.addLayer(new BasicLayer(new ActivationTANH(),true,5));
network.addLayer(new BasicLayer(new ActivationTANH(),true,5));
network.addLayer(new BasicLayer(new ActivationTANH(),true,5));
network.addLayer(new BasicLayer(new ActivationTANH(),true,5));
network.addLayer(new BasicLayer(new ActivationTANH(),true,5));
network.addLayer(new BasicLayer(new ActivationTANH(),true,5));

// Output layer
network.addLayer(new BasicLayer(new ActivationTANH(),false,
intOutputNeuronNumber));
network.getStructure().finalizeStructure();
network.reset();

maxGlobalResultDiff = 0.00;
averGlobalResultDiff = 0.00;
sumGlobalResultDiff = 0.00;

// Loop over micro-batches

intDayNumber = paramDayNumber;  // Day number for the chart

for (rBatchNumber = paramBatchNumber; rBatchNumber < intNumberOfTrain
BatchesToProcess; rBatchNumber++)
  {
      intDayNumber++;  // Day number for the chart

     // Load the training CVS file for the current batch in memory
     MLDataSet trainingSet =
         loadCSV2Memory(strTrainingFileNames[rBatchNumber],intInput
         NeuronNumber,intOutputNeuronNumber,true,CSVFormat.ENGLISH,false);

    // train the neural network
    ResilientPropagation train = new ResilientPropagation(network,
    trainingSet);

   int epoch = 1;
```

```
double tempLastErrorPerc = 0.00;

do
  {
      train.iteration();

    epoch++;

   for (MLDataPair pair1:  trainingSet)
     {
         MLData inputData = pair1.getInput();
         MLData actualData = pair1.getIdeal();
         MLData predictData = network.compute(inputData);
         // These values are Normalized as the whole input is
         normInputFunctValueDiffPercFromRecord = inputData.getData(0);

         normTargetFunctValue = actualData.getData(0);
         normPredictFunctValue = predictData.getData(0);

         denormInputFunctValueDiffPercFromRecord =((inputDayDl -
         inputDayDh)*normInputFunctValueDiffPercFromRecord - Nh*inputDayDl +
         inputDayDh*Nl)/(Nl - Nh);

         denormTargetFunctValue = ((targetFunctValueDiffPercDl -
         targetFunctValueDiffPercDh)*normTargetFunctValue -
         Nh*targetFunctValueDiffPercDl + targetFunctValueDiffPercDh*Nl)/
         (Nl - Nh);
         denormPredictFunctValue = ((targetFunctValueDiffPercDl -
         targetFunctValueDiffPercDh)*normPredictFunctValue - Nh*target
         FunctValueDiffPercDl + targetFunctValueDiffPercDh*Nl)/(Nl - Nh);

         inputFunctValueFromFile = arrTrainFunctValues[rBatchNumber];

         targetToPredictFunctValueDiff = (Math.abs(denormTargetFunctValue -
         denormPredictFunctValue)/denormTargetFunctValue)*100;

     }

   if (epoch >= 500 &&targetToPredictFunctValueDiff > 0.0002)
     {
         returnCodes[0] = 1;
         returnCodes[1] = rBatchNumber;
         returnCodes[2] = intDayNumber-1;
         return returnCodes;
     }

  } while(targetToPredictFunctValueDiff >  0.0002);  // 0.00002

// Save the network for the current batch
EncogDirectoryPersistence.saveObject(newFile(strSaveTrainNetwork
FileNames[rBatchNumber]),network);
// Get the results after the network optimization
int i = - 1;

for (MLDataPair pair:  trainingSet)
  {
```

```
            i++;

            MLData inputData = pair.getInput();
            MLData actualData = pair.getIdeal();
            MLData predictData = network.compute(inputData);

            // These values are Normalized as the whole input is
            normInputFunctValueDiffPercFromRecord = inputData.getData(0);

            normTargetFunctValue = actualData.getData(0);
            normPredictFunctValue = predictData.getData(0);

            denormInputFunctValueDiffPercFromRecord = ((inputDayDl - inputDayDh)*
            normInputFunctValueDiffPercFromRecord - Nh*inputDayDl +
            inputDayDh*Nl)/(Nl - Nh);

            denormTargetFunctValue = ((targetFunctValueDiffPercDl - targetFunct
            ValueDiffPercDh)*normTargetFunctValue - Nh*targetFunctValueDiffPercDl +
            targetFunctValueDiffPercDh*Nl)/(Nl - Nh);

            denormPredictFunctValue = ((targetFunctValueDiffPercDl - target
            FunctValueDiffPercDh)*normPredictFunctValue - Nh*targetFunctValue
            DiffPercDl + targetFunctValueDiffPercDh*Nl)/(Nl - Nh);

            inputFunctValueFromFile = arrTrainFunctValues[rBatchNumber];

         targetToPredictFunctValueDiff = (Math.abs(denormTargetFunctValue -
         denormPredictFunctValue)/denormTargetFunctValue)*100;

            System.out.println("intDayNumber = " + intDayNumber +  "  target
            FunctionValue = " + denormTargetFunctValue + "  predictFunction
            Value = " + denormPredictFunctValue + "  valurDiff = " + targetTo
            PredictFunctValueDiff);
            if (targetToPredictFunctValueDiff > maxGlobalResultDiff)
            maxGlobalResultDiff =targetToPredictFunctValueDiff;

            sumGlobalResultDiff = sumGlobalResultDiff +targetToPredictFunct
            ValueDiff;

            // Populate chart elements
            doubleDayNumber = (double) rBatchNumber+1;
            xData.add(doubleDayNumber);
            yData1.add(denormTargetFunctValue);
            yData2.add(denormPredictFunctValue);

         }  // End for the pair loop

     }  // End of the loop over batches

   sumGlobalResultDiff = sumGlobalResultDiff +targetToPredictFunctValueDiff;
   averGlobalResultDiff = sumGlobalResultDiff/intNumberOfTrainBatches
   ToProcess;

   // Print the max and average results

   System.out.println(" ");
   System.out.println(" ");
   System.out.println("maxGlobalResultDiff = " + maxGlobalResultDiff);
```

```java
System.out.println("averGlobalResultDiff = " + averGlobalResultDiff);

XYSeries series1 = Chart.addSeries("Actual", xData, yData1);
XYSeries series2 = Chart.addSeries("Predicted", xData, yData2);

series1.setLineColor(XChartSeriesColors.BLUE);
series2.setMarkerColor(Color.ORANGE);
series1.setLineStyle(SeriesLines.SOLID);
series2.setLineStyle(SeriesLines.SOLID);

// Save the chart image
try
  {
    BitmapEncoder.saveBitmapWithDPI(Chart, strTrainChartFileName,
    BitmapFormat.JPG, 100);
  }
 catch (Exception bt)
  {
     bt.printStackTrace();
  }
   System.out.println ("The Chart has been saved");

returnCodes[0] = 0;
returnCodes[1] = 0;
returnCodes[2] = 0;

return returnCodes;

}  // End of method
```

8.6　微批次方法的训练结果

清单 8-8 显示了训练结果的结束片段。

清单 8-8　训练结果

```
DayNumber =  989  TargeValue = 735.09  PredictedValue = 735.09005
DiffPercf = 6.99834E-6
DayNumber =  990  TargeValue = 797.87  PredictedValue = 797.86995
DiffPercf = 6.13569E-6
DayNumber =  991  TargeValue = 672.81  PredictedValue = 672.80996
DiffPercf = 5.94874E-6
DayNumber =  992  TargeValue = 619.14  PredictedValue = 619.14003
DiffPercf = 5.53621E-6
DayNumber =  993  TargeValue = 619.32  PredictedValue = 619.32004
DiffPercf = 5.65663E-6
DayNumber =  994  TargeValue = 590.47  PredictedValue = 590.47004
DiffPercf = 6.40373E-6
DayNumber =  995  TargeValue = 547.28  PredictedValue = 547.27996
DiffPercf = 6.49734E-6
```

```
DayNumber =   996  TargeValue = 514.62   PredictedValue = 514.62002
DiffPercf = 3.39624E-6
DayNumber =   997  TargeValue = 455.4    PredictedValue = 455.40000
DiffPercf = 2.73780E-7
DayNumber =   998  TargeValue = 470.43   PredictedValue = 470.42999
DiffPercf = 4.35234E-7
DayNumber =   999  TargeValue = 480.28   PredictedValue = 480.28002
DiffPercf = 3.52857E-6
DayNumber =  1000  TargeValue = 496.77   PredictedValue = 496.76999
DiffPercf = 9.81900E-7

maxGlobalResultDiff = 9.819000149262707E-7
averGlobalResultDiff = 1.9638000298525415E-9
```

目前，训练处理效果很好，特别是对非连续函数的逼近。平均误差为 0.0000000019638000298525415，最大误差（最差优化记录）为 0.0000009819000149262707，图表看起来很棒。图 8-6 显示了使用微批次的训练处理结果的图表。

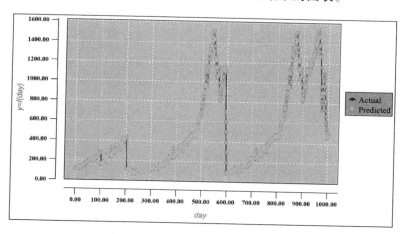

图 8-6　使用微批次的训练结果图表

对于测试，你将构建一个在训练点之间包含值的文件。例如，对于训练记录 1 和训练记录 2，你将计算新的一天作为两个训练日的平均值。对于记录的函数值，你将计算两个训练函数值的平均值。这样，两个连续的训练记录将创建一个单独的测试记录，其中的值是训练记录的平均值。表 8-4 显示了测试记录的外观。

它平均了两个训练记录，如表 8-5 所示。

表 8-4　测试记录

1.5	108.918

表 8-5　两个训练记录

1	107.387
2	110.449

测试数据集有 998 条记录。表 8-6 显示了测试数据集的一个片段。

表 8-6　测试数据集的片段

xPoint	yValue	xPoint	yValue	xPoint	yValue
1.5	108.918	31.5	139.295	61.5	204.9745
2.5	113.696	32.5	142.3625	62.5	208.6195
3.5	117.806	33.5	142.6415	63.5	207.67
4.5	113.805	34.5	141.417	64.5	209.645
5.5	106.006	35.5	142.1185	65.5	208.525
6.5	106.6155	36.5	146.215	66.5	208.3475
7.5	107.5465	37.5	150.6395	67.5	203.801
8.5	109.5265	38.5	154.1935	68.5	194.6105
9.5	116.223	39.5	158.338	69.5	199.9695
10.5	118.1905	40.5	161.4155	70.5	207.9885
11.5	121.9095	41.5	161.851	71.5	206.2175
12.5	127.188	42.5	164.6005	72.5	199.209
13.5	130.667	43.5	165.935	73.5	193.6235
14.5	132.6525	44.5	165.726	74.5	199.5985
15.5	134.472	45.5	171.9045	75.5	206.252
16.5	135.4405	46.5	178.1175	76.5	208.113
17.5	133.292	47.5	182.7085	77.5	209.791
18.5	130.646	48.5	181.5475	78.5	213.623
19.5	125.5585	49.5	182.102	79.5	217.2275
20.5	117.5155	50.5	186.5895	80.5	216.961
21.5	119.236	51.5	187.8145	81.5	214.721
22.5	125.013	52.5	190.376	82.5	216.248
23.5	125.228	53.5	194.19	83.5	221.882
24.5	128.5005	54.5	194.545	84.5	225.885
25.5	133.9045	55.5	196.702	85.5	232.1255
26.5	138.7075	56.5	198.783	86.5	236.318
27.5	140.319	57.5	199.517	87.5	237.346
28.5	135.412	58.5	204.2805	88.5	239.8
29.5	133.6245	59.5	206.323	89.5	241.7605
30.5	137.074	60.5	202.6945	90.5	244.6855

表 8-7 显示了规范化的测试数据集的片段。

表 8-7　规范化的测试数据集的片段

xPoint	y	xPoint	y	xPoint	y
−0.9990	−0.9365	−0.9389	−0.8970	−0.8789	−0.8117
−0.9970	−0.9303	−0.9369	−0.8930	−0.8769	−0.8070
−0.9950	−0.9249	−0.9349	−0.8927	−0.8749	−0.8082
−0.9930	−0.9301	−0.9329	−0.8943	−0.8729	−0.8057
−0.9910	−0.9403	−0.9309	−0.8934	−0.8709	−0.8071
−0.9890	−0.9395	−0.9289	−0.8880	−0.8689	−0.8073
−0.9870	−0.9383	−0.9269	−0.8823	−0.8669	−0.8132
−0.9850	−0.9357	−0.9249	−0.8777	−0.8649	−0.8252
−0.9830	−0.9270	−0.9229	−0.8723	−0.8629	−0.8182
−0.9810	−0.9244	−0.9209	−0.8683	−0.8609	−0.8078
−0.9790	−0.9196	−0.9189	−0.8677	−0.8589	−0.8101
−0.9770	−0.9127	−0.9169	−0.8642	−0.8569	−0.8192
−0.9750	−0.9082	−0.9149	−0.8624	−0.8549	−0.8265
−0.9730	−0.9056	−0.9129	−0.8627	−0.8529	−0.8187
−0.9710	−0.9033	−0.9109	−0.8547	−0.8509	−0.8101
−0.9690	−0.9020	−0.9089	−0.8466	−0.8488	−0.8076
−0.9670	−0.9048	−0.9069	−0.8406	−0.8468	−0.8055
−0.9650	−0.9083	−0.9049	−0.8421	−0.8448	−0.8005
−0.9630	−0.9149	−0.9029	−0.8414	−0.8428	−0.7958
−0.9610	−0.9253	−0.9009	−0.8356	−0.8408	−0.7962
−0.9590	−0.9231	−0.8989	−0.8340	−0.8388	−0.7991
−0.9570	−0.9156	−0.8969	−0.8307	−0.8368	−0.7971
−0.9550	−0.9153	−0.8949	−0.8257	−0.8348	−0.7898
−0.9530	−0.9110	−0.8929	−0.8253	−0.8328	−0.7846
−0.9510	−0.9040	−0.8909	−0.8225	−0.8308	−0.7765
−0.9489	−0.8978	−0.8889	−0.8198	−0.8288	−0.7710
−0.9469	−0.8957	−0.8869	−0.8188	−0.8268	−0.7697
−0.9449	−0.9021	−0.8849	−0.8126	−0.8248	−0.7665
−0.9429	−0.9044	−0.8829	−0.8100	−0.8228	−0.7639
−0.9409	−0.8999	−0.8809	−0.8147	−0.8208	−0.7601

与规范化的训练数据集一样，你可以将规范化的测试数据集分解为微批次。每个微批次数据集应包含标签记录和待处理原始文件中的记录。结果，你将得到 998 个微批次数据集（编号从 0 到 997）。图 8-7 显示了规范化的测试微批次文件列表的一个片段。

这组文件现在是神经网络测试过程的输入。

Sample5_Test_Norm_Batch_000.csv
Sample5_Test_Norm_Batch_001.csv
Sample5_Test_Norm_Batch_002.csv
Sample5_Test_Norm_Batch_003.csv
Sample5_Test_Norm_Batch_004.csv
Sample5_Test_Norm_Batch_005.csv
Sample5_Test_Norm_Batch_006.csv
Sample5_Test_Norm_Batch_007.csv
Sample5_Test_Norm_Batch_008.csv
Sample5_Test_Norm_Batch_009.csv
Sample5_Test_Norm_Batch_010.csv
Sample5_Test_Norm_Batch_011.csv
Sample5_Test_Norm_Batch_012.csv
Sample5_Test_Norm_Batch_013.csv
Sample5_Test_Norm_Batch_014.csv
Sample5_Test_Norm_Batch_015.csv
Sample5_Test_Norm_Batch_016.csv
Sample5_Test_Norm_Batch_017.csv
Sample5_Test_Norm_Batch_018.csv
Sample5_Test_Norm_Batch_019.csv
Sample5_Test_Norm_Batch_020.csv
Sample5_Test_Norm_Batch_021.csv
Sample5_Test_Norm_Batch_022.csv
Sample5_Test_Norm_Batch_023.csv
Sample5_Test_Norm_Batch_024.csv
Sample5_Test_Norm_Batch_025.csv
Sample5_Test_Norm_Batch_026.csv
Sample5_Test_Norm_Batch_027.csv
Sample5_Test_Norm_Batch_028.csv
Sample5_Test_Norm_Batch_029.csv
Sample5_Test_Norm_Batch_030.csv
Sample5_Test_Norm_Batch_031.csv

图 8-7　规范化的微批次测试数据集的片段

8.7　测试处理逻辑

对于测试处理逻辑，你可以循环微批次。对于每个测试微批次，你可以读取其记录、检索记录值并将其非规范化。接下来，将点 1（这是离测试记录最近的点）的微批次数据集加载到内存中。还可以在内存中加载相应的保存的网络文件。循环访问成对数据集，检索微批次的输入值、活动值和预测值，并将其非规范化。

你还可以在内存中加载点 2（这是最接近测试记录但大于它的点）的微批次数据集，并在内存中加载相应的保存的网络文件。循环访问成对数据集，检索微批次的输入值、活动值和预测值，并将其非规范化。

接下来，计算点 1 和点 2 的平均预测函数值。最后，计算误差百分比并将结果打印为处理日志。剩下的只是杂项。清单 8-9 显示了测试方法的程序代码。

清单 8-9　测试方法代码

```
for (k1 = 0; k1 < intNumberOfRecordsInTestFile; k1++)
    {
            // Read the corresponding test micro-batch file.
            br4 = new BufferedReader(new FileReader(strTestingFile
            Names[k1]));
            tempLine = br4.readLine();

            // Skip the label record
            tempLine = br4.readLine();

            // Break the line using comma as separator
            tempWorkFields = tempLine.split(cvsSplitBy);

            dayKeyFromRecord = Double.parseDouble(tempWorkFields[0]);
            targetFunctValueFromRecord = Double.parseDouble(tempWork
            Fields[1]);

            // Load the corresponding test micro-batch dataset in memory
            MLDataSet testingSet =
                loadCSV2Memory(strTestingFileNames[k1],intInputNeuronNumber,
                intOutputNeuronNumber,true,CSVFormat.ENGLISH,false);

            // Load the corresponding save network for the currently
                processed micro-batch
            r1 = linkToSaveNetworkDayKeys[k1];
            network =
                (BasicNetwork)EncogDirectoryPersistence.loadObject(new
                File(strSaveTrainNetworkFileNames[k1]));

            // Get the results after the network optimization
            int iMax = 0;
            int i = - 1; // Index of the array to get results

            for (MLDataPair pair:  testingSet)
            {
                i++;
                iMax = i+1;

                MLData inputData = pair.getInput();
                MLData actualData = pair.getIdeal();
                MLData predictData = network.compute(inputData);

                // These values are Normalized as the whole input is
                normInputDayFromRecord = inputData.getData(0);
                normTargetFunctValue = actualData.getData(0);
                normPredictFunctValue = predictData.getData(0);

                denormInputDayFromRecord = ((inputDayDl - inputDayDh)*
                normInputDayFromRecord - Nh*inputDayDl + inputDayDh*Nl)/
                (Nl - Nh);

                denormTargetFunctValue = ((targetFunctValueDiffPercDl -
                targetFunctValueDiffPercDh)*normTargetFunctValue -
```

```
                     Nh*targetFunctValueDiffPercDl + targetFunctValue
                     DiffPercDh*Nl)/(Nl - Nh);

                     denormPredictFunctValue =((targetFunctValueDiffPercDl -
                     targetFunctValueDiffPercDh)*normPredictFunctValue - Nh*
                     targetFunctValueDiffPercDl + targetFunctValueDiff
                     PercDh*Nl)/(Nl - Nh);

                     targetToPredictFunctValueDiff = (Math.abs(denormTarget
                     FunctValue - denormPredictFunctValue)/denormTargetFunct
                     Value)*100;
                     System.out.println("DayNumber = " + denormInputDayFrom
                     Record + "  targetFunctionValue = " + denormTarget
                     FunctValue + "  predictFunctionValue = " + denormPredict
                     FunctValue + "  valurDiff = " + targetToPredictFunct
                     ValueDiff);

                     if (targetToPredictFunctValueDiff > maxGlobalResultDiff)
                      {
                        maxGlobalIndex = iMax;
                        maxGlobalResultDiff =targetToPredictFunctValueDiff;
                      }

                     sumGlobalResultDiff = sumGlobalResultDiff + targetToPredict
                     FunctValueDiff;

                     // Populate chart elements

                     xData.add(denormInputDayFromRecord);
                     yData1.add(denormTargetFunctValue);
                     yData2.add(denormPredictFunctValue);

                 }  // End for pair loop

          }   // End of loop using k1

        // Print the max and average results

        System.out.println(" ");

        averGlobalResultDiff = sumGlobalResultDiff/intNumberOfRecords
        InTestFile;

        System.out.println("maxErrorPerc = " + maxGlobalResultDiff);
        System.out.println("averErroPerc = " + averGlobalResultDiff);
     }
   catch (IOException e1)
    {
         e1.printStackTrace();
    }
// All testing batch files have been processed
  XYSeries series1 = Chart.addSeries("Actual", xData, yData1);
  XYSeries series2 = Chart.addSeries("Forecasted", xData, yData2);

  series1.setLineColor(XChartSeriesColors.BLUE);
  series2.setMarkerColor(Color.ORANGE);
```

```
series1.setLineStyle(SeriesLines.SOLID);
series2.setLineStyle(SeriesLines.SOLID);

// Save the chart image
try
 {
   BitmapEncoder.saveBitmapWithDPI(Chart, strTrainChartFileName,
   BitmapFormat.JPG, 100);
 }
catch (Exception bt)
 {
   bt.printStackTrace();
 }

System.out.println ("The Chart has been saved");

System.out.println("End of testing for mini-batches training");

} // End of the method
```

8.8　微批次方法的测试结果

清单 8-10 显示了测试结果的结束片段。

清单 8-10　测试结果的结束片段

```
DayNumber = 986.5  TargetValue = 899.745  AverPredictedValue = 899.74503
DiffPerc = 3.47964E-6
DayNumber = 987.5  TargetValue = 864.565  AverPredictedValue = 864.56503
DiffPerc = 3.58910E-6
DayNumber = 988.5  TargetValue = 780.485  AverPredictedValue = 780.48505
DiffPerc = 6.14256E-6
DayNumber = 989.5  TargetValue = 766.48   AverPredictedValue = 766.48000
DiffPerc = 1.62870E-7
DayNumber = 990.5  TargetValue = 735.34   AverPredictedValue = 735.33996
DiffPerc = 6.05935E-6
DayNumber = 991.5  TargetValue = 645.975  AverPredictedValue = 645.97500
DiffPerc = 4.53557E-7
DayNumber = 992.5  TargetValue = 619.23   AverPredictedValue = 619.23003
DiffPerc = 5.59670E-6
DayNumber = 993.5  TargetValue = 604.895  AverPredictedValue = 604.89504
DiffPerc = 6.02795E-6
DayNumber = 994.5  TargetValue = 568.875  AverPredictedValue = 568.87500
DiffPerc = 2.02687E-7
DayNumber = 995.5  TargetValue = 530.95   AverPredictedValue = 530.94999
DiffPerc = 1.71056E-6
DayNumber = 996.5  TargetValue = 485.01   AverPredictedValue = 485.01001
DiffPerc = 1.92301E-6
DayNumber = 997.5  TargetValue = 462.915  AverPredictedValue = 462.91499
DiffPerc = 7.96248E-8
```

```
DayNumber = 998.5  TargetValue = 475.355  AverPredictedValue = 475.35501
DiffPerc = 1.57186E-6
DayNumber = 999.5  TargetValue = 488.525  AverPredictedValue = 488.52501
DiffPerc = 1.23894E-6

maxErrorPerc = 6.840306081962611E-6
averErrorPerc  = 2.349685401959033E-6kim
```

现在，考虑到函数是非连续的，测试结果也很好。`maxErrorPerc` 字段是所有记录中最差的误差，它小于 0.0000068%，`averErrorPerc` 字段小于 0.0000023%。如果当前微批次测试文件的日期不在两个保存网络密钥的中间，则按比例计算值或为此目的使用插值。图 8-8 显示了测试结果的图表。实际图表和预测图表都重叠。

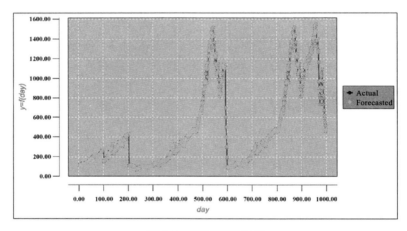

图 8-8　测试结果图表

这两个图表实际上是相同的，相互重叠。

8.9　深入调查

神经网络反向传播被认为是一种通用的函数逼近机制。然而，对神经网络能够逼近的函数类型有一个严格的限制：函数必须是连续的（普遍逼近定理）。

让我们讨论一下当网络试图逼近一个不连续函数时会发生什么。为了研究这个问题，你可以使用一个不连续的小函数，它是由它在 20 点的值给出的。这些点围绕着快速变化的函数模式的点。图 8-9 显示了图表。

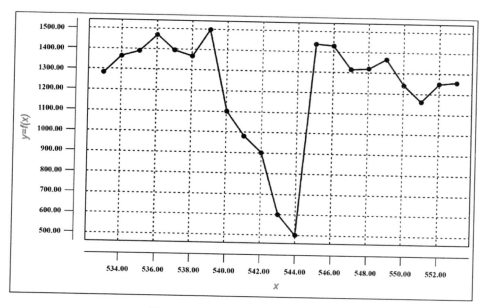

图 8-9　函数图和快速变化的模式

表 8-8 显示了 20 个点的函数值。

表 8-8　函数值

X 点	函数值	X 点	函数值
533	1282.71	544	500
534	1362.93	545	1436.51
535	1388.91	546	1429.4
536	1469.25	547	1314.95
537	1394.46	548	1320.28
538	1366.42	549	1366.01
539	1498.58	550	1239.94
540	1100	551	1160.33
541	980	552	1249.46
542	900	553	1255.82
543	600		

此文件在处理前已规范化。图 8-10 显示了用于逼近此函数的网络架构。

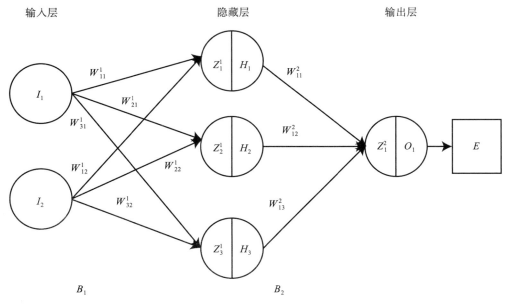

图 8-10　网络架构

执行训练过程将显示以下结果：

❑ 最大误差百分比（实际和预测函数值之间差异的最大百分比）大于 130.06%。

❑ 平均误差百分比（实际和预测函数值之间差异的平均百分比）大于 16.25%。

图 8-11 显示了处理结果的图表。

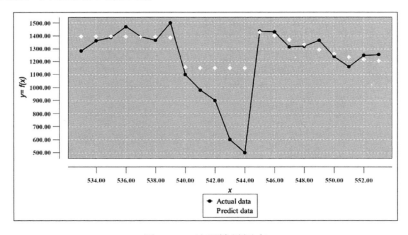

图 8-11　处理结果图表

我们的目标是了解在这种非连续函数逼近过程中会发生什么，从而导致如此糟糕的结果。为了研究这个问题，你将计算每个记录的前向传递结果（误差）。使用式（8-1）~

式（8-5）计算前向传递。

神经元 H_1

$$Z_1^1 = W_{11}^1 * I_1 + B_1 * 1$$
$$H_1 = \sigma(Z_1^1)$$

（8-1）

神经元 H_2

$$Z_2^1 = W_{21}^1 * I_1 + B_1 * 1$$
$$H_2 = \sigma(Z_2^1)$$

（8-2）

神经元 H_3

$$Z_3^1 = W_{31}^1 * I_1 + B_1 * 1$$
$$H_3 = \sigma(Z_3^1)$$

（8-3）

这些计算给出了神经元 H_1、H_2 和 H_3 的输出。这些值在处理下一层（在本例中是输出层）的神经元时使用。

神经元 O_1 见式（8-4）。

$$Z_1^2 = W_{11}^2 * H_1 + W_{12}^2 * H_2 + W_{13}^2 * H_3 + B_2 * 1$$
$$O_1 = \sigma(Z_1^2)$$

（8-4）

式（8-5）给出了误差函数。

$$E = 0.5 * （记录 O_1 的实际值）^2$$

在式（8-1）～式（8-3）中，σ 是激活函数，W 是权值，B 是偏差。

表 8-9 显示了第一次前向传递的每条记录的计算误差。

表 8-9　记录第一次传递的误差

天	函数值		
−0.76	−0.410177778		
−0.68	−0.053644444		
−0.6	0.061822222		
−0.52	0.418888889		
−0.44	0.086488889	最大值	0.202629155
−0.36	−0.038133333	最小值	0.156038965
−0.28	0.549244444		
−0.2	−1.222222222	差异百分比	29.86
−0.12	−1.755555556		
−0.04	−2.111111111		
0.04	−3.444444444		
0.12	−3.888888889		
0.2	0.273377778		

（续）

天	函数值		
0.28	0.241777778		
0.36	−0.266888889		
0.44	−0.2432		
0.52	−0.039955556		
0.6	−0.600266667		
0.68	−0.954088889		
0.76	−0.557955556		
0.84	−0.529688889		

所有记录的最大和最小误差值之间的差异非常大，大约为30%。这就是问题所在。当所有记录都处理好了时，这一点就是epoch。此时，网络计算平均误差（对于epoch中所有已处理的误差），然后处理反向传播步骤，以便在输出层和隐藏层中的所有神经元之间重新分配平均误差，调整它们的权值和偏差值。

所有记录的计算误差取决于为此第一次传递设置的初始的（随机分配的）权值／偏差参数。当函数包含连续的（单调的）函数值且这些值按顺序逐渐变化时，基于初始权值／偏差值为每个记录计算的误差就足够接近，平均误差接近为每个记录计算的误差。然而，当函数不连续时，它的模式在某些点上会迅速改变。这导致随机选择的初始权值／偏差值不适合所有记录，从而导致记录误差之间的巨大差异。

接下来，反向传播调整了神经元的初始权值／偏差值，但问题仍然存在：这些调整值不适合属于不同函数模式（拓扑）的所有记录。

 提示　微批次方法比传统的网络处理方法需要更多的计算量，因此只能在传统方法无法提供良好的逼近结果时使用。

8.10　本章小结

非连续函数的神经网络逼近是一项困难的工作。实际上，不可能为这些函数获得高质量的逼近值。本章介绍了微批次方法，该方法能够逼近任意非连续函数且结果精度高。下一章说明微批次方法如何实质性地改进具有复杂拓扑的连续函数的逼近结果。

具有复杂拓扑的连续函数的处理

本章表明微批次方法在很大程度上改善了具有复杂拓扑的连续函数的逼近结果。

9.1 示例 5a：使用传统的网络过程逼近具有复杂拓扑的连续函数

图 9-1 显示了一个这样的函数。该函数具有以下公式：$y = \sqrt{e^{-(\sin(e^x))}}$。但是，让我们假设函数公式是未知的，函数是由它在某些点的值给出的。

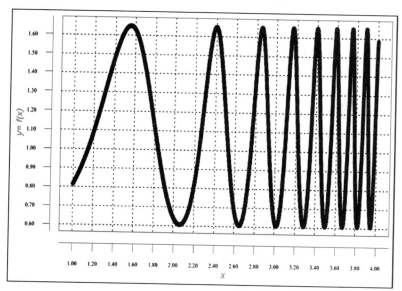

图 9-1　具有复杂拓扑的连续函数图

同样，让我们首先尝试使用传统的神经网络过程来逼近这个函数。表 9-1 显示了训练数据集的片段。

表 9-1　训练数据集的片段

点 x	函数值	点 x	函数值
1	0.81432914	1.0024	0.816761055
1.0003	0.814632027	1.0027	0.817066464
1.0006	0.814935228	1.003	0.817372191
1.0009	0.815238744	1.0033	0.817678233
1.0012	0.815542575	1.0036	0.817984593
1.0015	0.815846721	1.0039	0.818291269
1.0018	0.816151183	1.0042	0.818598262
1.0021	0.816455961		

表 9-2 显示了测试数据集的片段。

表 9-2　测试数据集的片段

点 x	点 y	点 x	点 y
1.000015	0.814344277	1.002415	0.816776318
1.000315	0.814647179	1.002715	0.817081743
1.000615	0.814950396	1.003015	0.817387485
1.000915	0.815253928	1.003315	0.817693544
1.001215	0.815557774	1.003615	0.817999919
1.001515	0.815861937	1.003915	0.818306611
1.001815	0.816166415	1.004215	0.81861362
1.002115	0.816471208		

训练数据集和测试数据集在处理前都已规范化。

9.1.1　示例 5a 的网络架构

图 9-2 显示了网络架构。

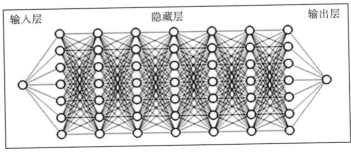

图 9-2　网络架构

训练和测试数据集都已规范化。

9.1.2 示例 5a 的程序代码

清单 9-1 显示了程序代码。该代码显示了神经网络处理的传统方法，它用复杂的拓扑来逼近函数（见图 9-1）。就像前面章节中所示的传统神经网络处理一样，首先要训练网络。

这包括在区间 [–1，1] 上规范化输入数据，然后在训练点处逼近函数。接下来，在测试模式下，计算（预测）在网络训练期间未使用的点的函数值。最后，计算实际函数值（已知）和预测值之间的差异。我将展示实际值和预测值之间的差异。

清单 9-1 程序代码

```
// ==========================================================
// Approximation of the complex function using the conventional approach.
// The complex function values are given at 1000 points.
//
// The input file consists of records with two fields:
// Field1 - xPoint value
// Field2 - Function value at the xPoint
//
// The input file is normalized.
// ==========================================================

package articleidi_complexformula_traditional;

import java.io.BufferedReader;
import java.io.File;
import java.io.FileInputStream;
import java.io.PrintWriter;
import java.io.FileNotFoundException;
import java.io.FileReader;
import java.io.FileWriter;
import java.io.IOException;
import java.io.InputStream;
import java.nio.file.*;
import java.util.Properties;
import java.time.YearMonth;
import java.awt.Color;
import java.awt.Font;
import java.io.BufferedReader;
import java.text.DateFormat;
import java.text.ParseException;
import java.text.SimpleDateFormat;
import java.time.LocalDate;
import java.time.Month;
import java.time.ZoneId;
import java.util.ArrayList;
import java.util.Calendar;
import java.util.Date;
```

```java
import java.util.List;
import java.util.Locale;
import java.util.Properties;

import org.encog.Encog;
import org.encog.engine.network.activation.ActivationTANH;
import org.encog.engine.network.activation.ActivationReLU;
import org.encog.ml.data.MLData;
import org.encog.ml.data.MLDataPair;
import org.encog.ml.data.MLDataSet;
import org.encog.ml.data.buffer.MemoryDataLoader;
import org.encog.ml.data.buffer.codec.CSVDataCODEC;
import org.encog.ml.data.buffer.codec.DataSetCODEC;
import org.encog.neural.networks.BasicNetwork;
import org.encog.neural.networks.layers.BasicLayer;
import org.encog.neural.networks.training.propagation.resilient.
ResilientPropagation;
import org.encog.persist.EncogDirectoryPersistence;
import org.encog.util.csv.CSVFormat;

import org.knowm.xchart.SwingWrapper;
import org.knowm.xchart.XYChart;
import org.knowm.xchart.XYChartBuilder;
import org.knowm.xchart.XYSeries;
import org.knowm.xchart.demo.charts.ExampleChart;
import org.knowm.xchart.style.Styler.LegendPosition;
import org.knowm.xchart.style.colors.ChartColor;
import org.knowm.xchart.style.colors.XChartSeriesColors;
import org.knowm.xchart.style.lines.SeriesLines;
import org.knowm.xchart.style.markers.SeriesMarkers;
import org.knowm.xchart.BitmapEncoder;
import org.knowm.xchart.BitmapEncoder.BitmapFormat;
import org.knowm.xchart.QuickChart;
import org.knowm.xchart.SwingWrapper;

public class ArticleIDI_ComplexFormula_Traditional implements ExampleChart
<XYChart>
{
    // Interval to normalize
    static double Nh =  1;
    static double Nl = -1;

    // First column
    static double minXPointDl = 0.95;
    static double maxXPointDh = 4.05;

    // Second column - target data
    static double minTargetValueDl = 0.60;
    static double maxTargetValueDh = 1.65;

    static double doublePointNumber = 0.00;
    static int intPointNumber = 0;
    static InputStream input = null;
```

```
static double[] arrPrices = new double[2500];
static double normInputXPointValue = 0.00;
static double normPredictXPointValue = 0.00;
static double normTargetXPointValue = 0.00;
static double normDifferencePerc = 0.00;
static double returnCode = 0.00;
static double denormInputXPointValue = 0.00;
static double denormPredictXPointValue = 0.00;
static double denormTargetXPointValue = 0.00;
static double valueDifference = 0.00;
static int numberOfInputNeurons;
static int numberOfOutputNeurons;
static int numberOfRecordsInFile;
static String trainFileName;
static String priceFileName;
static String testFileName;
static String chartTrainFileName;
static String chartTestFileName;
static String networkFileName;
static int workingMode;
static String cvsSplitBy = ",";

static List<Double> xData = new ArrayList<Double>();
static List<Double> yData1 = new ArrayList<Double>();
static List<Double> yData2 = new ArrayList<Double>();

static XYChart Chart;

@Override
public XYChart getChart()
 {
 // Create Chart

 XYSeries series1 = Chart.addSeries("Actual data", xData, yData1);
     XYSeries series2 = Chart.addSeries("Predict data", xData, yData2);

     series1.setLineColor(XChartSeriesColors.BLACK);
     series2.setLineColor(XChartSeriesColors.YELLOW);

     series1.setMarkerColor(Color.BLACK);
     series2.setMarkerColor(Color.WHITE);
     series1.setLineStyle(SeriesLines.SOLID);
     series2.setLineStyle(SeriesLines.DASH_DASH);
 try
    {
      // Configuration

      // Set the mode the program should run
      workingMode = 1; // Run the program in the training mode

      if(workingMode == 1)
        {
          // Training mode
```

```
            numberOfRecordsInFile = 10001;
            trainFileName = "C:/Article_To_Publish/IGI_Global/Complex
            Formula_Calculate_Train_Norm.csv";
            chartTrainFileName = "C:/Article_To_Publish/IGI_Global/Complex
            Formula_Chart_Train_Results";
          }
        else
          {
            // Testing mode
            numberOfRecordsInFile = 10001;
            testFileName = "C:/Article_To_Publish/IGI_Global/Complex
            Formula_Calculate_Test_Norm.csv";
            chartTestFileName = "C:/Article_To_Publish/IGI_Global/
            ComplexFormula_Chart_Test_Results";
          }

        // Common part of config data
        networkFileName = "C:/Article_To_Publish/IGI_Global/Complex
        Formula_Saved_Network_File.csv";
        numberOfInputNeurons = 1;
        numberOfOutputNeurons = 1;

        if(workingMode == 1)
          {
            // Training mode
            File file1 = new File(chartTrainFileName);
            File file2 = new File(networkFileName);
            if(file1.exists())
              file1.delete();

            if(file2.exists())
              file2.delete();

            returnCode = 0;     // Clear the error Code

            do
              {
                returnCode = trainValidateSaveNetwork();
              } while (returnCode > 0);
          }
        else
          {
            // Test mode
            loadAndTestNetwork();
          }
      }
    catch (Throwable t)
      {
        t.printStackTrace();
        System.exit(1);
      }
    finally
```

```
        {
          Encog.getInstance().shutdown();
        }
    Encog.getInstance().shutdown();

    return Chart;

  } // End of the method

// ====================================================
// Load CSV to memory.
// @return The loaded dataset.
// ====================================================
public static MLDataSet loadCSV2Memory(String filename, int input, int
ideal, boolean headers, CSVFormat format, boolean significance)
  {
      DataSetCODEC codec = new CSVDataCODEC(new File(filename), format,
      headers, input, ideal, significance);
      MemoryDataLoader load = new MemoryDataLoader(codec);
      MLDataSet dataset = load.external2Memory();
      return dataset;
  }

// ====================================================
//   The main method.
//   @param Command line arguments. No arguments are used.
// ====================================================
public static void main(String[] args)
 {
    ExampleChart<XYChart> exampleChart = new ArticleIDI_ComplexFormula_
    Traditional();
    XYChart Chart = exampleChart.getChart();
    new SwingWrapper<XYChart>(Chart).displayChart();
 } // End of the main method

//====================================================================
// This method trains, Validates, and saves the trained network file
//====================================================================
static public double trainValidateSaveNetwork()
 {
   // Load the training CSV file in memory
   MLDataSet trainingSet =
     loadCSV2Memory(trainFileName,numberOfInputNeurons,numberOf
     OutputNeurons,
       true,CSVFormat.ENGLISH,false);

   // create a neural network
   BasicNetwork network = new BasicNetwork();
   // Input layer
   network.addLayer(new BasicLayer(null,true,1));

   // Hidden layer
   network.addLayer(new BasicLayer(new ActivationTANH(),true,7));
```

```java
network.addLayer(new BasicLayer(new ActivationTANH(),true,7));
network.addLayer(new BasicLayer(new ActivationTANH(),true,7));
network.addLayer(new BasicLayer(new ActivationTANH(),true,7));
network.addLayer(new BasicLayer(new ActivationTANH(),true,7));
network.addLayer(new BasicLayer(new ActivationTANH(),true,7));
network.addLayer(new BasicLayer(new ActivationTANH(),true,7));

// Output layer
network.addLayer(new BasicLayer(new ActivationTANH(),false,1));

network.getStructure().finalizeStructure();
network.reset();

//Train the neural network
final ResilientPropagation train = new ResilientPropagation
(network, trainingSet);

int epoch = 1;

do
 {
  train.iteration();
  System.out.println("Epoch #" + epoch + " Error:" + train.getError());

   epoch++;

   if (epoch >= 6000 && network.calculateError(trainingSet) > 0.101)
      {
        returnCode = 1;

        System.out.println("Try again");
        return returnCode;
      }
 } while(train.getError() > 0.10);
// Save the network file
EncogDirectoryPersistence.saveObject(new File(networkFileName),
network);

System.out.println("Neural Network Results:");

double sumNormDifferencePerc = 0.00;
double averNormDifferencePerc = 0.00;
double maxNormDifferencePerc = 0.00;

int m = 0;

double stepValue = 0.00031;
double startingPoint = 1.00;
double xPoint = startingPoint - stepValue;

for(MLDataPair pair: trainingSet)
  {
      m++;
      xPoint = xPoint + stepValue;

      if(m == 0)
       continue;
```

```
        final MLData output = network.compute(pair.getInput());

        MLData inputData = pair.getInput();
        MLData actualData = pair.getIdeal();
        MLData predictData = network.compute(inputData);

        // Calculate and print the results
        normInputXPointValue = inputData.getData(0);
        normTargetXPointValue = actualData.getData(0);
        normPredictXPointValue = predictData.getData(0);

        denormInputXPointValue = ((minXPointDl - maxXPointDh)*
        normInputXPointValue -Nh*minXPointDl + maxXPointDh *Nl)/
        (Nl - Nh);
        denormTargetXPointValue =((minTargetValueDl - maxTargetValueDh)*
        normTargetXPointValue - Nh*minTargetValueDl + maxTarget
        ValueDh*Nl)/(Nl - Nh);

        denormPredictXPointValue =((minTargetValueDl - maxTargetValueDh)*
        normPredictXPointValue - Nh*minTargetValueDl +
        maxTargetValueDh*Nl)/(Nl - Nh);

        valueDifference =
          Math.abs(((denormTargetXPointValue - denormPredictXPointValue)/
          denormTargetXPointValue)*100.00);

      System.out.println ("xPoint = " + xPoint + " denormTargetXPoint
      Value = " + denormTargetXPointValue + "denormPredictXPointValue = "
             + denormPredictXPointValue + " valueDifference = " +
      valueDifference);

        sumNormDifferencePerc = sumNormDifferencePerc + valueDifference;

        if (valueDifference > maxNormDifferencePerc)
          maxNormDifferencePerc = valueDifference;

        xData.add(xPoint);
        yData1.add(denormTargetXPointValue);
        yData2.add(denormPredictXPointValue);

}   // End for pair loop

XYSeries series1 = Chart.addSeries("Actual data", xData, yData1);
XYSeries series2 = Chart.addSeries("Predict data", xData, yData2);

series1.setLineColor(XChartSeriesColors.BLACK);
series2.setLineColor(XChartSeriesColors.YELLOW);

series1.setMarkerColor(Color.BLACK);
series2.setMarkerColor(Color.WHITE);
series1.setLineStyle(SeriesLines.SOLID);
series2.setLineStyle(SeriesLines.DASH_DASH);
try
 {
   //Save the chart image
   BitmapEncoder.saveBitmapWithDPI(Chart, chartTrainFileName,
```

```
          BitmapFormat.JPG, 100);
        System.out.println ("Train Chart file has been saved") ;
      }
    catch (IOException ex)
     {
      ex.printStackTrace();
      System.exit(3);
     }

     // Finally, save this trained network
     EncogDirectoryPersistence.saveObject(new File(networkFileName),
     network);
     System.out.println ("Train Network has been saved");

     averNormDifferencePerc  = sumNormDifferencePerc/(numberOfRecords
     InFile-1);

     System.out.println(" ");
     System.out.println("maxErrorDifferencePerc = " + maxNormDifference
     Perc + " averErrorDifferencePerc = " + averNormDifferencePerc);

     returnCode = 0.00;
     return returnCode;

 }    // End of the method


//==============================================
// This method load and test the trained network
//==============================================
static public void loadAndTestNetwork()
 {
  System.out.println("Testing the networks results");
  List<Double> xData = new ArrayList<Double>();
  List<Double> yData1 = new ArrayList<Double>();
  List<Double> yData2 = new ArrayList<Double>();

  double targetToPredictPercent = 0;
  double maxGlobalResultDiff = 0.00;
  double averGlobalResultDiff = 0.00;
  double sumGlobalResultDiff = 0.00;
  double maxGlobalIndex = 0;
  double normInputXPointValueFromRecord = 0.00;
  double normTargetXPointValueFromRecord = 0.00;
  double normPredictXPointValueFromRecord = 0.00;

  BasicNetwork network;

  maxGlobalResultDiff = 0.00;
  averGlobalResultDiff = 0.00;
  sumGlobalResultDiff = 0.00;

  // Load the test dataset into memory
  MLDataSet testingSet =
  loadCSV2Memory(testFileName,numberOfInputNeurons,numberOfOutput
```

```
Neurons,true,CSVFormat.ENGLISH,false);

// Load the saved trained network
network =
  (BasicNetwork)EncogDirectoryPersistence.loadObject(new File(network
  FileName));

int i = - 1; // Index of the current record
double stepValue = 0.000298;
double startingPoint = 1.01;
double xPoint = startingPoint - stepValue;

for (MLDataPair pair:  testingSet)
 {
      i++;
      xPoint = xPoint + stepValue;
      MLData inputData = pair.getInput();
      MLData actualData = pair.getIdeal();
      MLData predictData = network.compute(inputData);

      // These values are Normalized as the whole input is
      normInputXPointValueFromRecord = inputData.getData(0);
      normTargetXPointValueFromRecord = actualData.getData(0);
      normPredictXPointValueFromRecord = predictData.getData(0);

      denormInputXPointValue = ((minXPointDl - maxXPointDh)*
        normInputXPointValueFromRecord - Nh*minXPointDl +
        maxXPointDh*Nl)/(Nl - Nh);
      denormTargetXPointValue = ((minTargetValueDl - maxTargetValueDh)*
        normTargetXPointValueFromRecord - Nh*minTargetValueDl + maxTarget
        ValueDh*Nl)/(Nl - Nh);
      denormPredictXPointValue =((minTargetValueDl - maxTargetValueDh)*
        normPredictXPointValueFromRecord - Nh*minTargetValueDl + maxTarget
        ValueDh*Nl)/(Nl - Nh);

      targetToPredictPercent = Math.abs((denormTargetXPointValue -
        denormPredictXPointValue)/denormTargetXPointValue*100);

      System.out.println("xPoint = " + xPoint +  "  denormTargetX
      PointValue = " + denormTargetXPointValue + "  denormPredictX
      PointValue = " + denormPredictXPointValue +"  targetToPredict
      Percent = " + targetToPredictPercent);

      if (targetToPredictPercent > maxGlobalResultDiff)
        maxGlobalResultDiff = targetToPredictPercent;

      sumGlobalResultDiff = sumGlobalResultDiff + targetToPredict
      Percent;

      // Populate chart elements
      xData.add(xPoint);
      yData1.add(denormTargetXPointValue);
      yData2.add(denormPredictXPointValue);

} // End for pair loop
```

```
// Print the max and average results
System.out.println(" ");
averGlobalResultDiff = sumGlobalResultDiff/(numberOfRecordsInFile-1);

System.out.println("maxErrorPerc = " + maxGlobalResultDiff);
System.out.println("averErrorPerc = " + averGlobalResultDiff);

// All testing batch files have been processed
XYSeries series1 = Chart.addSeries("Actual", xData, yData1);
XYSeries series2 = Chart.addSeries("Predicted", xData, yData2);

series1.setLineColor(XChartSeriesColors.BLACK);
series2.setLineColor(XChartSeriesColors.YELLOW);

series1.setMarkerColor(Color.BLACK);
series2.setMarkerColor(Color.WHITE);
series1.setLineStyle(SeriesLines.SOLID);
series2.setLineStyle(SeriesLines.DASH_DASH);

// Save the chart image
try
 {
   BitmapEncoder.saveBitmapWithDPI(Chart, chartTestFileName ,
   BitmapFormat.JPG, 100);
 }
catch (Exception bt)
 {
   bt.printStackTrace();
 }

System.out.println ("The Chart has been saved");
System.out.println("End of testing for test records");

} // End of the method


} // End of the class
```

9.1.3 示例 5a 的训练处理结果

清单 9-2 显示了传统网络处理结果的结束片段。

清单 9-2 常规训练结果的结束片段

```
xPoint = 4.08605  TargetValue = 1.24795  PredictedValue = 1.15899
DifPerc = 7.12794
xPoint = 4.08636  TargetValue = 1.25699  PredictedValue = 1.16125
DifPerc = 7.61624
xPoint = 4.08667  TargetValue = 1.26602  PredictedValue = 1.16346
DifPerc = 8.10090
xPoint = 4.08698  TargetValue = 1.27504  PredictedValue = 1.16562
DifPerc = 8.58150
xPoint = 4.08729  TargetValue = 1.28404  PredictedValue = 1.16773
```

```
DifPerc = 9.05800
xPoint = 4.08760  TargetValue = 1.29303  PredictedValue = 1.16980
DifPerc = 9.53011
xPoint = 4.08791  TargetValue = 1.30199  PredictedValue = 1.17183
DifPerc = 9.99747
xPoint = 4.08822  TargetValue = 1.31093  PredictedValue = 1.17381
DifPerc = 10.4599
xPoint = 4.08853  TargetValue = 1.31984  PredictedValue = 1.17575
DifPerc = 10.9173
xPoint = 4.08884  TargetValue = 1.32871  PredictedValue = 1.17765
DifPerc = 11.3694
xPoint = 4.08915  TargetValue = 1.33755  PredictedValue = 1.17951
DifPerc = 11.8159
xPoint = 4.08946  TargetValue = 1.34635  PredictedValue = 1.18133
DifPerc = 12.25680
xPoint = 4.08978  TargetValue = 1.35510  PredictedValue = 1.18311
DifPerc = 12.69162
xPoint = 4.09008  TargetValue = 1.36380  PredictedValue = 1.18486
DifPerc = 13.12047
xPoint = 4.09039  TargetValue = 1.37244  PredictedValue = 1.18657
DifPerc = 13.54308
xPoint = 4.09070  TargetValue = 1.38103  PredictedValue = 1.18825
DifPerc = 13.95931
xPoint = 4.09101  TargetValue = 1.38956  PredictedValue = 1.18999
DifPerc = 14.36898
xPoint = 4.09132  TargetValue = 1.39802  PredictedValue = 1.19151
DifPerc = 14.77197
xPoint = 4.09164  TargetValue = 1.40642  PredictedValue = 1.19309
DifPerc = 15.16812
xPoint = 4.09194  TargetValue = 1.41473  PredictedValue = 1.19464
DifPerc = 15.55732
xPoint = 4.09225  TargetValue = 1.42297  PredictedValue = 1.19616
DifPerc = 15.93942
xPoint = 4.09256  TargetValue = 1.43113  PredictedValue = 1.19765
DifPerc = 16.31432
xPoint = 4.09287  TargetValue = 1.43919  PredictedValue = 1.19911
DifPerc = 16.68189
xPoint = 4.09318  TargetValue = 1.44717  PredictedValue = 1.20054
DifPerc = 17.04203
xPoint = 4.09349  TargetValue = 1.45505  PredictedValue = 1.20195
DifPerc = 17.39463
xPoint = 4.09380  TargetValue = 1.46283  PredictedValue = 1.20333
DifPerc = 17.73960
xPoint = 4.09411  TargetValue = 1.47051  PredictedValue = 1.20469
DifPerc = 18.07683
xPoint = 4.09442  TargetValue = 1.47808  PredictedValue = 1.20602
DifPerc = 18.40624
xPoint = 4.09473  TargetValue = 1.48553  PredictedValue = 1.20732
DifPerc = 18.72775
xPoint = 4.09504  TargetValue = 1.49287  PredictedValue = 1.20861
```

```
DifPerc = 19.04127
xPoint = 4.09535  TargetValue = 1.50009  PredictedValue = 1.20987
DifPerc = 19.34671
xPoint = 4.09566  TargetValue = 1.50718  PredictedValue = 1.21111
DifPerc = 19.64402
xPoint = 4.09597  TargetValue = 1.51414  PredictedValue = 1.21232
DifPerc = 19.93312
xPoint = 4.09628  TargetValue = 1.52097  PredictedValue = 1.21352
DifPerc = 20.21393
xPoint = 4.09659  TargetValue = 1.52766  PredictedValue = 1.21469
DifPerc = 20.48640
xPoint = 4.09690  TargetValue = 1.53420  PredictedValue = 1.21585
DifPerc = 20.75045
xPoint = 4.09721  TargetValue = 1.54060  PredictedValue = 1.21699
DifPerc = 21.00605
xPoint = 4.09752  TargetValue = 1.54686  PredictedValue = 1.21810
DifPerc = 21.25312
xPoint = 4.09783  TargetValue = 1.55296  PredictedValue = 1.21920
DifPerc = 21.49161
xPoint = 4.09814  TargetValue = 1.55890  PredictedValue = 1.22028
DifPerc = 21.72147
xPoint = 4.09845  TargetValue = 1.56468  PredictedValue = 1.22135
DifPerc = 21.94265
xPoint = 4.09876  TargetValue = 1.57030  PredictedValue = 1.22239
DifPerc = 22.15511
xPoint = 4.09907  TargetValue = 1.57574  PredictedValue = 1.22342
DifPerc = 22.35878
xPoint = 4.09938  TargetValue = 1.58101  PredictedValue = 1.22444
DifPerc = 22.55363
xPoint = 4.09969  TargetValue = 1.58611  PredictedValue = 1.22544
DifPerc = 22.73963

maxErrorPerc = 86.08183780343387
averErrorPerc = 10.116005438206885
```

采用常规方法，逼近结果如下：

❑ 最大误差百分比超过 86.08%。

❑ 平均误差百分比超过 10.11%。

图 9-3 显示了使用传统网络处理的训练逼近结果的图表。

显然，由于实际值和预测值之间存在如此大的差异，这样的逼近值是无用的。

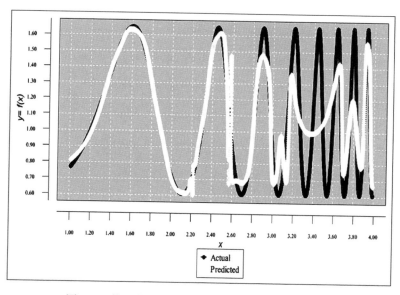

图 9-3　使用传统网络处理的训练逼近结果的图表

9.2　用微批次方法逼近具有复杂拓扑的连续函数

现在，让我们用微批次方法来逼近这个函数。再次将规范化的训练数据集分解为一组训练微批次文件，然后将它们作为训练过程的输入。清单 9-3 显示了执行后的训练处理结果的结束片段（使用宏批次方法）。

清单 9-3　训练处理结果的结束片段（使用宏批次方法）

```
DayNumber = 9950  TargetValue = 1.19376  PredictedValue = 1.19376
DiffPerc = 4.66352E-6
DayNumber = 9951  TargetValue = 1.20277  PredictedValue = 1.20277
DiffPerc = 5.30417E-6
DayNumber = 9952  TargetValue = 1.21180  PredictedValue = 1.21180
DiffPerc = 4.79291E-6
DayNumber = 9953  TargetValue = 1.22083  PredictedValue = 1.22083
DiffPerc = 5.03070E-6
DayNumber = 9954  TargetValue = 1.22987  PredictedValue = 1.22987
DiffPerc = 3.79647E-6
DayNumber = 9955  TargetValue = 1.23891  PredictedValue = 1.23891
DiffPerc = 8.06431E-6
DayNumber = 9956  TargetValue = 1.24795  PredictedValue = 1.24795
DiffPerc = 7.19851E-6
DayNumber = 9957  TargetValue = 1.25699  PredictedValue = 1.25699
DiffPerc = 4.57148E-6
DayNumber = 9958  TargetValue = 1.26602  PredictedValue = 1.26602
```

```
DiffPerc = 5.88300E-6
DayNumber = 9959  TargetValue = 1.27504  PredictedValue = 1.27504
DiffPerc = 3.02448E-6
DayNumber = 9960  TargetValue = 1.28404  PredictedValue = 1.28404
DiffPerc = 7.04155E-6
DayNumber = 9961  TargetValue = 1.29303  PredictedValue = 1.29303
DiffPerc = 8.62206E-6
DayNumber = 9962  TargetValue = 1.30199  PredictedValue = 1.30199
DiffPerc = 9.16473E-8
DayNumber = 9963  TargetValue = 1.31093  PredictedValue = 1.31093
DiffPerc = 1.89459E-6
DayNumber = 9964  TargetValue = 1.31984  PredictedValue = 1.31984
DiffPerc = 4.16695E-6
DayNumber = 9965  TargetValue = 1.32871  PredictedValue = 1.32871
DiffPerc = 8.68118E-6
DayNumber = 9966  TargetValue = 1.33755  PredictedValue = 1.33755
DiffPerc = 4.55866E-6
DayNumber = 9967  TargetValue = 1.34635  PredictedValue = 1.34635
DiffPerc = 6.67697E-6
DayNumber = 9968  TargetValue = 1.35510  PredictedValue = 1.35510
DiffPerc = 4.80264E-6
DayNumber = 9969  TargetValue = 1.36378  PredictedValue = 1.36380
DiffPerc = 8.58688E-7
DayNumber = 9970  TargetValue = 1.37244  PredictedValue = 1.37245
DiffPerc = 5.19317E-6
DayNumber = 9971  TargetValue = 1.38103  PredictedValue = 1.38104
DiffPerc = 7.11052E-6
DayNumber = 9972  TargetValue = 1.38956  PredictedValue = 1.38956
DiffPerc = 5.15382E-6
DayNumber = 9973  TargetValue = 1.39802  PredictedValue = 1.39802
DiffPerc = 5.90734E-6
DayNumber = 9974  TargetValue = 1.40642  PredictedValue = 1.40642
DiffPerc = 6.20744E-7
DayNumber = 9975  TargetValue = 1.41473  PredictedValue = 1.41473
DiffPerc = 5.67234E-7
DayNumber = 9976  TargetValue = 1.42297  PredictedValue = 1.42297
DiffPerc = 5.54862E-6
DayNumber = 9977  TargetValue = 1.43113  PredictedValue = 1.43113
DiffPerc = 3.28318E-6
DayNumber = 9978  TargetValue = 1.43919  PredictedValue = 1.43919
DiffPerc = 7.84136E-6
DayNumber = 9979  TargetValue = 1.44717  PredictedValue = 1.44717
DiffPerc = 6.51767E-6
DayNumber = 9980  TargetValue = 1.45505  PredictedValue = 1.45505
DiffPerc = 6.59220E-6
DayNumber = 9981  TargetValue = 1.46283  PredictedValue = 1.46283
DiffPerc = 9.08060E-7
DayNumber = 9982  TargetValue = 1.47051  PredictedValue = 1.47051
DiffPerc = 8.59549E-6
DayNumber = 9983  TargetValue = 1.47808  PredictedValue = 1.47808
```

```
DiffPerc = 5.49575E-7
DayNumber = 9984  TargetValue = 1.48553  PredictedValue = 1.48553
DiffPerc = 1.07879E-6
DayNumber = 9985  TargetValue = 1.49287  PredictedValue = 1.49287
DiffPerc = 2.22734E-6
DayNumber = 9986  TargetValue = 1.50009  PredictedValue = 1.50009
DiffPerc = 1.28405E-6
DayNumber = 9987  TargetValue = 1.50718  PredictedValue = 1.50718
DiffPerc = 8.88272E-6
DayNumber = 9988  TargetValue = 1.51414  PredictedValue = 1.51414
DiffPerc = 4.91930E-6
DayNumber = 9989  TargetValue = 1.52097  PredictedValue = 1.52097
DiffPerc = 3.46714E-6
DayNumber = 9990  TargetValue = 1.52766  PredictedValue = 1.52766
DiffPerc = 7.67496E-6
DayNumber = 9991  TargetValue = 1.53420  PredictedValue = 1.53420
DiffPerc = 4.67918E-6
DayNumber = 9992  TargetValue = 1.54061  PredictedValue = 1.54061
DiffPerc = 2.20484E-6
DayNumber = 9993  TargetValue = 1.54686  PredictedValue = 1.54686
DiffPerc = 7.42466E-6
DayNumber = 9994  TargetValue = 1.55296  PredictedValue = 1.55296
DiffPerc = 3.86183E-6
DayNumber = 9995  TargetValue = 1.55890  PredictedValue = 1.55890
DiffPerc = 6.34568E-7
DayNumber = 9996  TargetValue = 1.56468  PredictedValue = 1.56468
DiffPerc = 6.23860E-6
DayNumber = 9997  TargetValue = 1.57029  PredictedValue = 1.57029
DiffPerc = 3.66380E-7
DayNumber = 9998  TargetValue = 1.57574  PredictedValue = 1.57574
DiffPerc = 4.45560E-6
DayNumber = 9999  TargetValue = 1.58101  PredictedValue = 1.58101
DiffPerc = 6.19952E-6
DayNumber = 10000  TargetValue = 1.5861  PredictedValue = 1.58611
DiffPerc = 1.34336E-6

maxGlobalResultDiff = 1.3433567671366473E-6
averGlobalResultDiff = 2.686713534273295E-10
```

训练处理结果（采用微批次方法）如下：

1）最大误差小于 0.00000134%。

2）平均误差小于 0.000000000269%。

图 9-4 显示了训练逼近结果的图表（使用微批次方法）。两个图表几乎相等（实际值为黑色，预测值为白色）。

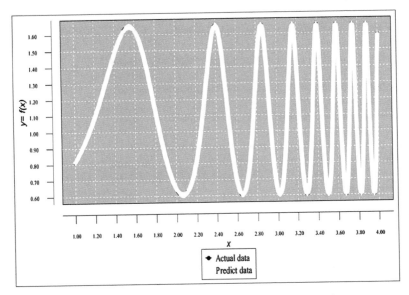

图 9-4　训练逼近结果的图表（采用微批次方法）

示例 5a 的测试处理

与训练数据集的规范化一样，规范化的测试数据集被分解为一组微批次文件，这些文件现在是测试过程的输入。

清单 9-4 显示了程序代码。

清单 9-4　程序代码

```
// ================================================
// Approximation of continuous function with complex topology
// using the micro-batch method. The input is the normalized set of
// micro-batch files. Each micro-batch includes a single day record
// that contains two fields:
// - normDayValue
// - normTargetValue
//
// The number of inputLayer neurons is 1
// The number of outputLayer neurons is 1
// ================================================

package articleigi_complexformula_microbatchest;

import java.io.BufferedReader;
import java.io.File;
import java.io.FileInputStream;
import java.io.PrintWriter;
import java.io.FileNotFoundException;
```

```java
import java.io.FileReader;
import java.io.FileWriter;
import java.io.IOException;
import java.io.InputStream;
import java.nio.file.*;
import java.util.Properties;
import java.time.YearMonth;
import java.awt.Color;
import java.awt.Font;
import java.io.BufferedReader;
import java.text.DateFormat;
import java.text.ParseException;
import java.text.SimpleDateFormat;
import java.time.LocalDate;
import java.time.Month;
import java.time.ZoneId;
import java.util.ArrayList;
import java.util.Calendar;
import java.util.Date;
import java.util.List;
import java.util.Locale;
import java.util.Properties;

import org.encog.Encog;
import org.encog.engine.network.activation.ActivationTANH;
import org.encog.engine.network.activation.ActivationReLU;
import org.encog.ml.data.MLData;
import org.encog.ml.data.MLDataPair;
import org.encog.ml.data.MLDataSet;
import org.encog.ml.data.buffer.MemoryDataLoader;
import org.encog.ml.data.buffer.codec.CSVDataCODEC;
import org.encog.ml.data.buffer.codec.DataSetCODEC;
import org.encog.neural.networks.BasicNetwork;
import org.encog.neural.networks.layers.BasicLayer;
import org.encog.neural.networks.training.propagation.resilient.
ResilientPropagation;
import org.encog.persist.EncogDirectoryPersistence;
import org.encog.util.csv.CSVFormat;

import org.knowm.xchart.SwingWrapper;
import org.knowm.xchart.XYChart;
import org.knowm.xchart.XYChartBuilder;
import org.knowm.xchart.XYSeries;
import org.knowm.xchart.demo.charts.ExampleChart;
import org.knowm.xchart.style.Styler.LegendPosition;
import org.knowm.xchart.style.colors.ChartColor;
import org.knowm.xchart.style.colors.XChartSeriesColors;
import org.knowm.xchart.style.lines.SeriesLines;
import org.knowm.xchart.style.markers.SeriesMarkers;
import org.knowm.xchart.BitmapEncoder;
import org.knowm.xchart.BitmapEncoder.BitmapFormat;
```

```java
import org.knowm.xchart.QuickChart;
import org.knowm.xchart.SwingWrapper;
public class ArticleIGI_ComplexFormula_Microbatchest implements
ExampleChart<XYChart>
{
    // Normalization parameters

    // Normalizing interval
    static double Nh =  1;
    static double Nl = -1;

    // First 1
    static double minXPointDl = 0.95;
    static double maxXPointDh = 4.05;

    // Column 2
    static double minTargetValueDl = 0.60;
    static double maxTargetValueDh = 1.65;

    static String cvsSplitBy = ",";
    static Properties prop = null;

    static String strWorkingMode;
    static String strNumberOfBatchesToProcess;
    static String strTrainFileNameBase;
    static String strTestFileNameBase;
    static String strSaveTrainNetworkFileBase;
    static String strSaveTestNetworkFileBase;
    static String strValidateFileName;
    static String strTrainChartFileName;
    static String strTestChartFileName;
    static String strFunctValueTrainFile;
    static String strFunctValueTestFile;
    static int intDayNumber;
    static double doubleDayNumber;
    static int intWorkingMode;
    static int numberOfTrainBatchesToProcess;
    static int numberOfTestBatchesToProcess;
    static int intNumberOfRecordsInTrainFile;
    static int intNumberOfRecordsInTestFile;
    static int intNumberOfRowsInBatches;
    static int intInputNeuronNumber;
    static int intOutputNeuronNumber;
    static String strOutputFileName;
    static String strSaveNetworkFileName;
    static String strDaysTrainFileName;
    static XYChart Chart;
    static String iString;
    static double inputFunctValueFromFile;
    static double targetToPredictFunctValueDiff;
    static int[] returnCodes  = new int[3];
```

```java
static List<Double> xData = new ArrayList<Double>();
static List<Double> yData1 = new ArrayList<Double>();
static List<Double> yData2 = new ArrayList<Double>();

static double[] DaysyearDayTraining = new double[10200];
static String[] strTrainingFileNames = new String[10200];
static String[] strTestingFileNames = new String[10200];
static String[] strSaveTrainNetworkFileNames = new String[10200];
static double[] linkToSaveNetworkDayKeys = new double[10200];
static double[] linkToSaveNetworkTargetFunctValueKeys = new double[10200];
static double[] arrTrainFunctValues = new double[10200];
static double[] arrTestFunctValues = new double[10200];

@Override
public XYChart getChart()
{
  // Create Chart

  Chart = new XYChartBuilder().width(900).height(500).title(getClass().
    getSimpleName()).xAxisTitle("day").yAxisTitle("y=f(day)").build();

  // Customize Chart
  Chart = new  XYChartBuilder().width(900).height(500).title(getClass().
        getSimpleName()).xAxisTitle("x").yAxisTitle("y= f(x)").build();
  // Customize Chart
  Chart.getStyler().setPlotBackgroundColor(ChartColor.getAWTColor
  (ChartColor.GREY));
  Chart.getStyler().setPlotGridLinesColor(new Color(255, 255, 255));

  //Chart.getStyler().setPlotBackgroundColor(ChartColor.
  getAWTColor(ChartColor.WHITE));
  //Chart.getStyler().setPlotGridLinesColor(new Color(0, 0, 0));
  Chart.getStyler().setChartBackgroundColor(Color.WHITE);
  //Chart.getStyler().setLegendBackgroundColor(Color.PINK);
  Chart.getStyler().setLegendBackgroundColor(Color.WHITE);
  //Chart.getStyler().setChartFontColor(Color.MAGENTA);
  Chart.getStyler().setChartFontColor(Color.BLACK);
  Chart.getStyler().setChartTitleBoxBackgroundColor(new Color(0, 222, 0));
  Chart.getStyler().setChartTitleBoxVisible(true);
  Chart.getStyler().setChartTitleBoxBorderColor(Color.BLACK);
  Chart.getStyler().setPlotGridLinesVisible(true);
  Chart.getStyler().setAxisTickPadding(20);
  Chart.getStyler().setAxisTickMarkLength(15);
  Chart.getStyler().setPlotMargin(20);
  Chart.getStyler().setChartTitleVisible(false);
  Chart.getStyler().setChartTitleFont(new Font(Font.MONOSPACED,
  Font.BOLD, 24));
  Chart.getStyler().setLegendFont(new Font(Font.SERIF, Font.PLAIN, 18));
  //Chart.getStyler().setLegendPosition(LegendPosition.InsideSE);
  Chart.getStyler().setLegendPosition(LegendPosition.OutsideS);
  Chart.getStyler().setLegendSeriesLineLength(12);
  Chart.getStyler().setAxisTitleFont(new Font(Font.SANS_SERIF,
```

```
Font.ITALIC, 18));
Chart.getStyler().setAxisTickLabelsFont(new Font(Font.SERIF,
Font.PLAIN, 11));
Chart.getStyler().setDatePattern("yyyy-MM");
Chart.getStyler().setDecimalPattern("#0.00");

// Config data
// Set the mode the program should run
intWorkingMode = 1;  // Training mode

if ( intWorkingMode == 1)
  {
numberOfTrainBatchesToProcess = 10000;
numberOfTestBatchesToProcess = 9999;
intNumberOfRowsInBatches = 1;
intInputNeuronNumber = 1;
intOutputNeuronNumber = 1;
strTrainFileNameBase = "C:/Article_To_Publish/IGI_Global/Work_Files_
ComplexFormula/ComplexFormula_Train_Norm_Batch_";
strTestFileNameBase = "C:/Article_To_Publish/IGI_Global/Work_Files_
ComplexFormula/ComplexFormula_Test_Norm_Batch_";
strSaveTrainNetworkFileBase =
  "C:/Article_To_Publish/IGI_Global/Work_Files_ComplexFormula/Save_
  Network_MicroBatch_";
strTrainChartFileName =
  "C:/Article_To_Publish/IGI_Global/Chart_Microbatch_Train_Results.jpg";
strTestChartFileName =
  "C:/Article_To_Publish/IGI_Global/Chart_Microbatch_Test_MicroBatch.jpg";

// Generate training batch file names and the corresponding
// SaveNetwork file names

intDayNumber = -1;  // Day number for the chart

for (int i = 0; i < numberOfTrainBatchesToProcess; i++)
  {
    intDayNumber++;

    iString = Integer.toString(intDayNumber);

    strOutputFileName = strTrainFileNameBase + iString + ".csv";

    strSaveNetworkFileName = strSaveTrainNetworkFileBase + iString + ".csv";

    strTrainingFileNames[intDayNumber] = strOutputFileName;
    strSaveTrainNetworkFileNames[intDayNumber] = strSaveNetworkFileName;
  }  // End the FOR loop
    // Build the array linkToSaveNetworkFunctValueDiffKeys
    String tempLine;
    double tempNormFunctValueDiff = 0.00;
    double tempNormFunctValueDiffPerc = 0.00;
    double tempNormTargetFunctValueDiffPerc = 0.00;

    String[] tempWorkFields;
```

```
      try
       {
            intDayNumber = -1;   // Day number for the chart

            for (int m = 0; m < numberOfTrainBatchesToProcess; m++)
              {
                  intDayNumber++;

                  BufferedReader br3 = new BufferedReader(new
                      FileReader(strTrainingFileNames[intDayNumber]));
                  tempLine = br3.readLine();

                  // Skip the label record and zero batch record
                  tempLine = br3.readLine();

                  // Break the line using comma as separator
                  tempWorkFields = tempLine.split(cvsSplitBy);

                  tempNormFunctValueDiffPerc = Double.parseDouble(tempWork
                  Fields[0]);
                  tempNormTargetFunctValueDiffPerc = Double.parseDouble
                  (tempWorkFields[1]);

                  linkToSaveNetworkDayKeys[intDayNumber] = tempNormFunctValue
                  DiffPerc;
                  linkToSaveNetworkTargetFunctValueKeys[intDayNumber] =
                      tempNormTargetFunctValueDiffPerc;

              }  // End the FOR loop
         }
       else
         {
            // Testing mode
            // Generate testing batch file names

             intDayNumber = -1;

            for (int i = 0; i < numberOfTestBatchesToProcess; i++)
             {
                intDayNumber++;
                iString = Integer.toString(intDayNumber);

                // Construct the testing batch names
                strOutputFileName = strTestFileNameBase + iString + ".csv";
                strTestingFileNames[intDayNumber] = strOutputFileName;

             }  // End the FOR loop

         }  // End of IF

      }   // End for try
    catch (IOException io1)
     {
        io1.printStackTrace();
        System.exit(1);
```

```java
        }
      if(intWorkingMode == 1)
        {
          // Training mode

          // Load, train, and test Function Values file in memory
          loadTrainFunctValueFileInMemory();

          int paramErrorCode;
          int paramBatchNumber;
          int paramR;
          int paramDayNumber;
          int paramS;
          File file1 = new File(strTrainChartFileName);

          if(file1.exists())
            file1.delete();

          returnCodes[0] = 0;    // Clear the error Code
          returnCodes[1] = 0;    // Set the initial batch Number to 0
          returnCodes[2] = 0;    // Day number;

        do
          {
            paramErrorCode = returnCodes[0];
            paramBatchNumber = returnCodes[1];
            paramDayNumber = returnCodes[2];

            returnCodes =
              trainBatches(paramErrorCode,paramBatchNumber,paramDayNumber);
          } while (returnCodes[0] > 0);

        }   // End the train logic
      else
        {
          // Testing mode

          File file2 = new File(strTestChartFileName);

          if(file2.exists())
            file2.delete();

          loadAndTestNetwork();

          // End the test logic
        }
      Encog.getInstance().shutdown();
      //System.exit(0);
      return Chart;

    }  // End of method
// =================================================
// Load CSV to memory.
```

```java
// @return The loaded dataset.
// =====================================================
public static MLDataSet loadCSV2Memory(String filename, int input,
int ideal, boolean headers, CSVFormat format, boolean significance)
  {
     DataSetCODEC codec = new CSVDataCODEC(new File(filename), format,
     headers, inpu, ideal, significance);
     MemoryDataLoader load = new MemoryDataLoader(codec);
     MLDataSet dataset = load.external2Memory();
     return dataset;
  }

// =====================================================
//  The main method.
//  @param Command line arguments. No arguments are used.
// =====================================================
public static void main(String[] args)
 {

   ExampleChart<XYChart> exampleChart = new ArticleIGI_ComplexFormula_
   Microbatchest();
   XYChart Chart = exampleChart.getChart();
   new SwingWrapper<XYChart>(Chart).displayChart();
 } // End of the main method

//=====================================================================
// This method trains batches as individual network1s
// saving them in separate trained datasets
//=====================================================================
static public int[] trainBatches(int paramErrorCode, int paramBatchNumber,
                               int paramDayNumber)
  {
    int rBatchNumber;
    double targetToPredictFunctValueDiff = 0;
    double maxGlobalResultDiff = 0.00;
    double averGlobalResultDiff = 0.00;
    double sumGlobalResultDiff = 0.00;

    double normInputFunctValueDiffPercFromRecord = 0.00;
    double normTargetFunctValue1 = 0.00;
    double normPredictFunctValue1 = 0.00;
    double denormInputDayFromRecord1;
    double denormInputFunctValueDiffPercFromRecord;
    double denormTargetFunctValue1 = 0.00;
    double denormAverPredictFunctValue11 = 0.00;

    BasicNetwork network1 = new BasicNetwork();

    // Input layer
    network1.addLayer(new BasicLayer(null,true,intInputNeuronNumber));

    // Hidden layer.
    network1.addLayer(new BasicLayer(new ActivationTANH(),true,7));
```

```
network1.addLayer(new BasicLayer(new ActivationTANH(),true,7));
network1.addLayer(new BasicLayer(new ActivationTANH(),true,7));
network1.addLayer(new BasicLayer(new ActivationTANH(),true,7));
network1.addLayer(new BasicLayer(new ActivationTANH(),true,7));
network1.addLayer(new BasicLayer(new ActivationTANH(),true,7));
network1.addLayer(new BasicLayer(new ActivationTANH(),true,7));

// Output layer
network1.addLayer(new BasicLayer(new ActivationTANH(),false, intOutput
NeuronNumber));

network1.getStructure().finalizeStructure();
network1.reset();

maxGlobalResultDiff = 0.00;
averGlobalResultDiff = 0.00;
sumGlobalResultDiff = 0.00;

// Loop over batches
intDayNumber = paramDayNumber;   // Day number for the chart
for (rBatchNumber = paramBatchNumber; rBatchNumber < numberOfTrain
BatchesToProcess; rBatchNumber++)
 {
   intDayNumber++;

  // Load the training file in memory
  MLDataSet trainingSet =
      loadCSV2Memory(strTrainingFileNames[rBatchNumber],intInput
      NeuronNumber,intOutputNeuronNumber,true,CSVFormat.ENGLISH,false);

  // train the neural network1
  ResilientPropagation train = new ResilientPropagation(network1,
  trainingSet);

  int epoch = 1;

  do
    {
      train.iteration();

      epoch++;

      for (MLDataPair pair11:  trainingSet)
       {
         MLData inputData1 = pair11.getInput();
         MLData actualData1 = pair11.getIdeal();
         MLData predictData1 = network1.compute(inputData1);

         // These values are Normalized as the whole input is
         normInputFunctValueDiffPercFromRecord = inputData1.
         getData(0);

         normTargetFunctValue1 = actualData1.getData(0);
         normPredictFunctValue1 = predictData1.getData(0);

         denormInputFunctValueDiffPercFromRecord =((minXPointD1 -
```

```
            maxXPointDh)*normInputFunctValueDiffPercFromRecord - Nh*
            minXPointDl + maxXPointDh*Nl)/(Nl - Nh);
            denormTargetFunctValue1 = ((minTargetValueDl - maxTarget
            ValueDh)*normTargetFunctValue1 - Nh*minTargetValueDl +
            maxTargetValueDh*Nl)/(Nl - Nh);

            denormAverPredictFunctValue11 =((minTargetValueDl - maxTarget
            ValueDh)*normPredictFunctValue1 - Nh*minTargetValueDl +
            maxTargetValueDh*Nl)/(Nl - Nh);

            //inputFunctValueFromFile = arrTrainFunctValues[rBatchNumber];

            targetToPredictFunctValueDiff = (Math.abs(denormTarget
            FunctValue1 - denormAverPredictFunctValue11)/denormTarget
            FunctValue1)*100;
         }

      if (epoch >= 1000 && targetToPredictFunctValueDiff > 0.0000091)
       {
         returnCodes[0] = 1;
         returnCodes[1] = rBatchNumber;
         returnCodes[2] = intDayNumber-1;

         return returnCodes;
        }

    } while(targetToPredictFunctValueDiff > 0.000009);
// This batch is optimized

// Save the network1 for the cur rend batch
EncogDirectoryPersistence.saveObject(new
      File(strSaveTrainNetworkFileNames[rBatchNumber]),network1);

// Get the results after the network1 optimization
int i = - 1;

for (MLDataPair pair1:  trainingSet)
 {
  i++;

  MLData inputData1 = pair1.getInput();
  MLData actualData1 = pair1.getIdeal();
  MLData predictData1 = network1.compute(inputData1);
  // These values are Normalized as the whole input is
  normInputFunctValueDiffPercFromRecord = inputData1.getData(0);
  normTargetFunctValue1 = actualData1.getData(0);
  normPredictFunctValue1 = predictData1.getData(0);

  // De-normalize the obtained values
  denormInputFunctValueDiffPercFromRecord =((minXPointDl - maxXPointDh)*
  normInputFunctValueDiffPercFromRecord - Nh*minXPointDl +
  maxXPointDh*Nl)/(Nl - Nh);

  denormTargetFunctValue1 = ((minTargetValueDl - maxTargetValueDh)*
  normTargetFunctValue1 - Nh*minTargetValueDl + maxTargetValueDh*Nl)/
```

```
    (Nl - Nh);

    denormAverPredictFunctValue11 =((minTargetValueDl - maxTargetValueDh)*
    normPredictFunctValue1 - Nh*minTargetValueDl + maxTarget
    ValueDh*Nl)/(Nl - Nh);

    //inputFunctValueFromFile = arrTrainFunctValues[rBatchNumber];

    targetToPredictFunctValueDiff = (Math.abs(denormTargetFunctValue1 -
    denormAverPredictFunctValue11)/denormTargetFunctValue1)*100;

    System.out.println("intDayNumber = " + intDayNumber +  " target
    FunctionValue = " +
        denormTargetFunctValue1 + "  predictFunctionValue = " +
        denormAverPredictFunctValue11 + "   valurDiff = " + target
        ToPredictFunctValueDiff);

    if (targetToPredictFunctValueDiff > maxGlobalResultDiff)
      maxGlobalResultDiff =targetToPredictFunctValueDiff;

    sumGlobalResultDiff = sumGlobalResultDiff +targetToPredictFunct
    ValueDiff;

    // Populate chart elements
    //doubleDayNumber = (double) rBatchNumber+1;
    xData.add(denormInputFunctValueDiffPercFromRecord);
    yData1.add(denormTargetFunctValue1);
    yData2.add(denormAverPredictFunctValue11);
    }  // End for FunctValue pair1 loop

}  // End of the loop over batches

sumGlobalResultDiff = sumGlobalResultDiff +targetToPredictFunct
ValueDiff;
averGlobalResultDiff = sumGlobalResultDiff/numberOfTrainBatchesTo
Process;

// Print the max and average results

System.out.println(" ");
System.out.println(" ");
System.out.println("maxGlobalResultDiff = " + maxGlobalResultDiff);
System.out.println("averGlobalResultDiff = " + averGlobalResultDiff);

XYSeries series1 = Chart.addSeries("Actual data", xData, yData1);
XYSeries series2 = Chart.addSeries("Predict data", xData, yData2);

series1.setLineColor(XChartSeriesColors.BLACK);
series2.setLineColor(XChartSeriesColors.YELLOW);

series1.setMarkerColor(Color.BLACK);
series2.setMarkerColor(Color.WHITE);
series1.setLineStyle(SeriesLines.SOLID);
series2.setLineStyle(SeriesLines.DASH_DASH);

// Save the chart image
try
```

```
      {
        BitmapEncoder.saveBitmapWithDPI(Chart, strTrainChartFileName,
        BitmapFormat.JPG, 100);
      }
    catch (Exception bt)
      {
        bt.printStackTrace();
      }

    System.out.println ("The Chart has been saved");

    returnCodes[0] = 0;
    returnCodes[1] = 0;
    returnCodes[2] = 0;

    return returnCodes;

  } // End of method
//================================================
// Load the previously saved trained network1 and tests it by
// processing the Test record
//================================================
static public void loadAndTestNetwork()
 {
    System.out.println("Testing the network1s results");

    List<Double> xData = new ArrayList<Double>();
    List<Double> yData1 = new ArrayList<Double>();
    List<Double> yData2 = new ArrayList<Double>();

    double targetToPredictFunctValueDiff = 0;
    double maxGlobalResultDiff = 0.00;
    double averGlobalResultDiff = 0.00;
    double sumGlobalResultDiff = 0.00;
    double maxGlobalIndex = 0;

    double normInputDayFromRecord1 = 0.00;
    double normTargetFunctValue1 = 0.00;
    double normPredictFunctValue1 = 0.00;
    double denormInputDayFromRecord1 = 0.00;
    double denormTargetFunctValue1 = 0.00;
    double denormAverPredictFunctValue1 = 0.00;

    double normInputDayFromRecord2 = 0.00;
    double normTargetFunctValue2 = 0.00;
    double normPredictFunctValue2 = 0.00;
    double denormInputDayFromRecord2 = 0.00;
    double denormTargetFunctValue2 = 0.00;
    double denormAverPredictFunctValue2 = 0.00;
    double normInputDayFromTestRecord = 0.00;
    double denormInputDayFromTestRecord = 0.00;
    double denormAverPredictFunctValue = 0.00;
```

```
double denormTargetFunctValueFromTestRecord = 0.00;

String tempLine;
String[] tempWorkFields;
double dayKeyFromTestRecord = 0.00;
double targetFunctValueFromTestRecord = 0.00;
double r1 = 0.00;
double r2 = 0.00;
BufferedReader br4;

BasicNetwork network1;
BasicNetwork network2;
int k1 = 0;
int k3 = 0;
try
 {
    // Process testing records
    maxGlobalResultDiff = 0.00;
    averGlobalResultDiff = 0.00;
    sumGlobalResultDiff = 0.00;

    for (k1 = 0; k1 < numberOfTestBatchesToProcess; k1++)
     {
        // if(k1 == 9998)
        //    k1 = k1;

        // Read the corresponding test micro-batch file.
        br4 = new BufferedReader(new FileReader(strTestingFileNames[k1]));
        tempLine = br4.readLine();

        // Skip the label record
        tempLine = br4.readLine();

        // Break the line using comma as separator
        tempWorkFields = tempLine.split(cvsSplitBy);

        dayKeyFromTestRecord = Double.parseDouble(tempWorkFields[0]);
        targetFunctValueFromTestRecord = Double.parseDouble
        (tempWorkFields[1]);

        // De-normalize the dayKeyFromTestRecord
        denormInputDayFromTestRecord = ((minXPointDl - maxXPointDh)*
        dayKeyFromTestRecord - Nh*minXPointDl + maxXPointDh*Nl)/
        (Nl - Nh);

          // De-normalize the targetFunctValueFromTestRecord
        denormTargetFunctValueFromTestRecord = ((minTargetValueDl -
        maxTargetValueDh)*targetFunctValueFromTestRecord - Nh*
        minTargetValueDl + maxTargetValueDh*Nl)/(Nl - Nh);

        // Load the corresponding training micro-batch dataset in memory
        MLDataSet trainingSet1 = loadCSV2Memory(strTrainingFile
        Names[k1],intInputNeuronNumber,intOutputNeuronNumber,true,
        CSVFormat.ENGLISH,false);
```

```java
//MLDataSet testingSet =
//    loadCSV2Memory(strTestingFileNames[k1],
//      intInputNeuronNumber,
//      intOutputNeuronNumber,true,CSVFormat.ENGLISH,false);

network1 =
 (BasicNetwork)EncogDirectoryPersistence.
   loadObject(new File(strSaveTrainNetworkFileNames[k1]));

// Get the results after the network1 optimization
int iMax = 0;
int i = - 1; // Index of the array to get results

for (MLDataPair pair1:  trainingSet1)
 {
     i++;
     iMax = i+1;

     MLData inputData1 = pair1.getInput();
     MLData actualData1 = pair1.getIdeal();
     MLData predictData1 = network1.compute(inputData1);

     // These values are Normalized
     normInputDayFromRecord1 = inputData1.getData(0);
     normTargetFunctValue1 = actualData1.getData(0);
     normPredictFunctValue1 = predictData1.getData(0);

     // De-normalize the obtained values
     denormInputDayFromRecord1 = ((minXPointDl - maxXPointDh)*
     normInputDayFromRecord1 - Nh*minXPointDl +
     maxXPointDh*Nl)/(Nl - Nh);

     denormTargetFunctValue1 = ((minTargetValueDl - maxTarget
     ValueDh)*normTargetFunctValue1 - Nh*minTargetValueDl +
     maxTargetValueDh*Nl)/(Nl - Nh);

     denormAverPredictFunctValue1 =((minTargetValueDl -
     maxTargetValueDh)*normPredictFunctValue1 - Nh*minTarget
     ValueDl + maxTargetValueDh*Nl)/(Nl - Nh);

 }  // End for pair1

 // ----------------------------------------------------------
 // Now calculate everything again for the SaveNetwork (which
 // key is greater than dayKeyFromTestRecord value)in memory
 // ----------------------------------------------------------

MLDataSet trainingSet2 = loadCSV2Memory(strTrainingFileNames
[k1+1],intInputNeuronNumber,
   intOutputNeuronNumber,true,CSVFormat.ENGLISH,false);

network2 = (BasicNetwork)EncogDirectoryPersistence.loadObject
         (new File(strSaveTrainNetworkFileNames[k1+1]));

 // Get the results after the network1 optimization
```

```
    iMax = 0;
    i = - 1; // Index of the array to get results

for (MLDataPair pair2:  trainingSet2)
 {
     i++;
     iMax = i+1;

     MLData inputData2 = pair2.getInput();
     MLData actualData2 = pair2.getIdeal();
     MLData predictData2 = network2.compute(inputData2);

     // These values are Normalized
     normInputDayFromRecord2 = inputData2.getData(0);
     normTargetFunctValue2 = actualData2.getData(0);
     normPredictFunctValue2 = predictData2.getData(0);

     // De-normalize the obtained values
     denormInputDayFromRecord2 = ((minXPointDl - maxXPointDh)*
     normInputDayFromRecord2 - Nh*minXPointDl + maxX
     PointDh*Nl)/(Nl - Nh);

     denormTargetFunctValue2 = ((minTargetValueDl - maxTarget
     ValueDh)*normTargetFunctValue2 - Nh*minTargetValueDl +
     maxTargetValueDh*Nl)/(Nl - Nh);

     denormAverPredictFunctValue2 =((minTargetValueDl -
     maxTargetValueDh)*normPredictFunctValue2 - Nh*minTarget
     ValueDl + maxTargetValueDh*Nl)/(Nl - Nh);
 }  // End for pair1 loop

// Get the average of the denormAverPredictFunctValue1 and
   denormAverPredictFunctValue2
denormAverPredictFunctValue = (denormAverPredictFunctValue1 +
denormAverPredictFunctValue2)/2;

targetToPredictFunctValueDiff = (Math.abs(denormTargetFunct
ValueFromTestRecord - enormAverPredictFunctValue)/
ddenormTargetFunctValueFromTestRecord)*100;
 System.out.println("Record Number = " + k1 + "  DayNumber = " +
 denormInputDayFromTestRecord + "  denormTargetFunctValue
 FromTestRecord = " + denormTargetFunctValueFromTestRecord +
 "  denormAverPredictFunctValue = " + denormAverPredictFunct
 Value + "  valurDiff = " + targetToPredictFunctValueDiff);

 if (targetToPredictFunctValueDiff > maxGlobalResultDiff)
  {
    maxGlobalIndex = iMax;
    maxGlobalResultDiff =targetToPredictFunctValueDiff;
  }

 sumGlobalResultDiff = sumGlobalResultDiff + targetToPredict
 FunctValueDiff;
 // Populate chart elements
```

```
                xData.add(denormInputDayFromTestRecord);
                yData1.add(denormTargetFunctValueFromTestRecord);
                yData2.add(denormAverPredictFunctValue);

    }    // End of loop using k1

    // Print the max and average results

    System.out.println(" ");

    averGlobalResultDiff = sumGlobalResultDiff/numberOfTestBatches
    ToProcess;

    System.out.println("maxGlobalResultDiff = " + maxGlobalResultDiff +
    "  i = " + maxGlobalIndex);
    System.out.println("averGlobalResultDiff = " + averGlobalResultDiff);
    }    // End of TRY
  catch (IOException e1)
   {
        e1.printStackTrace();
   }
  // All testing batch files have been processed
  XYSeries series1 = Chart.addSeries("Actual data", xData, yData1);
  XYSeries series2 = Chart.addSeries("Predict data", xData, yData2);

  series1.setLineColor(XChartSeriesColors.BLACK);
  series2.setLineColor(XChartSeriesColors.YELLOW);

  series1.setMarkerColor(Color.BLACK);
  series2.setMarkerColor(Color.WHITE);
  series1.setLineStyle(SeriesLines.SOLID);
  series2.setLineStyle(SeriesLines.DASH_DASH);

  // Save the chart image
  try
   {
      BitmapEncoder.saveBitmapWithDPI(Chart, strTrainChartFileName,
        BitmapFormat.JPG, 100);
   }
  catch (Exception bt)
    {
      bt.printStackTrace();
    }

  System.out.println ("The Chart has been saved");
  System.out.println("End of testing for mini-batches training");
 } // End of the method

} // End of the  Encog class
```

清单 9-5 显示了执行后的测试结果的结束片段。

清单 9-5　测试处理结果的结束片段

```
DayNumber = 3.98411  TargetValue = 1.17624  AverPredicedValue = 1.18028
DiffPerc = 0.34348
DayNumber = 3.98442  TargetValue = 1.18522  AverPredicedValue = 1.18927
DiffPerc = 0.34158
DayNumber = 3.98472  TargetValue = 1.19421  AverPredicedValue = 1.19827
DiffPerc = 0.33959
DayNumber = 3.98502  TargetValue = 1.20323  AverPredicedValue = 1.20729
DiffPerc = 0.33751
DayNumber = 3.98532  TargetValue = 1.21225  AverPredicedValue = 1.21631
DiffPerc = 0.33534
DayNumber = 3.98562  TargetValue = 1.22128  AverPredicedValue = 1.22535
DiffPerc = 0.33307
DayNumber = 3.98592  TargetValue = 1.23032  AverPredicedValue = 1.23439
DiffPerc = 0.33072
DayNumber = 3.98622  TargetValue = 1.23936  AverPredicedValue = 1.24343
DiffPerc = 0.32828
DayNumber = 3.98652  TargetValue = 1.24841  AverPredicedValue = 1.25247
DiffPerc = 0.32575
DayNumber = 3.98682  TargetValue = 1.25744  AverPredicedValue = 1.26151
DiffPerc = 0.32313
DayNumber = 3.98712  TargetValue = 1.26647  AverPredicedValue = 1.27053
DiffPerc = 0.32043
DayNumber = 3.98742  TargetValue = 1.27549  AverPredicedValue = 1.27954
DiffPerc = 0.31764
DayNumber = 3.98772  TargetValue = 1.28449  AverPredicedValue = 1.28854
DiffPerc = 0.31477
DayNumber = 3.98802  TargetValue = 1.29348  AverPredicedValue = 1.29751
DiffPerc = 0.31181
DayNumber = 3.98832  TargetValue = 1.30244  AverPredicedValue = 1.30646
DiffPerc = 0.30876
DayNumber = 3.98862  TargetValue = 1.31138  AverPredicedValue = 1.31538
DiffPerc = 0.30563
DayNumber = 3.98892  TargetValue = 1.32028  AverPredicedValue = 1.32428
DiffPerc = 0.30242
DayNumber = 3.98922  TargetValue = 1.32916  AverPredicedValue = 1.33313
DiffPerc = 0.29913
DayNumber = 3.98952  TargetValue = 1.33799  AverPredicedValue = 1.34195
DiffPerc = 0.29576
DayNumber = 3.98982  TargetValue = 1.34679  AverPredicedValue = 1.35072
DiffPerc = 0.29230
DayNumber = 3.99012  TargetValue = 1.35554  AverPredicedValue = 1.35945
DiffPerc = 0.28876
DayNumber = 3.99042  TargetValue = 1.36423  AverPredicedValue = 1.36812
DiffPerc = 0.28515
DayNumber = 3.99072  TargetValue = 1.37288  AverPredicedValue = 1.37674
DiffPerc = 0.28144
DayNumber = 3.99102  TargetValue = 1.38146  AverPredicedValue = 1.38530
DiffPerc = 0.27768
```

DayNumber = 3.99132　TargetValue = 1.38999　AverPredicedValue = 1.39379
DiffPerc = 0.27383
DayNumber = 3.99162　TargetValue = 1.39844　AverPredicedValue = 1.40222
DiffPerc = 0.26990
DayNumber = 3.99192　TargetValue = 1.40683　AverPredicedValue = 1.41057
DiffPerc = 0.26590
DayNumber = 3.99222　TargetValue = 1.41515　AverPredicedValue = 1.41885
DiffPerc = 0.26183
DayNumber = 3.99252　TargetValue = 1.42338　AverPredicedValue = 1.42705
DiffPerc = 0.25768
DayNumber = 3.99282　TargetValue = 1.43153　AverPredicedValue = 1.43516
DiffPerc = 0.25346
DayNumber = 3.99312　TargetValue = 1.43960　AverPredicedValue = 1.44318
DiffPerc = 0.24918
DayNumber = 3.99342　TargetValue = 1.44757　AverPredicedValue = 1.45111
DiffPerc = 0.24482
DayNumber = 3.99372　TargetValue = 1.45544　AverPredicedValue = 1.45894
DiffPerc = 0.24040
DayNumber = 3.99402　TargetValue = 1.46322　AverPredicedValue = 1.46667
DiffPerc = 0.23591
DayNumber = 3.99432　TargetValue = 1.47089　AverPredicedValue = 1.47429
DiffPerc = 0.23134
DayNumber = 3.99462　TargetValue = 1.47845　AverPredicedValue = 1.48180
DiffPerc = 0.22672
DayNumber = 3.99492　TargetValue = 1.48590　AverPredicedValue = 1.48920
DiffPerc = 0.22204
DayNumber = 3.99522　TargetValue = 1.49323　AverPredicedValue = 1.49648
DiffPerc = 0.21729
DayNumber = 3.99552　TargetValue = 1.50044　AverPredicedValue = 1.50363
DiffPerc = 0.21247
DayNumber = 3.99582　TargetValue = 1.50753　AverPredicedValue = 1.51066
DiffPerc = 0.20759
DayNumber = 3.99612　TargetValue = 1.51448　AverPredicedValue = 1.51755
DiffPerc = 0.20260
DayNumber = 3.99642　TargetValue = 1.52130　AverPredicedValue = 1.52431
DiffPerc = 0.19770
DayNumber = 3.99672　TargetValue = 1.52799　AverPredicedValue = 1.53093
DiffPerc = 0.19260
DayNumber = 3.99702　TargetValue = 1.53453　AverPredicedValue = 1.53740
DiffPerc = 0.18751
DayNumber = 3.99732　TargetValue = 1.54092　AverPredicedValue = 1.54373
DiffPerc = 0.18236
DayNumber = 3.99762　TargetValue = 1.54717　AverPredicedValue = 1.54991
DiffPerc = 0.17715
DayNumber = 3.99792　TargetValue = 1.55326　AverPredicedValue = 1.55593
DiffPerc = 0.17188
DayNumber = 3.99822　TargetValue = 1.55920　AverPredicedValue = 1.56179
DiffPerc = 0.16657
DayNumber = 3.99852　TargetValue = 1.56496　AverPredicedValue = 1.56749
DiffPerc = 0.16120

DayNumber = 3.99882   TargetValue = 1.57057   AverPredicedValue = 1.57302
DiffPerc = 0.15580
DayNumber = 3.99912   TargetValue = 1.57601   AverPredicedValue = 1.57838
DiffPerc = 0.15034
DayNumber = 3.99942   TargetValue = 1.58127   AverPredicedValue = 1.58356
DiffPerc = 0.14484

maxGlobalResultDiff = 0.3620154382225759
averGlobalResultDiff = 0.07501532301280595

测试处理结果（采用微批次方法）如下：

❑ 最大误差小于 0.36%。

❑ 平均误差小于 0.075%。

图 9-5 显示了测试处理结果的图表（使用微批次方法）。同样，两个图表非常接近，几乎重叠（实际值为黑色，预测值为白色）。

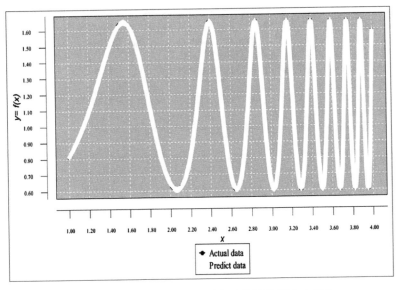

图 9-5　测试处理结果的图表（使用微批次方法）

9.3　示例 5b：螺旋函数的逼近

本节继续讨论具有困难拓扑的逼近函数。具体来说，它讨论了一组逻辑回归的函数。这些函数有一个共同的特性，在某些点上，它们对于单个 x 点有多个函数值。

众所周知，这类函数很难用神经网络来逼近。你将尝试先使用常规方法（效果不好），然后使用微批次方法来逼近图 9-6 所示的函数。

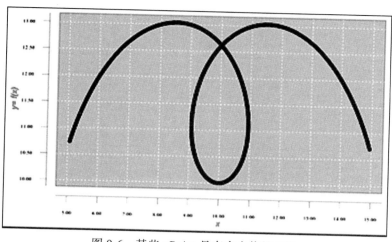

图 9-6　某些 xPoint 具有多个值的函数

函数由这两个公式描述，其中 t 是一个角度：

$$x(t) = 10 + 0.5*t*\cos(0.3*t)$$
$$y(t) = 10 + 0.5*t*\sin(0.3*t)$$

图 9-6 显示了通过绘制 x 和 y 的值生成的图表。同样，我们假设函数公式是未知的，并且函数是由其在 1000 个点的值给出的。像往常一样，你将首先尝试用传统的方法来逼近这个函数。表 9-3 显示了训练数据集的片段。

表 9-3　训练数据集的片段

x	y	x	y
14.94996248	10.70560004	14.70403178	11.13915979
14.93574853	10.73381636	14.68740741	11.1649514
14.92137454	10.76188757	14.67064324	11.19058461
14.90684173	10.78981277	14.65374057	11.21605868
14.89215135	10.81759106	14.6367007	11.24137288
14.87730464	10.84522155	14.61952494	11.26652647
14.86230283	10.87270339	14.60221462	11.29151873
14.84714718	10.90003569	14.58477103	11.31634896
14.83183894	10.92721761	14.56719551	11.34101647
14.81637936	10.9542483	14.54948938	11.36552056
14.80076973	10.98112693	14.53165396	11.38986056
14.78501129	11.00785266	14.51369059	11.41403579
14.76910532	11.03442469	14.49560061	11.43804562
14.7530531	11.06084221	14.47738534	11.46188937
14.73685592	11.08710443	14.45904613	11.48556643
14.72051504	11.11321054		

测试数据集是为训练中未使用的点准备的。表 9-4 显示了测试数据集的片段。

表 9-4　测试数据集的片段

x	y	x	y
14.9499625	10.70560004	14.7041642	11.13895282
14.9357557	10.73380229	14.6875493	11.16473284
14.921389	10.76185957	14.6707947	11.19035462
14.9068637	10.78977099	14.6539018	11.21581743
14.8921809	10.81753565	14.6368718	11.24112053
14.8773419	10.84515266	14.619706	11.26626319
14.8623481	10.87262116	14.6024058	11.29124469
14.8472005	10.89994029	14.5849724	11.31606434
14.8319005	10.92710918	14.5674072	11.34072143
14.8164493	10.954127	14.5497115	11.36521527
14.8008481	10.98099291	14.5318866	11.38954519
14.7850984	11.00770609	14.5139339	11.41371053
14.7692012	11.03426572	14.4958547	11.43771062
14.7531579	11.060671	14.4776503	11.46154483
14.7369698	11.08692113	14.4593221	11.48521251
14.7206381	11.11301533		

训练数据集和测试数据集在处理前都已规范化。

9.3.1　示例 5b 的网络架构

图 9-7 显示了网络架构。

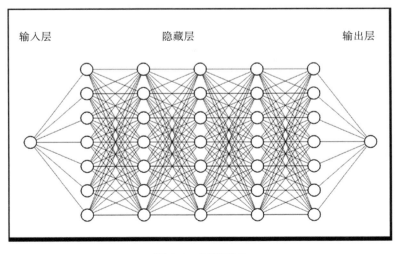

输入层　　　　　　　　　隐藏层　　　　　　　　　输出层

图 9-7　网络架构

9.3.2　示例 5b 的程序代码

清单 9-6 显示了使用常规过程进行逼近的程序代码。

清单 9-6　常规逼近过程的程序代码

```java
// ================================================
// Approximation spiral-like function using the conventional process.
// The input file is normalized.
// ================================================
package sample8;

import java.io.BufferedReader;
import java.io.File;
import java.io.FileInputStream;
import java.io.PrintWriter;
import java.io.FileNotFoundException;
import java.io.FileReader;
import java.io.FileWriter;
import java.io.IOException;
import java.io.InputStream;
import java.nio.file.*;
import java.util.Properties;
import java.time.YearMonth;
import java.awt.Color;
import java.awt.Font;
import java.io.BufferedReader;
import java.text.DateFormat;
import java.text.ParseException;
import java.text.SimpleDateFormat;
import java.time.LocalDate;
import java.time.Month;
import java.time.ZoneId;
import java.util.ArrayList;
import java.util.Calendar;
import java.util.Date;
import java.util.List;
import java.util.Locale;
import java.util.Properties;

import org.encog.Encog;
import org.encog.engine.network.activation.ActivationTANH;
import org.encog.engine.network.activation.ActivationReLU;
import org.encog.ml.data.MLData;
import org.encog.ml.data.MLDataPair;
import org.encog.ml.data.MLDataSet;
import org.encog.ml.data.buffer.MemoryDataLoader;
import org.encog.ml.data.buffer.codec.CSVDataCODEC;
import org.encog.ml.data.buffer.codec.DataSetCODEC;
import org.encog.neural.networks.BasicNetwork;
import org.encog.neural.networks.layers.BasicLayer;
```

```java
import org.encog.neural.networks.training.propagation.resilient.
ResilientPropagation;
import org.encog.persist.EncogDirectoryPersistence;
import org.encog.util.csv.CSVFormat;

import org.knowm.xchart.SwingWrapper;
import org.knowm.xchart.XYChart;
import org.knowm.xchart.XYChartBuilder;
import org.knowm.xchart.XYSeries;
import org.knowm.xchart.demo.charts.ExampleChart;
import org.knowm.xchart.style.Styler.LegendPosition;
import org.knowm.xchart.style.colors.ChartColor;
import org.knowm.xchart.style.colors.XChartSeriesColors;
import org.knowm.xchart.style.lines.SeriesLines;
import org.knowm.xchart.style.markers.SeriesMarkers;
import org.knowm.xchart.BitmapEncoder;
import org.knowm.xchart.BitmapEncoder.BitmapFormat;
import org.knowm.xchart.QuickChart;
import org.knowm.xchart.SwingWrapper;
public class Sample8 implements ExampleChart<XYChart>
{
    // Interval to normalize
    static double Nh =  1;
    static double Nl = -1;

    // First column
    static double minXPointDl = 1.00;
    static double maxXPointDh = 20.00;

    // Second column - target data
    static double minTargetValueDl = 1.00;
    static double maxTargetValueDh = 20.00;
    static double doublePointNumber = 0.00;
    static int intPointNumber = 0;
    static InputStream input = null;
    static double[] arrPrices = new double[2500];
    static double normInputXPointValue = 0.00;
    static double normPredictXPointValue = 0.00;
    static double normTargetXPointValue = 0.00;
    static double normDifferencePerc = 0.00;
    static double returnCode = 0.00;
    static double denormInputXPointValue = 0.00;
    static double denormPredictXPointValue = 0.00;
    static double denormTargetXPointValue = 0.00;
    static double valueDifference = 0.00;
    static int numberOfInputNeurons;
    static int numberOfOutputNeurons;
    static int intNumberOfRecordsInTestFile;
    static String trainFileName;
    static String priceFileName;
    static String testFileName;
```

```
    static String chartTrainFileName;
    static String chartTestFileName;
    static String networkFileName;
    static int workingMode;
    static String cvsSplitBy = ",";

    static int numberOfInputRecords = 0;

    static List<Double> xData = new ArrayList<Double>();
    static List<Double> yData1 = new ArrayList<Double>();
    static List<Double> yData2 = new ArrayList<Double>();

    static XYChart Chart;

@Override
public XYChart getChart()
 {
  // Create Chart

  Chart = new  XYChartBuilder().width(900).height(500).title(getClass().
          getSimpleName()).xAxisTitle("x").yAxisTitle("y= f(x)").build();
  // Customize Chart
  Chart = new  XYChartBuilder().width(900).height(500).title(getClass().
          getSimpleName()).xAxisTitle("x").yAxisTitle("y= f(x)").build();

  // Customize Chart
  Chart.getStyler().setPlotBackgroundColor(ChartColor.
  getAWTColor(ChartColor.GREY));
  Chart.getStyler().setPlotGridLinesColor(new Color(255, 255, 255));

  //Chart.getStyler().setPlotBackgroundColor(ChartColor.getAWTColor
  (ChartColor.WHITE));
  //Chart.getStyler().setPlotGridLinesColor(new Color(0, 0, 0));
  Chart.getStyler().setChartBackgroundColor(Color.WHITE);
  //Chart.getStyler().setLegendBackgroundColor(Color.PINK);
  Chart.getStyler().setLegendBackgroundColor(Color.WHITE);
  //Chart.getStyler().setChartFontColor(Color.MAGENTA);
  Chart.getStyler().setChartFontColor(Color.BLACK);
  Chart.getStyler().setChartTitleBoxBackgroundColor(new Color(0, 222, 0));
  Chart.getStyler().setChartTitleBoxVisible(true);
  Chart.getStyler().setChartTitleBoxBorderColor(Color.BLACK);
  Chart.getStyler().setPlotGridLinesVisible(true);
  Chart.getStyler().setAxisTickPadding(20);
  Chart.getStyler().setAxisTickMarkLength(15);
  Chart.getStyler().setPlotMargin(20);
  Chart.getStyler().setChartTitleVisible(false);
  Chart.getStyler().setChartTitleFont(new Font(Font.MONOSPACED,
  Font.BOLD, 24));
  Chart.getStyler().setLegendFont(new Font(Font.SERIF, Font.PLAIN, 18));
  //Chart.getStyler().setLegendPosition(LegendPosition.InsideSE);
  Chart.getStyler().setLegendPosition(LegendPosition.OutsideS);
  Chart.getStyler().setLegendSeriesLineLength(12);
  Chart.getStyler().setAxisTitleFont(new Font(Font.SANS_SERIF, Font.
```

```java
ITALIC, 18));
Chart.getStyler().setAxisTickLabelsFont(new Font(Font.SERIF, Font.
PLAIN, 11));
Chart.getStyler().setDatePattern("yyyy-MM");
Chart.getStyler().setDecimalPattern("#0.00");

try
   {
     // Configuration

     // Set the mode the program should run

     workingMode = 1; // Training mode

     if(workingMode == 1)
       {
         // Training mode
         numberOfInputRecords = 1001;
         trainFileName =
           "/My_Neural_Network_Book/Book_Examples/Sample8_Calculate_
           Train_Norm.csv";
         chartTrainFileName =
           "C:/My_Neural_Network_Book/Book_Examples/
             Sample8_Chart_ComplexFormula_Spiral_Train_Results.csv";
       }
     else
       {
         // Testing mode
         numberOfInputRecords = 1003;
         intNumberOfRecordsInTestFile = 3;
         testFileName = "C:/Book_Examples/Sample2_Norm.csv";
         chartTestFileName = "XYLine_Test_Results_Chart";
       }

     // Common part of config data
     networkFileName = "C:/My_Neural_Network_Book/Book_Examples/
         Sample8_Saved_Network_File.csv";

     numberOfInputNeurons = 1;
     numberOfOutputNeurons = 1;

     // Check the working mode to run
     if(workingMode == 1)
       {
         // Training mode
         File file1 = new File(chartTrainFileName);
         File file2 = new File(networkFileName);

         if(file1.exists())
           file1.delete();

         if(file2.exists())
           file2.delete();

         returnCode = 0;     // Clear the error Code
```

```
            do
             {
                returnCode = trainValidateSaveNetwork();
             }   while (returnCode > 0);
           }
          else
           {
              // Test mode
              loadAndTestNetwork();
           }
        }
      catch (Throwable t)
        {
          t.printStackTrace();
          System.exit(1);
        }
      finally
        {
          Encog.getInstance().shutdown();
        }
    Encog.getInstance().shutdown();

    return Chart;

 } // End of the method
// ========================================================
// Load CSV to memory.
// @return The loaded dataset.
// ========================================================
public static MLDataSet loadCSV2Memory(String filename, int input, int
ideal, boolean headers, CSVFormat format, boolean significance)
   {
       DataSetCODEC codec = new CSVDataCODEC(new File(filename), format,
       headers, input, ideal, significance);
       MemoryDataLoader load = new MemoryDataLoader(codec);
       MLDataSet dataset = load.external2Memory();
       return dataset;
   }

// ========================================================
//  The main method.
//  @param Command line arguments. No arguments are used.
// ========================================================
public static void main(String[] args)
  {
     ExampleChart<XYChart> exampleChart = new Sample8();
     XYChart Chart = exampleChart.getChart();
     new SwingWrapper<XYChart>(Chart).displayChart();
  } // End of the main method

//================================================================
// This method trains, Validates, and saves the trained network file
```

```
//=====================================================================
static public double trainValidateSaveNetwork()
 {
   // Load the training CSV file in memory
   MLDataSet trainingSet =
     loadCSV2Memory(trainFileName,numberOfInputNeurons,numberOf
     OutputNeurons,true,CSVFormat.ENGLISH,false);
   // create a neural network
   BasicNetwork network = new BasicNetwork();

   // Input layer
   network.addLayer(new BasicLayer(null,true,1));

   // Hidden layer
   network.addLayer(new BasicLayer(new ActivationTANH(),true,10));
   network.addLayer(new BasicLayer(new ActivationTANH(),true,10));
   network.addLayer(new BasicLayer(new ActivationTANH(),true,10));
   network.addLayer(new BasicLayer(new ActivationTANH(),true,10));
   network.addLayer(new BasicLayer(new ActivationTANH(),true,10));
   network.addLayer(new BasicLayer(new ActivationTANH(),true,10));
   network.addLayer(new BasicLayer(new ActivationTANH(),true,10));

   // Output layer
   //network.addLayer(new BasicLayer(new ActivationLOG(),false,1));
   network.addLayer(new BasicLayer(new ActivationTANH(),false,1));

   network.getStructure().finalizeStructure();
   network.reset();

   // train the neural network
   final ResilientPropagation train = new ResilientPropagation(network,
   trainingSet);

   int epoch = 1;

   do
    {
     train.iteration();
     System.out.println("Epoch #" + epoch + " Error:" + train.getError());

      epoch++;

     if (epoch >= 11000 && network.calculateError(trainingSet) > 0.2251)
        {
          returnCode = 1;

          System.out.println("Try again");
          return returnCode;
        }
    } while(train.getError() > 0.225);

   // Save the network file
   EncogDirectoryPersistence.saveObject(new File(networkFileName),
   network);

   System.out.println("Neural Network Results:");
```

```
double sumNormDifferencePerc = 0.00;
double averNormDifferencePerc = 0.00;
double maxNormDifferencePerc = 0.00;

int m = 0;
double xPointer = 0.00;

for(MLDataPair pair: trainingSet)
  {
      m++;
      xPointer++;

      //if(m == 0)
      // continue;

       final MLData output = network.compute(pair.getInput());

       MLData inputData = pair.getInput();
       MLData actualData = pair.getIdeal();
       MLData predictData = network.compute(inputData);

       // Calculate and print the results
       normInputXPointValue = inputData.getData(0);
       normTargetXPointValue = actualData.getData(0);
       normPredictXPointValue = predictData.getData(0);

       denormInputXPointValue = ((minXPointDl - maxXPointDh)*normInpu
       tXPointValue - Nh*minXPointDl + maxXPointDh *Nl)/(Nl - Nh);
       denormTargetXPointValue =((minTargetValueDl - maxTargetValueDh)*
       normTargetXPointValue - Nh*minTargetValueDl + maxTarget
       ValueDh*Nl)/(Nl - Nh);
       denormPredictXPointValue =((minTargetValueDl - maxTarget
       ValueDh)* normPredictXPointValue - Nh*minTargetValueDl + max
       TargetValueDh*Nl)/(Nl - Nh);

       valueDifference = Math.abs(((denormTargetXPointValue -
       denormPredictXPointValue)/denormTargetXPointValue)*100.00);

       System.out.println ("Day = " + denormInputXPointValue +
       "  denormTargetXPointValue = " + denormTargetXPointValue +
       "  denormPredictXPointValue = " + denormPredictXPointValue +
       "  valueDifference = " + valueDifference);
       //System.out.println("intPointNumber = " + intPointNumber);

       sumNormDifferencePerc = sumNormDifferencePerc + valueDifference;

       if (valueDifference > maxNormDifferencePerc)
         maxNormDifferencePerc = valueDifference;

      xData.add(denormInputXPointValue);
      yData1.add(denormTargetXPointValue);
      yData2.add(denormPredictXPointValue);

}   // End for pair loop

XYSeries series1 = Chart.addSeries("Actual data", xData, yData1);
XYSeries series2 = Chart.addSeries("Predict data", xData, yData2);
```

```
        series1.setLineColor(XChartSeriesColors.BLACK);
        series2.setLineColor(XChartSeriesColors.LIGHT_GREY);

        series1.setMarkerColor(Color.BLACK);
        series2.setMarkerColor(Color.WHITE);
        series1.setLineStyle(SeriesLines.NONE);
        series2.setLineStyle(SeriesLines.SOLID);
        try
         {
           //Save the chart image
           BitmapEncoder.saveBitmapWithDPI(Chart, chartTrainFileName,
             BitmapFormat.JPG, 100);
           System.out.println ("Train Chart file has been saved") ;
         }
      catch (IOException ex)
        {
         ex.printStackTrace();
         System.exit(3);
        }

        // Finally, save this trained network
        EncogDirectoryPersistence.saveObject(new File(networkFileName),
        network);
        System.out.println ("Train Network has been saved") ;

        averNormDifferencePerc   = sumNormDifferencePerc/numberOfInput
        Records;

        System.out.println(" ");
        System.out.println("maxNormDifferencePerc = " + maxNormDifference
        Perc + averNormDifferencePerc = " + averNormDifferencePerc);"

        returnCode = 0.00;
        return returnCode;

     }   // End of the method

//=================================================
// This method load and test the trained network
//=================================================
static public void loadAndTestNetwork()
 {
   System.out.println("Testing the networks results");
   List<Double> xData = new ArrayList<Double>();
   List<Double> yData1 = new ArrayList<Double>();
   List<Double> yData2 = new ArrayList<Double>();

   double targetToPredictPercent = 0;
   double maxGlobalResultDiff = 0.00;
   double averGlobalResultDiff = 0.00;
   double sumGlobalResultDiff = 0.00;
   double maxGlobalIndex = 0;
   double normInputXPointValueFromRecord = 0.00;
```

```
double normTargetXPointValueFromRecord = 0.00;
double normPredictXPointValueFromRecord = 0.00;

BasicNetwork network;

maxGlobalResultDiff = 0.00;
averGlobalResultDiff = 0.00;
sumGlobalResultDiff = 0.00;

// Load the test dataset into memory
MLDataSet testingSet =
loadCSV2Memory(testFileName,numberOfInputNeurons,numberOfOutput
Neurons,true, CSVFormat.ENGLISH,false);

// Load the saved trained network
network =
   (BasicNetwork)EncogDirectoryPersistence.loadObject(new File(network
   FileName));

int i = - 1; // Index of the current record
double xPoint = -0.00;

for (MLDataPair pair:  testingSet)
 {
     i++;
     xPoint = xPoint + 2.00;
     MLData inputData = pair.getInput();
     MLData actualData = pair.getIdeal();
     MLData predictData = network.compute(inputData);

     // These values are Normalized as the whole input is
     normInputXPointValueFromRecord = inputData.getData(0);
     normTargetXPointValueFromRecord = actualData.getData(0);
     normPredictXPointValueFromRecord = predictData.getData(0);

     denormInputXPointValue = ((minXPointDl - maxXPointDh)*
     normInputXPointValueFromRecord - Nh*minXPointDl + maxX
     PointDh*Nl)/(Nl - Nh);
     denormTargetXPointValue = ((minTargetValueDl - maxTargetValueDh)*
     normTargetXPointValueFromRecord - Nh*minTargetValueDl +
     maxTargetValueDh*Nl)/(Nl - Nh);
     denormPredictXPointValue =((minTargetValueDl - maxTargetValueDh)*
     normPredictXPointValueFromRecord - Nh*minTargetValueDl +
     maxTargetValueDh*Nl)/(Nl - Nh);

     targetToPredictPercent = Math.abs((denormTargetXPointValue -
     denormPredictXPointValue)/denormTargetXPointValue*100);

     System.out.println("xPoint = " + xPoint +  "  denormTargetX
     PointValue = " + denormTargetXPointValue + "  denormPredictX
     PointValue = " + denormPredictXPointValue + " targetToPredict
     Percent = " + targetToPredictPercent);

     if (targetToPredictPercent > maxGlobalResultDiff)
        maxGlobalResultDiff = targetToPredictPercent;
```

```
       sumGlobalResultDiff = sumGlobalResultDiff + targetToPredict
       Percent;

       // Populate chart elements
       xData.add(xPoint);
       yData1.add(denormTargetXPointValue);
       yData2.add(denormPredictXPointValue);

   }  // End for pair loop
  // Print the max and average results
  System.out.println(" ");
  averGlobalResultDiff = sumGlobalResultDiff/numberOfInputRecords;

  System.out.println("maxGlobalResultDiff = " + maxGlobalResultDiff +
  "  i = " + maxGlobalIndex);
  System.out.println("averGlobalResultDiff = " + averGlobalResultDiff);

  // All testing batch files have been processed
  XYSeries series1 = Chart.addSeries("Actual", xData, yData1);
  XYSeries series2 = Chart.addSeries("Predicted", xData, yData2);

  series1.setLineColor(XChartSeriesColors.BLUE);
  series2.setMarkerColor(Color.ORANGE);
  series1.setLineStyle(SeriesLines.SOLID);
  series2.setLineStyle(SeriesLines.SOLID);

  // Save the chart image
  try
   {
     BitmapEncoder.saveBitmapWithDPI(Chart, chartTestFileName ,
     BitmapFormat.JPG, 100);
   }
  catch (Exception bt)
   {
     bt.printStackTrace();
   }

  System.out.println ("The Chart has been saved");
  System.out.println("End of testing for test records");

 } // End of the method

} // End of the class
```

该函数是用常规的网络处理方法逼近的。清单 9-7 显示了常规处理结果的结束片段。

清单 9-7 常规训练结果的结束片段

```
Day = 5.57799  TargetValue = 11.53242  PredictedValue = 1.15068
DiffPerc = 90.02216
Day = 5.55941  TargetValue = 11.50907  PredictedValue = 1.15073
DiffPerc = 90.00153
Day = 5.54095  TargetValue = 11.48556  PredictedValue = 1.15077
```

```
DiffPerc = 89.98067
Day = 5.52261   TargetValue = 11.46188   PredictedValue = 1.15082
DiffPerc = 89.95958
Day = 5.50439   TargetValue = 11.43804   PredictedValue = 1.15086
DiffPerc = 89.93824
Day = 5.48630   TargetValue = 11.41403   PredictedValue = 1.15091
DiffPerc = 89.91667
Day = 5.46834   TargetValue = 11.38986   PredictedValue = 1.15096
DiffPerc = 89.89485
Day = 5.45051   TargetValue = 11.36552   PredictedValue = 1.15100
DiffPerc = 89.87280
Day = 5.43280   TargetValue = 11.34101   PredictedValue = 1.15105
DiffPerc = 89.85049
Day = 5.41522   TargetValue = 11.31634   PredictedValue = 1.15110
DiffPerc = 89.82794
Day = 5.39778   TargetValue = 11.29151   PredictedValue = 1.15115
DiffPerc = 89.80515
Day = 5.38047   TargetValue = 11.26652   PredictedValue = 1.15120
DiffPerc = 89.78210
Day = 5.36329   TargetValue = 11.24137   PredictedValue = 1.15125
DiffPerc = 89.75880
Day = 5.34625   TargetValue = 11.21605   PredictedValue = 1.15130
DiffPerc = 89.73525
Day = 5.32935   TargetValue = 11.19058   PredictedValue = 1.15134
DiffPerc = 89.71144
Day = 5.31259   TargetValue = 11.16495   PredictedValue = 1.15139
DiffPerc = 89.68737
Day = 5.29596   TargetValue = 11.13915   PredictedValue = 1.15144
DiffPerc = 89.66305
Day = 5.27948   TargetValue = 11.11321   PredictedValue = 1.15149
DiffPerc = 89.63846
Day = 5.26314   TargetValue = 11.08710   PredictedValue = 1.15154
DiffPerc = 89.61361
Day = 5.24694   TargetValue = 11.06084   PredictedValue = 1.15159
DiffPerc = 89.58850
Day = 5.23089   TargetValue = 11.03442   PredictedValue = 1.15165
DiffPerc = 89.56311
Day = 5.21498   TargetValue = 11.00785   PredictedValue = 1.15170
DiffPerc = 89.53746
Day = 5.19923   TargetValue = 10.98112   PredictedValue = 1.15175
DiffPerc = 89.51153
Day = 5.18362   TargetValue = 10.95424   PredictedValue = 1.15180
DiffPerc = 89.48534
Day = 5.16816   TargetValue = 10.92721   PredictedValue = 1.15185
DiffPerc = 89.45886
Day = 5.15285   TargetValue = 10.90003   PredictedValue = 1.15190
DiffPerc = 89.43211
Day = 5.13769   TargetValue = 10.87270   PredictedValue = 1.15195
DiffPerc = 89.40508
Day = 5.12269   TargetValue = 10.84522   PredictedValue = 1.15200
```

```
DiffPerc = 89.37776
Day = 5.10784   TargetValue = 10.81759   PredictedValue = 1.15205
DiffPerc = 89.35016
Day = 5.09315   TargetValue = 10.78981   PredictedValue = 1.15210
DiffPerc = 89.32228
Day = 5.07862   TargetValue = 10.76188   PredictedValue = 1.15215
DiffPerc = 89.29410

maxErrorPerc = 91.1677948809837
averErrorPerc = 90.04645291133258
```

采用常规方法，逼近结果如下：

❑ 最大误差百分比超过 91.16%。

❑ 平均误差百分比超过 90 0611%。

图 9-8 显示了使用常规网络处理的训练逼近结果的图表。

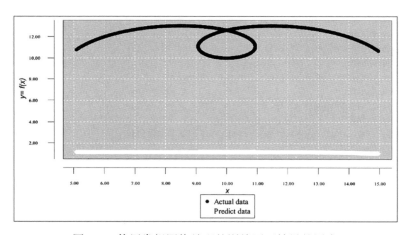

图 9-8　使用常规网络处理的训练逼近结果的图表

显然，这样的逼近值是完全无用的。

9.4　用微批次方法逼近同一函数

现在，让我们用微批次方法来逼近这个函数。规范化的训练数据集再次被分解成一组训练微批次文件，现在它是训练过程的输入。清单 9-8 显示了使用微批次处理的训练方法的程序代码。

清单 9-8　使用微批次处理的训练方法的程序代码

```
// ============================================================
// Approximation the spiral-like function using the micro-batch method.
// The input is the normalized set of micro-batch files  (each micro-batch
```

```
// includes a single day record).
// Each record consists of:
// - normDayValue
// - normTargetValue
//
// The number of inputLayer neurons is 1
// The number of outputLayer neurons is 1
// Each network is saved on disk and a map is created to link each saved
   trained
// network with the corresponding training micro-batch file.
// =================================================================

package sample8_microbatches;

import java.io.BufferedReader;
import java.io.File;
import java.io.FileInputStream;
import java.io.PrintWriter;
import java.io.FileNotFoundException;
import java.io.FileReader;
import java.io.FileWriter;
import java.io.IOException;
import java.io.InputStream;
import java.nio.file.*;
import java.util.Properties;
import java.time.YearMonth;
import java.awt.Color;
import java.awt.Font;
import java.io.BufferedReader;
import java.time.Month;
import java.time.ZoneId;
import java.util.ArrayList;
import java.util.Calendar;
import java.util.List;
import java.util.Locale;
import java.util.Properties;
import org.encog.Encog;
import org.encog.engine.network.activation.ActivationTANH;
import org.encog.engine.network.activation.ActivationReLU;
import org.encog.ml.data.MLData;
import org.encog.ml.data.MLDataPair;
import org.encog.ml.data.MLDataSet;
import org.encog.ml.data.buffer.MemoryDataLoader;
import org.encog.ml.data.buffer.codec.CSVDataCODEC;
import org.encog.ml.data.buffer.codec.DataSetCODEC;
import org.encog.neural.networks.BasicNetwork;
import org.encog.neural.networks.layers.BasicLayer;
import org.encog.neural.networks.training.propagation.resilient.
   ResilientPropagation;
import org.encog.persist.EncogDirectoryPersistence;
import org.encog.util.csv.CSVFormat;
```

```java
import org.knowm.xchart.SwingWrapper;
import org.knowm.xchart.XYChart;
import org.knowm.xchart.XYChartBuilder;
import org.knowm.xchart.XYSeries;
import org.knowm.xchart.demo.charts.ExampleChart;
import org.knowm.xchart.style.Styler.LegendPosition;
import org.knowm.xchart.style.colors.ChartColor;
import org.knowm.xchart.style.colors.XChartSeriesColors;
import org.knowm.xchart.style.lines.SeriesLines;
import org.knowm.xchart.style.markers.SeriesMarkers;
import org.knowm.xchart.BitmapEncoder;
import org.knowm.xchart.BitmapEncoder.BitmapFormat;
import org.knowm.xchart.QuickChart;
import org.knowm.xchart.SwingWrapper;
public class Sample8_Microbatches implements ExampleChart<XYChart>
{
   // Normalization parameters

   // Normalizing interval
   static double Nh =  1;
   static double Nl = -1;

   // inputFunctValueDiffPerc
   static double inputDayDh = 20.00;
   static double inputDayDl = 1.00;

   // targetFunctValueDiffPerc
   static double targetFunctValueDiffPercDh = 20.00;
   static double targetFunctValueDiffPercDl = 1.00;

   static String cvsSplitBy = ",";
   static Properties prop = null;

   static String strWorkingMode;
   static String strNumberOfBatchesToProcess;
   static String strTrainFileNameBase;
   static String strTestFileNameBase;
   static String strSaveTrainNetworkFileBase;
   static String strSaveTestNetworkFileBase;
   static String strValidateFileName;
   static String strTrainChartFileName;
   static String strTestChartFileName;
   static String strFunctValueTrainFile;
   static String strFunctValueTestFile;
   static int intDayNumber;
   static double doubleDayNumber;
   static int intWorkingMode;
   static int numberOfTrainBatchesToProcess;
   static int numberOfTestBatchesToProcess;
   static int intNumberOfRecordsInTrainFile;
   static int intNumberOfRecordsInTestFile;
   static int intNumberOfRowsInBatches;
```

```
  static int intInputNeuronNumber;
  static int intOutputNeuronNumber;
  static String strOutputFileName;
  static String strSaveNetworkFileName;
  static String strDaysTrainFileName;
  static XYChart Chart;
  static String iString;
  static double inputFunctValueFromFile;
  static double targetToPredictFunctValueDiff;
  static int[] returnCodes  = new int[3];

  static List<Double> xData = new ArrayList<Double>();
  static List<Double> yData1 = new ArrayList<Double>();
  static List<Double> yData2 = new ArrayList<Double>();

  static double[] DaysyearDayTraining = new double[1200];
  static String[] strTrainingFileNames = new String[1200];
  static String[] strTestingFileNames = new String[1200];
  static String[] strSaveTrainNetworkFileNames = new String[1200];
  static double[] linkToSaveNetworkDayKeys = new double[1200];
  static double[] linkToSaveNetworkTargetFunctValueKeys = new double[1200];
  static double[] arrTrainFunctValues = new double[1200];
  static double[] arrTestFunctValues = new double[1200];
@Override
public XYChart getChart()
 {
   // Create Chart

  Chart = new XYChartBuilder().width(900).height(500).title(getClass().
    getSimpleName()).xAxisTitle("day").yAxisTitle("y=f(day)").build();

  // Customize Chart
  Chart.getStyler().setPlotBackgroundColor(ChartColor.getAWTColor
  (ChartColor.GREY));
  Chart.getStyler().setPlotGridLinesColor(new Color(255, 255, 255));
  Chart.getStyler().setChartBackgroundColor(Color.WHITE);
  Chart.getStyler().setLegendBackgroundColor(Color.PINK);
  Chart.getStyler().setChartFontColor(Color.MAGENTA);
  Chart.getStyler().setChartTitleBoxBackgroundColor(new Color(0, 222, 0));
  Chart.getStyler().setChartTitleBoxVisible(true);
  Chart.getStyler().setChartTitleBoxBorderColor(Color.BLACK);
  Chart.getStyler().setPlotGridLinesVisible(true);
  Chart.getStyler().setAxisTickPadding(20);
  Chart.getStyler().setAxisTickMarkLength(15);
  Chart.getStyler().setPlotMargin(20);
  Chart.getStyler().setChartTitleVisible(false);
  Chart.getStyler().setChartTitleFont(new Font(Font.MONOSPACED,
  Font.BOLD, 24));
  Chart.getStyler().setLegendFont(new Font(Font.SERIF, Font.PLAIN, 18));
  // Chart.getStyler().setLegendPosition(LegendPosition.InsideSE);
  Chart.getStyler().setLegendPosition(LegendPosition.OutsideE);
```

```java
Chart.getStyler().setLegendSeriesLineLength(12);
Chart.getStyler().setAxisTitleFont(new Font(Font.SANS_SERIF,
Font.ITALIC, 18));
Chart.getStyler().setAxisTickLabelsFont(new Font(Font.SERIF,
Font.PLAIN, 11));
//Chart.getStyler().setDayPattern("yyyy-MM");
Chart.getStyler().setDecimalPattern("#0.00");

// Config data

// Set the mode the program should run
intWorkingMode = 1;  // Training mode

if(intWorkingMode == 1)
  {
    numberOfTrainBatchesToProcess = 1000;
    numberOfTestBatchesToProcess = 999;
    intNumberOfRowsInBatches = 1;
    intInputNeuronNumber = 1;
    intOutputNeuronNumber = 1;
    strTrainFileNameBase = "C:/My_Neural_Network_Book/Book_Examples/
    Work_Files/Sample8_Microbatch_Train_";
    strTestFileNameBase = "C:/My_Neural_Network_Book/Book_Examples/
    Work_Files/Sample8_Microbatch_Test_";
    strSaveTrainNetworkFileBase = "C:/My_Neural_Network_Book/Book_
    Examples/Work_Files/Sample8_Save_Network_Batch_";
    strTrainChartFileName = "C:/Book_Examples/Sample8_Chart_Train_File_
    Microbatch.jpg";
    strTestChartFileName = "C:/Book_Examples/Sample8_Chart_Test_File_
    Microbatch.jpg";

    // Generate training batches file names and the corresponding
    // SaveNetwork file names

    intDayNumber = -1;  // Day number for the chart

    for (int i = 0; i < numberOfTrainBatchesToProcess; i++)
      {
        intDayNumber++;

        iString = Integer.toString(intDayNumber);

        if (intDayNumber >= 10 & intDayNumber < 100  )
          {
            strOutputFileName = strTrainFileNameBase + "0" +
            iString + ".csv";
            strSaveNetworkFileName = strSaveTrainNetwork
            FileBase + "0" + iString + ".csv";
          }
        else
{
    if (intDayNumber < 10)
      {
```

```
               strOutputFileName = strTrainFileNameBase + "00" +
               iString + ".csv";
               strSaveNetworkFileName = strSaveTrainNetworkFileBase +
               "00" + iString + ".csv";
            }
       else
         {
          strOutputFileName = strTrainFileNameBase + iString + ".csv";

          strSaveNetworkFileName = strSaveTrainNetworkFileBase +
             iString + ".csv";
         }
    }

    strTrainingFileNames[intDayNumber] = strOutputFileName;
    strSaveTrainNetworkFileNames[intDayNumber] =
    strSaveNetworkFileName;

} // End the FOR loop

// Build the array linkToSaveNetworkFunctValueDiffKeys
String tempLine;
double tempNormFunctValueDiff = 0.00;
double tempNormFunctValueDiffPerc = 0.00;
double tempNormTargetFunctValueDiffPerc = 0.00;

String[] tempWorkFields;

try
 {
    intDayNumber = -1;  // Day number for the chart

    for (int m = 0; m < numberOfTrainBatchesToProcess; m++)
      {
          intDayNumber++;

          BufferedReader br3 = new BufferedReader(new
            FileReader(strTrainingFileNames[intDayNumber]));

          tempLine = br3.readLine();

          // Skip the label record and zero batch record
          tempLine = br3.readLine();

          // Break the line using comma as separator
          tempWorkFields = tempLine.split(cvsSplitBy);
          tempNormFunctValueDiffPerc = Double.parseDouble
          (tempWorkFields[0]);
          tempNormTargetFunctValueDiffPerc = Double.parseDouble
          (tempWorkFields[1]);

          linkToSaveNetworkDayKeys[intDayNumber] = tempNormFunct
          ValueDiffPerc;

          linkToSaveNetworkTargetFunctValueKeys[intDayNumber] =
          tempNormTargetFunctValueDiffPerc;
```

```
            }   // End the FOR loop

        }
    else
        {
            // Testing mode. Generate testing batch file names
            intDayNumber = -1;

            for (int i = 0; i < numberOfTestBatchesToProcess; i++)
              {
                intDayNumber++;
                iString = Integer.toString(intDayNumber);

                // Construct the testing batch names
                if (intDayNumber >= 10 & intDayNumber < 100  )
                  {
                     strOutputFileName = strTestFileNameBase + "0" +
                     iString + ".csv";
                  }
                else
                  {
                     if (intDayNumber < 10)
                       {
                        strOutputFileName = strTestFileNameBase + "00" +
                        iString + ".csv";
                       }
                     else
                       {
                          strOutputFileName = strTestFileNameBase +
                          iString + ".csv";
                       }
                  }

             strTestingFileNames[intDayNumber] = strOutputFileName;

          }  // End the FOR loop

        }   // End of IF

    }    // End for try
  catch (IOException io1)
    {
       io1.printStackTrace();
       System.exit(1);
    }
  }
else
  {
        // Train mode
        // Load, train, and test Function Values file in memory
        loadTrainFunctValueFileInMemory();

        int paramErrorCode;
```

```
          int paramBatchNumber;
          int paramR;
          int paramDayNumber;
          int paramS;

          File file1 = new File(strTrainChartFileName);

          if(file1.exists())
            file1.delete();
          returnCodes[0] = 0;     // Clear the error Code
          returnCodes[1] = 0;     // Set the initial batch Number to 0;
          returnCodes[2] = 0;     // Day number;

          do
            {
              paramErrorCode = returnCodes[0];
              paramBatchNumber = returnCodes[1];
              paramDayNumber = returnCodes[2];

              returnCodes =
                trainBatches(paramErrorCode,paramBatchNumber,paramDayNumber);
            } while (returnCodes[0] > 0);
        }    // End the train logic
      else
        {
          // Testing mode

          File file2 = new File(strTestChartFileName);

          if(file2.exists())
            file2.delete();

          loadAndTestNetwork();

          // End the test logic
        }

      Encog.getInstance().shutdown();
      //System.exit(0);
      return Chart;

  }  // End of method

// ======================================================
// Load CSV to memory.
// @return The loaded dataset.
// ======================================================
public static MLDataSet loadCSV2Memory(String filename, int input, int
ideal, boolean headers, CSVFormat format, boolean significance)
  {
      DataSetCODEC codec = new CSVDataCODEC(new File(filename), format,
      headers, input, ideal, significance);
      MemoryDataLoader load = new MemoryDataLoader(codec);
      MLDataSet dataset = load.external2Memory();
      return dataset;
```

```
   }
// ========================================================
//   The main method.
//   @param Command line arguments. No arguments are used.
// ========================================================
public static void main(String[] args)
 {
    ExampleChart<XYChart> exampleChart = new Sample8_Microbatches();
    XYChart Chart = exampleChart.getChart();
    new SwingWrapper<XYChart>(Chart).displayChart();
 } // End of the main method

//======================================
// This method trains batches as individual network1s
// saving them in separate trained datasets
//======================================
static public int[] trainBatches(int paramErrorCode,
                                 int paramBatchNumber,int
                                 paramDayNumber)
   {
     int rBatchNumber;
     double targetToPredictFunctValueDiff = 0;
     double maxGlobalResultDiff = 0.00;
     double averGlobalResultDiff = 0.00;
     double sumGlobalResultDiff = 0.00;
     double normInputFunctValueFromRecord = 0.00;
     double normTargetFunctValue1 = 0.00;
     double normPredictFunctValue1 = 0.00;
     double denormInputDayFromRecord;
     double denormInputFunctValueFromRecord = 0.00;
     double denormTargetFunctValue = 0.00;
     double denormPredictFunctValue1 = 0.00;

     BasicNetwork network1 = new BasicNetwork();

     // Input layer
     network1.addLayer(new BasicLayer(null,true,intInputNeuronNumber));

    // Hidden layer.
    network1.addLayer(new BasicLayer(new ActivationTANH(),true,7));
    network1.addLayer(new BasicLayer(new ActivationTANH(),true,7));
    network1.addLayer(new BasicLayer(new ActivationTANH(),true,7));
    network1.addLayer(new BasicLayer(new ActivationTANH(),true,7));
    network1.addLayer(new BasicLayer(new ActivationTANH(),true,7));

     // Output layer
     network1.addLayer(new BasicLayer(new ActivationTANH(),false,
     intOutputNeuronNumber));

     network1.getStructure().finalizeStructure();
     network1.reset();
```

```
maxGlobalResultDiff = 0.00;
averGlobalResultDiff = 0.00;
sumGlobalResultDiff = 0.00;

// Loop over batches
intDayNumber = paramDayNumber;  // Day number for the chart

for (rBatchNumber = paramBatchNumber; rBatchNumber < numberOfTrain
BatchesToProcess;
    rBatchNumber++)
 {
   intDayNumber++;

   //if(intDayNumber == 502)
   // rBatchNumber = rBatchNumber;
   // Load the training file in memory
   MLDataSet trainingSet = loadCSV2Memory(strTrainingFileNames
   [rBatchNumber],intInputNeuronNumber,intOutputNeuronNumber,
   true,CSVFormat.ENGLISH,false);

   // train the neural network1
   ResilientPropagation train = new ResilientPropagation(network1,
   trainingSet);

   int epoch = 1;

   do
     {
       train.iteration();
       epoch++;

       for (MLDataPair pair11:  trainingSet)
        {
          MLData inputData1 = pair11.getInput();
          MLData actualData1 = pair11.getIdeal();
          MLData predictData1 = network1.compute(inputData1);

          // These values are Normalized as the whole input is
          normInputFunctValueFromRecord = inputData1.getData(0);

          normTargetFunctValue1 = actualData1.getData(0);
          normPredictFunctValue1 = predictData1.getData(0);

          denormInputFunctValueFromRecord =((inputDayDl -
          inputDayDh)*normInputFunctValueFromRecord - Nh*inputDayDl +
          inputDayDh*Nl)/(Nl - Nh);
          denormTargetFunctValue = ((targetFunctValueDiffPercDl -
          targetFunctValueDiffPercDh)*normTargetFunctValue1 -
          Nh*targetFunctValueDiffPercDl + targetFunctValue
          DiffPercDh*Nl)/(Nl - Nh);
          denormPredictFunctValue1 =((targetFunctValueDiffPercDl -
          targetFunctValueDiffPercDh)*normPredictFunctValue1 -
          Nh*targetFunctValueDiffPercDl + targetFunctValueDiff
          PercDh*Nl)/(Nl - Nh);
```

```
        //inputFunctValueFromFile = arrTrainFunctValues[rBatchNumber];

        targetToPredictFunctValueDiff = (Math.abs(denormTarget
        FunctValue - enormPredictFunctValue1)/ddenormTarget
        FunctValue)*100;
      }

    if (epoch >= 1000 && Math.abs(targetToPredictFunctValueDiff) >
    0.0000091)
     {
       returnCodes[0] = 1;
       returnCodes[1] = rBatchNumber;
       returnCodes[2] = intDayNumber-1;

       return returnCodes;
      }

    //System.out.println("intDayNumber = " + intDayNumber);

  } while(Math.abs(targetToPredictFunctValueDiff) > 0.000009);

// This batch is optimized

// Save the network1 for the current batch
EncogDirectoryPersistence.saveObject(newFile(strSaveTrainNetwork
FileNames[rBatchNumber]),network1);

// Get the results after the network1 optimization
int i = - 1;

for (MLDataPair pair1:  trainingSet)
 {
  i++;

  MLData inputData1 = pair1.getInput();
  MLData actualData1 = pair1.getIdeal();
  MLData predictData1 = network1.compute(inputData1);
  // These values are Normalized as the whole input is
  normInputFunctValueFromRecord = inputData1.getData(0);
  normTargetFunctValue1 = actualData1.getData(0);
  normPredictFunctValue1 = predictData1.getData(0);

  // De-normalize the obtained values
  denormInputFunctValueFromRecord =((inputDayDl - inputDayDh)*
  normInputFunctValueFromRecord - Nh*inputDayDl + inputDayDh*Nl)/
  (Nl - Nh);

  denormTargetFunctValue = ((targetFunctValueDiffPercDl - targetFunct
  ValueDiffPercDh)*normTargetFunctValue1 - DiffPercDl + target
  FunctValueDiffPercDh*Nl)/(Nl - Nh);

  denormPredictFunctValue1 =((targetFunctValueDiffPercDl - targetFunct
  ValueDiffPercDh)*normPredictFunctValue1 - Nh*targetFunctValue
  DiffPercDl + targetFunctValueDiffPercDh*Nl)/(Nl - Nh);

  //inputFunctValueFromFile = arrTrainFunctValues[rBatchNumber];
```

```
        targetToPredictFunctValueDiff = (Math.abs(denormTargetFunctValue -
        denormPredictFunctValue1)/denormTargetFunctValue)*100;

        System.out.println("intDayNumber = " + intDayNumber + "  target
        FunctionValue = " + denormTargetFunctValue + "  predictFunction
        Value = " + denormPredictFunctValue1 + "  valurDiff = " +
        targetToPredictFunctValueDiff);

        if (targetToPredictFunctValueDiff > maxGlobalResultDiff)
          maxGlobalResultDiff =targetToPredictFunctValueDiff;

        sumGlobalResultDiff = sumGlobalResultDiff +targetToPredict
        FunctValueDiff;

        // Populate chart elements
        xData.add(denormInputFunctValueFromRecord);
        yData1.add(denormTargetFunctValue);
        yData2.add(denormPredictFunctValue1);

      }  // End for FunctValue pair1 loop
  }  // End of the loop over batches
  sumGlobalResultDiff = sumGlobalResultDiff +targetToPredict
  FunctValueDiff;
  averGlobalResultDiff = sumGlobalResultDiff/numberOfTrainBatches
  ToProcess;

  // Print the max and average results

  System.out.println(" ");
  System.out.println(" ");
  System.out.println("maxGlobalResultDiff = " + maxGlobalResultDiff);
  System.out.println("averGlobalResultDiff = " + averGlobalResultDiff);

  XYSeries series1 = Chart.addSeries("Actual", xData, yData1);
  XYSeries series2 = Chart.addSeries("Forecasted", xData, yData2);

  series1.setMarkerColor(Color.BLACK);
  series2.setMarkerColor(Color.WHITE);
  series1.setLineStyle(SeriesLines.SOLID);
  series2.setLineStyle(SeriesLines.SOLID);

  // Save the chart image
  try
    {
      BitmapEncoder.saveBitmapWithDPI(Chart, strTrainChartFileName,
      BitmapFormat.JPG, 100);
    }
  catch (Exception bt)
    {
      bt.printStackTrace();
    }

  System.out.println ("The Chart has been saved");

  returnCodes[0] = 0;
```

```
      returnCodes[1] = 0;
      returnCodes[2] = 0;

     return returnCodes;

   } // End of method
//====================================================
// Load the previously saved trained network1 and tests it by
// processing the Test record
//====================================================
static public void loadAndTestNetwork()
 {
    System.out.println("Testing the network1s results");

    List<Double> xData = new ArrayList<Double>();
    List<Double> yData1 = new ArrayList<Double>();
    List<Double> yData2 = new ArrayList<Double>();

    double targetToPredictFunctValueDiff = 0;
    double maxGlobalResultDiff = 0.00;
    double averGlobalResultDiff = 0.00;
    double sumGlobalResultDiff = 0.00;
    double maxGlobalIndex = 0;

    double normInputDayFromRecord1 = 0.00;
    double normTargetFunctValue1 = 0.00;
    double normPredictFunctValue1 = 0.00;
    double denormInputDayFromRecord = 0.00;
    double denormTargetFunctValue = 0.00;
    double denormPredictFunctValue = 0.00;
    double normInputDayFromRecord2 = 0.00;
    double normTargetFunctValue2 = 0.00;
    double normPredictFunctValue2 = 0.00;
    double denormInputDayFromRecord2 = 0.00;
    double denormTargetFunctValue2 = 0.00;
    double denormPredictFunctValue2 = 0.00;
    double normInputDayFromTestRecord = 0.00;
    double denormInputDayFromTestRecord = 0.00;
    double denormTargetFunctValueFromTestRecord = 0.00;

    String tempLine;
    String[] tempWorkFields;
    double dayKeyFromTestRecord = 0.00;
    double targetFunctValueFromTestRecord = 0.00;
    double r1 = 0.00;
    double r2 = 0.00;
    BufferedReader br4;

    BasicNetwork network1;
    BasicNetwork network2;
    int k1 = 0;
    int k3 = 0;
```

```
try
{
    // Process testing records
    maxGlobalResultDiff = 0.00;
    averGlobalResultDiff = 0.00;
    sumGlobalResultDiff = 0.00;

    for (k1 = 0; k1 < numberOfTestBatchesToProcess; k1++)
    {
        if(k1 == 100)
            k1 = k1;

        // Read the corresponding test micro-batch file.
        br4 = new BufferedReader(new FileReader(strTestingFileNames[k1]));
        tempLine = br4.readLine();

        // Skip the label record
        tempLine = br4.readLine();

        // Break the line using comma as separator
        tempWorkFields = tempLine.split(cvsSplitBy);

        dayKeyFromTestRecord = Double.parseDouble(tempWorkFields[0]);
        targetFunctValueFromTestRecord = Double.parseDouble
        (tempWorkFields[1]);

        // De-normalize the dayKeyFromTestRecord
        denormInputDayFromTestRecord =
        ((inputDayDl - inputDayDh)*dayKeyFromTestRecord -
        Nh*inputDayDl + inputDayDh*Nl)/(Nl - Nh);
            // De-normalize the targetFunctValueFromTestRecord
        denormTargetFunctValueFromTestRecord =
        ((targetFunctValueDiffPercDl - targetFunctValueDiffPercDh)*
        targetFunctValueFromTestRecord - Nh*targetFunctValueDiffPercDl +
        targetFunctValueDiffPercDh*Nl)/(Nl - Nh);

        // Load the corresponding training micro-batch dataset in memory
        MLDataSet trainingSet1 = loadCSV2Memory(strTrainingFileNames
        [k1],intInputNeuronNumber,intOutputNeuronNumber,
        true,CSVFormat.ENGLISH,false);

        //MLDataSet testingSet =
        //    loadCSV2Memory(strTestingFileNames[k1],intInputNeuronNumber,
        //    intOutputNeuronNumber,true,CSVFormat.ENGLISH,false);

        network1 =
        (BasicNetwork)EncogDirectoryPersistence.
            loadObject(new File(strSaveTrainNetworkFileNames[k1]));

        // Get the results after the network1 optimization
        int iMax = 0;
        int i = - 1; // Index of the array to get results

        for (MLDataPair pair1:  trainingSet1)
        {
```

```
        i++;
        iMax = i+1;

        MLData inputData1 = pair1.getInput();
        MLData actualData1 = pair1.getIdeal();
        MLData predictData1 = network1.compute(inputData1);

        // These values are Normalized as the whole input is
        normInputDayFromRecord1 = inputData1.getData(0);
        normTargetFunctValue1 = actualData1.getData(0);
        normPredictFunctValue1 = predictData1.getData(0);
        denormInputDayFromRecord = ((inputDayDl - inputDayDh)*
        normInputDayFromRecord1 - Nh*inputDayDl +
        inputDayDh*Nl)/(Nl - Nh);

        denormTargetFunctValue = ((targetFunctValueDiffPercDl -
        targetFunctValueDiffPercDh)*normTargetFunctValue1 - Nh*
        targetFunctValueDiffPercDl + targetFunctValue
        DiffPercDh*Nl)/(Nl - Nh);

        denormPredictFunctValue =((targetFunctValueDiffPercDl -
        targetFunctValueDiffPercDh)*normPredictFunctValue1 - Nh*
        targetFunctValueDiffPercDl + targetFunctValue
        DiffPercDh*Nl)/(Nl - Nh);

        targetToPredictFunctValueDiff = (Math.abs(denormTarget
        FunctValue - denormPredictFunctValue)/denormTarget
        FunctValue)*100;

        System.out.println("Record Number = " + k1 + "  DayNumber =
        " + denormInputDayFromTestRecord +
        "  denormTargetFunctValueFromTestRecord = " + denormTarget
        FunctValueFromTestRecord + "  denormPredictFunctValue = " +
        denormPredictFunctValue + "  valurDiff = " + target
        ToPredictFunctValueDiff);

        if (targetToPredictFunctValueDiff > maxGlobalResultDiff)
         {
           maxGlobalIndex = iMax;
           maxGlobalResultDiff =targetToPredictFunctValueDiff;
         }
        sumGlobalResultDiff = sumGlobalResultDiff +
          targetToPredictFunctValueDiff;

        // Populate chart elements

        xData.add(denormInputDayFromTestRecord);
        yData1.add(denormTargetFunctValueFromTestRecord);
        yData2.add(denormPredictFunctValue);
     } // End for pair2 loop
   }   // End of loop using k1

// Print the max and average results
```

```
                System.out.println(" ");

                averGlobalResultDiff = sumGlobalResultDiff/numberOfTestBatches
                ToProcess;

                System.out.println("maxGlobalResultDiff = " + maxGlobalResultDiff +
                "  i = " + maxGlobalIndex);
                System.out.println("averGlobalResultDiff = " + averGlobalResultDiff);
           }     // End of TRY
             catch (FileNotFoundException nf)
           {
                   nf.printStackTrace();
           }
         catch (IOException e1)
           {
                   e1.printStackTrace();
           }

      // All testing batch files have been processed
      XYSeries series1 = Chart.addSeries("Actual", xData, yData1);
      XYSeries series2 = Chart.addSeries("Forecasted", xData, yData2);

      series1.setLineColor(XChartSeriesColors.BLACK);
      series2.setLineColor(XChartSeriesColors.LIGHT_GREY);

      series1.setMarkerColor(Color.BLACK);
      series2.setMarkerColor(Color.WHITE);
      series1.setLineStyle(SeriesLines.SOLID);
      series2.setLineStyle(SeriesLines.SOLID);
      // Save the chart image
      try
       {
           BitmapEncoder.saveBitmapWithDPI(Chart, strTrainChartFileName,
           BitmapFormat.JPG, 100);
       }
      catch (Exception bt)
       {
           bt.printStackTrace();
       }

      System.out.println ("The Chart has been saved");
      System.out.println("End of testing for mini-batches training");

    } // End of the method

 } // End of the  Encog class
```

清单 9-9 显示了执行后的训练处理结果的结束片段（使用宏批次方法）。

清单 9-9　训练处理结果的结束片段（使用宏批次方法）

```
DayNumber = 947  targetFunctionValue = 12.02166
predictFunctionValue = 12.02166 valurDiff = 5.44438E-6
```

```
DayNumber = 948  targetFunctionValue = 12.00232
predictFunctionValue = 12.00232 valurDiff = 3.83830E-6
DayNumber = 949  targetFunctionValue = 11.98281
predictFunctionValue = 11.98281 valurDiff = 2.08931E-6
DayNumber = 950  targetFunctionValue = 11.96312
predictFunctionValue = 11.96312 valurDiff = 6.72376E-6
DayNumber = 951  targetFunctionValue = 11.94325
predictFunctionValue = 11.94325 valurDiff = 4.16461E-7
DayNumber = 952  targetFunctionValue = 11.92320
predictFunctionValue = 11.92320 valurDiff = 1.27943E-6
DayNumber = 953  targetFunctionValue = 11.90298
predictFunctionValue = 11.90298 valurDiff = 8.38334E-6
DayNumber = 954  targetFunctionValue = 11.88258
predictFunctionValue = 11.88258 valurDiff = 5.87549E-6
DayNumber = 955  targetFunctionValue = 11.86200
predictFunctionValue = 11.86200 valurDiff = 4.55675E-6
DayNumber = 956  targetFunctionValue = 11.84124
predictFunctionValue = 11.84124 valurDiff = 6.53477E-6
DayNumber = 957  targetFunctionValue = 11.82031
predictFunctionValue = 11.82031 valurDiff = 2.55647E-6
DayNumber = 958  targetFunctionValue = 11.79920
predictFunctionValue = 11.79920 valurDiff = 8.20278E-6
DayNumber = 959  targetFunctionValue = 11.77792
predictFunctionValue = 11.77792 valurDiff = 4.94157E-7
DayNumber = 960  targetFunctionValue = 11.75647
predictFunctionValue = 11.75647 valurDiff = 1.48410E-6
DayNumber = 961  targetFunctionValue = 11.73483
predictFunctionValue = 11.73484 valurDiff = 3.67970E-6
DayNumber = 962  targetFunctionValue = 11.71303
predictFunctionValue = 11.71303 valurDiff = 6.83684E-6
DayNumber = 963  targetFunctionValue = 11.69105
predictFunctionValue = 11.69105 valurDiff = 4.30269E-6
DayNumber = 964  targetFunctionValue = 11.66890
predictFunctionValue = 11.66890 valurDiff = 1.69128E-6
DayNumber = 965  targetFunctionValue = 11.64658
predictFunctionValue = 11.64658 valurDiff = 7.90340E-6
DayNumber = 966  targetFunctionValue = 11.62409
predictFunctionValue = 11.62409 valurDiff = 8.19566E-6
DayNumber = 967  targetFunctionValue = 11.60142
predictFunctionValue = 11.60143 valurDiff = 4.52810E-6
DayNumber = 968  targetFunctionValue = 11.57859
predictFunctionValue = 11.57859 valurDiff = 6.21339E-6
DayNumber = 969  targetFunctionValue = 11.55559
predictFunctionValue = 11.55559 valurDiff = 7.36500E-6
DayNumber = 970  targetFunctionValue = 11.53241
predictFunctionValue = 11.53241 valurDiff = 3.67611E-6
DayNumber = 971  targetFunctionValue = 11.50907
predictFunctionValue = 11.50907 valurDiff = 2.04084E-6
DayNumber = 972  targetFunctionValue = 11.48556
predictFunctionValue = 11.48556 valurDiff = 3.10021E-6
```

```
DayNumber = 973  targetFunctionValue = 11.46188
predictFunctionValue = 11.46188 valurDiff = 1.04282E-6
DayNumber = 974  targetFunctionValue = 11.43804
predictFunctionValue = 11.43804 valurDiff = 6.05919E-7
DayNumber = 975  targetFunctionValue = 11.41403
predictFunctionValue = 11.41403 valurDiff = 7.53612E-6
DayNumber = 976  targetFunctionValue = 11.38986
predictFunctionValue = 11.38986 valurDiff = 5.25148E-6
DayNumber = 977  targetFunctionValue = 11.36552
predictFunctionValue = 11.36551 valurDiff = 6.09695E-6
DayNumber = 978  targetFunctionValue = 11.34101
predictFunctionValue = 11.34101 valurDiff = 6.10243E-6
DayNumber = 979  targetFunctionValue = 11.31634
predictFunctionValue = 11.31634 valurDiff = 1.14757E-6
DayNumber = 980  targetFunctionValue = 11.29151
predictFunctionValue = 11.29151 valurDiff = 6.88624E-6
DayNumber = 981  targetFunctionValue = 11.26652
predictFunctionValue = 11.26652 valurDiff = 1.22488E-6
DayNumber = 982  targetFunctionValue = 11.24137
predictFunctionValue = 11.24137 valurDiff = 7.90076E-6
DayNumber = 983  targetFunctionValue = 11.21605
predictFunctionValue = 11.21605 valurDiff = 6.28815E-6
DayNumber = 984  targetFunctionValue = 11.19058
predictFunctionValue = 11.19058 valurDiff = 6.75453E-7
DayNumber = 985  targetFunctionValue = 11.16495
predictFunctionValue = 11.16495 valurDiff = 7.05756E-6
DayNumber = 986  targetFunctionValue = 11.13915
predictFunctionValue = 11.13915 valurDiff = 4.99135E-6
DayNumber = 987  targetFunctionValue = 11.11321
predictFunctionValue = 11.11321 valurDiff = 8.69072E-6
DayNumber = 988  targetFunctionValue = 11.08710
predictFunctionValue = 11.08710 valurDiff = 7.41462E-6
DayNumber = 989  targetFunctionValue = 11.06084
predictFunctionValue = 11.06084 valurDiff = 1.54419E-6
DayNumber = 990  targetFunctionValue = 11.03442
predictFunctionValue = 11.03442 valurDiff = 4.10382E-6
DayNumber = 991  targetFunctionValue = 11.00785
predictFunctionValue = 11.00785 valurDiff = 1.71356E-6
DayNumber = 992  targetFunctionValue = 10.98112
predictFunctionValue = 10.98112 valurDiff = 5.21117E-6
DayNumber = 993  targetFunctionValue = 10.95424
predictFunctionValue = 10.95424 valurDiff = 4.91220E-7
DayNumber = 994  targetFunctionValue = 10.92721
predictFunctionValue = 10.92721 valurDiff = 7.11803E-7
DayNumber = 995  targetFunctionValue = 10.90003
predictFunctionValue = 10.90003 valurDiff = 8.30447E-6
DayNumber = 996  targetFunctionValue = 10.87270
predictFunctionValue = 10.87270 valurDiff = 6.86302E-6
DayNumber = 997  targetFunctionValue = 10.84522
predictFunctionValue = 10.84522 valurDiff = 6.56004E-6
```

```
DayNumber = 998  targetFunctionValue = 10.81759
predictFunctionValue = 10.81759 valurDiff = 6.24024E-6
DayNumber = 999  targetFunctionValue = 10.78981
predictFunctionValue = 10.78981 valurDiff = 8.63897E-6
DayNumber = 1000   targetFunctionValue = 10.76181
predictFunctionValue = 10.76188 valurDiff = 7.69201E-6

maxErrorPerc = 1.482606020077711E-6
averErrorPerc = 2.965212040155422E-9
```

训练处理结果（使用微批次方法）如下：

❑ 最大误差小于 0.00000148%。

❑ 平均误差小于 0.00000000269%。

图 9-9 显示了训练逼近结果的图表（使用微批次方法）。两个图表几乎重叠（实际值为黑色，预测值为白色）。

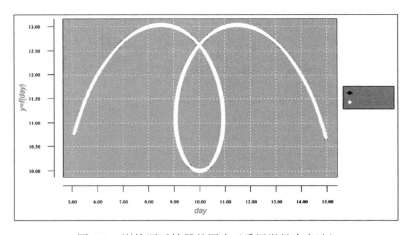

图 9-9　训练逼近结果的图表（采用微批次方法）

与规范化训练数据集一样，规范化测试数据集被分解为一组微批次文件，这些文件现在是测试过程的输入。

清单 9-10 显示了执行后的测试结果的结束片段。

清单 9-10　测试处理结果的结束片段

```
DayNumber = 6.00372 TargettValue = 11.99207
PredictedValue = 12.00232  DiffPerc = 3.84430E-6
DayNumber = 5.98287 TargettValue = 11.97248
PredictedValue = 11.98281  DiffPerc = 2.09221E-6
DayNumber = 5.96212 TargettValue = 11.95270
PredictedValue = 11.96312  DiffPerc = 6.72750E-6
DayNumber = 5.94146 TargettValue = 11.93275
PredictedValue = 11.94325  DiffPerc = 4.20992E-7
```

```
DayNumber = 5.92089 TargettValue = 11.91262
PredictedValue = 11.92320  DiffPerc = 1.27514E-6
DayNumber = 5.90042 TargettValue = 11.89231
PredictedValue = 11.90298  DiffPerc = 8.38833E-6
DayNumber = 5.88004 TargettValue = 11.87183
PredictedValue = 11.88258  DiffPerc = 5.88660E-6
DayNumber = 5.85977 TargettValue = 11.85116
PredictedValue = 11.86200  DiffPerc = 4.55256E-6
DayNumber = 5.83959 TargettValue = 11.83033
PredictedValue = 11.84124  DiffPerc = 6.53740E-6
DayNumber = 5.81952 TargettValue = 11.80932
PredictedValue = 11.82031  DiffPerc = 2.55227E-6
DayNumber = 5.79955 TargettValue = 11.78813
PredictedValue = 11.79920  DiffPerc = 8.20570E-6
DayNumber = 5.77968 TargettValue = 11.76676
PredictedValue = 11.77792  DiffPerc = 4.91208E-7
DayNumber = 5.75992 TargettValue = 11.74523
PredictedValue = 11.75647  DiffPerc = 1.48133E-6
DayNumber = 5.74026 TargettValue = 11.72352
PredictedValue = 11.73484  DiffPerc = 3.68852E-6
DayNumber = 5.72071 TargettValue = 11.70163
PredictedValue = 11.71303  DiffPerc = 6.82806E-6
DayNumber = 5.70128 TargettValue = 11.67958
PredictedValue = 11.69105  DiffPerc = 4.31230E-6
DayNumber = 5.68195 TargettValue = 11.65735
PredictedValue = 11.66890  DiffPerc = 1.70449E-6
DayNumber = 5.66274 TargettValue = 11.63495
PredictedValue = 11.64658  DiffPerc = 7.91193E-6
DayNumber = 5.64364 TargettValue = 11.61238
PredictedValue = 11.62409  DiffPerc = 8.20057E-6
DayNumber = 5.62465 TargettValue = 11.58964
PredictedValue = 11.60143  DiffPerc = 4.52651E-6
DayNumber = 5.60578 TargettValue = 11.56673
PredictedValue = 11.57859  DiffPerc = 6.20537E-6
DayNumber = 5.58703 TargettValue = 11.54365
PredictedValue = 11.55559  DiffPerc = 7.37190E-6
DayNumber = 5.56840 TargettValue = 11.52040
PredictedValue = 11.53241  DiffPerc = 3.68228E-6
DayNumber = 5.54989 TargettValue = 11.49698
PredictedValue = 11.50907  DiffPerc = 2.05114E-6
DayNumber = 5.53150 TargettValue = 11.47340
PredictedValue = 11.48556  DiffPerc = 3.10919E-6
DayNumber = 5.51323 TargettValue = 11.44965
PredictedValue = 11.46188  DiffPerc = 1.03517E-6
DayNumber = 5.49509 TargettValue = 11.42573
PredictedValue = 11.43804  DiffPerc = 6.10184E-7
DayNumber = 5.47707 TargettValue = 11.40165
PredictedValue = 11.41403  DiffPerc = 7.53367E-6
DayNumber = 5.45918 TargettValue = 11.37740
PredictedValue = 11.38986  DiffPerc = 5.25199E-6
```

```
DayNumber = 5.44142 TargettValue = 11.35299
PredictedValue = 11.36551  DiffPerc = 6.09026E-6
DayNumber = 5.42379 TargettValue = 11.32841
PredictedValue = 11.34101  DiffPerc = 6.09049E-6
DayNumber = 5.40629 TargettValue = 11.30368
PredictedValue = 11.31634  DiffPerc = 1.13713E-6
DayNumber = 5.38893 TargettValue = 11.27878
PredictedValue = 11.29151  DiffPerc = 6.88165E-6
DayNumber = 5.37169 TargettValue = 11.25371
PredictedValue = 11.26652  DiffPerc = 1.22300E-6
DayNumber = 5.35460 TargettValue = 11.22849
PredictedValue = 11.24137  DiffPerc = 7.89661E-6
DayNumber = 5.33763 TargettValue = 11.20311
PredictedValue = 11.21605  DiffPerc = 6.30025E-6
DayNumber = 5.32081 TargettValue = 11.17756
PredictedValue = 11.19058  DiffPerc = 6.76200E-7
DayNumber = 5.30412 TargettValue = 11.15186
PredictedValue = 11.16495  DiffPerc = 7.04606E-6
DayNumber = 5.28758 TargettValue = 11.12601
PredictedValue = 11.13915  DiffPerc = 4.98925E-6
DayNumber = 5.27118 TargettValue = 11.09999
PredictedValue = 11.11321  DiffPerc = 8.69060E-6
DayNumber = 5.25492 TargettValue = 11.07382
PredictedValue = 11.08710  DiffPerc = 7.41171E-6
DayNumber = 5.23880 TargettValue = 11.04749
PredictedValue = 11.06084  DiffPerc = 1.54138E-6
DayNumber = 5.22283 TargettValue = 11.02101
PredictedValue = 11.03442  DiffPerc = 4.09728E-6
DayNumber = 5.20701 TargettValue = 10.99437
PredictedValue = 11.00785  DiffPerc = 1.71899E-6
DayNumber = 5.19133 TargettValue = 10.96758
PredictedValue = 10.98112  DiffPerc = 5.21087E-6
DayNumber = 5.17581 TargettValue = 10.94064
PredictedValue = 10.95424  DiffPerc = 4.97273E-7
DayNumber = 5.16043 TargettValue = 10.91355
PredictedValue = 10.92721  DiffPerc = 7.21563E-7
DayNumber = 5.14521 TargettValue = 10.88630
PredictedValue = 10.90003  DiffPerc = 8.29551E-6
DayNumber = 5.13013 TargettValue = 10.85891
PredictedValue = 10.87270  DiffPerc = 6.86988E-6
DayNumber = 5.11522 TargettValue = 10.83136
PredictedValue = 10.84522  DiffPerc = 6.55538E-6
DayNumber = 5.10046 TargettValue = 10.80367
PredictedValue = 10.81759  DiffPerc = 6.24113E-6
DayNumber = 5.08585 TargettValue = 10.77584
PredictedValue = 10.78981  DiffPerc = 8.64007E-6

maxErrorPerc = 9.002677165459051E-6
averErrorPerc = 4.567068981414947E-6
```

测试处理结果（采用微批次方法）如下：

- ❑ 最大误差小于 0.00000900%。
- ❑ 平均误差小于 0.0000457%。

图 9-10 显示了测试处理结果的图表（使用微批次方法）。同样，两个图表实际上重叠了（实际值为黑色，预测值为白色）。

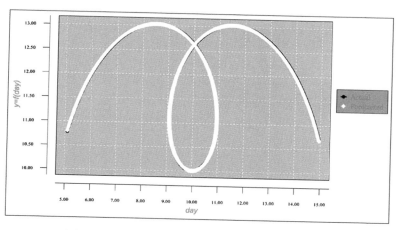

图 9-10　测试处理结果的图表（采用微批次方法）

9.5　本章小结

　　神经网络难以逼近具有复杂拓扑的连续函数。这类函数很难获得高质量的逼近。本章证明了微批次方法能够以高精度的结果逼近这类函数。到目前为止，你用神经网络来解决回归问题。在下一章中，你将学习如何使用神经网络对对象进行分类。

| 第 10 章

用神经网络对对象进行分类

在本章中，你将使用神经网络对对象进行分类。分类是指识别各种对象并确定这些对象所属的类。与人工智能的许多领域一样，分类很容易由人类完成，但对计算机来说却相当困难。

10.1　示例 6：记录分类

在本例中，你将看到五本书，每本书属于不同的人类知识领域：医学、编程、工程、电气或音乐。每本书还提供了三个最常用的单词。见清单 10-1。

本例提供了许多记录，每个记录包含三个单词。如果一个记录中的三个单词都属于某本书，那么程序应该确定该记录属于这本书。如果一个记录包含不属于这五本书中任何一本的单词，那么程序应该将该记录归类为属于一本未知的书。

这个例子看起来很简单。事实上，它可能看起来不需要神经网络，而且这个问题可以通过使用常规编程逻辑来解决。然而，当书和记录的量越来越大，每个记录中包含了大量不可预测的单词组合，并且一本书中只有一定数量的单词足以使一个记录属于某一本书时，就需要人工智能来处理这样的任务。

清单 10-1　列出五本书中最常用的三个单词

```
Book 1. Medical.
 surgery, blood, prescription,

Book 2. Programming.
file, java, debugging

Book3. Engineering.
```

combustion, screw, machine

Book 4. Electrical.
volt, solenoid, diode

Book 5. Music.
adagio, hymn, opera,

Extra words. We will use words in this list to include them in the test dataset.
customer, wind, grass, paper, calculator, flower, printer ,desk, photo, map, pen, floor.

为了简化处理，在构建训练和测试数据集时，可以为所有单词指定数字，并使用这些数字而不是单词。表 10-1 显示了单词与数字的交叉引用。

表 10-1 单词与数字的交叉引用

单词	数字	单词	数字
surgery	1	opera	15
blood	2	customer	16
prescription	3	wind	17
file	4	grass	18
java	5	paper	19
debugging	6	calculator	20
combustion	7	flower	21
screw	8	printer	22
machine	9	desk	23
volt	10	photo	24
solenoid	11	map	25
diode	12	pen	26
adagio	13	floor	27
hymn	14		

10.2 训练数据集

训练数据集中的每条记录由三个单词字段组成，其中包含书中最常用单词列表中的单词。每个记录中还包括五个目标字段，指示记录所属的书。注意，这是本书中的第一个示例，其中网络有五个目标字段。此信息用于训练网络。例如，组合 1，0，0，0，0 表示 Book1，组合 0，1，0，0，0 表示 Book2，以此类推。此外，对于每本书，你需要在训练数据集中建立六条记录，而不是一个。这六条记录包括一条记录中所有可能的单词排列。表 10-2 显示了所有记录中所有可能的单词排列。我使用斜体来突出显示每个记录中包含单词编号的部分。

表 10-2 所有记录中单词的排列

Book 1 的记录							
1	*2*	*3*	1	0	0	0	0
1	*3*	*2*	1	0	0	0	0
2	*1*	*3*	1	0	0	0	0
2	*3*	*1*	1	0	0	0	0
3	*1*	*2*	1	0	0	0	0
3	*2*	*1*	1	0	0	0	0
Book 2 的记录							
4	*5*	*6*	0	1	0	0	0
4	*6*	*5*	0	1	0	0	0
5	*4*	*6*	0	1	0	0	0
5	*6*	*4*	0	1	0	0	0
6	*4*	*5*	0	1	0	0	0
6	*5*	*4*	0	1	0	0	0
Book 3 的记录							
7	*8*	*9*	0	0	1	0	0
7	*9*	*8*	0	0	1	0	0
8	*7*	*9*	0	0	1	0	0
8	*9*	*7*	0	0	1	0	0
9	*7*	*8*	0	0	1	0	0
9	*8*	*7*	0	0	1	0	0
Book 4 的记录							
10	*11*	*12*	0	0	0	1	0
10	*12*	*11*	0	0	0	1	0
11	*10*	*12*	0	0	0	1	0
11	*12*	*10*	0	0	0	1	0
12	*10*	*11*	0	0	0	1	0
12	*11*	*10*	0	0	0	1	0
Book 5 的记录							
13	*14*	*15*	0	0	0	0	1
13	*15*	*14*	0	0	0	0	1
14	*13*	*15*	0	0	0	0	1
14	*15*	*13*	0	0	0	0	1
15	*13*	*14*	0	0	0	0	1
15	*14*	*13*	0	0	0	0	1

综上所述，表 10-3 显示了训练数据集。

表 10-3　训练数据集

单词 1	单词 2	单词 3	目标 1	目标 2	目标 3	目标 4	目标 5
1	2	3	1	0	0	0	0
1	3	2	1	0	0	0	0
2	1	3	1	0	0	0	0
2	3	1	1	0	0	0	0
3	1	2	1	0	0	0	0
3	2	1	1	0	0	0	0
4	5	6	0	1	0	0	0
4	6	5	0	1	0	0	0
5	4	6	0	1	0	0	0
5	6	4	0	1	0	0	0
6	4	5	0	1	0	0	0
6	5	4	0	1	0	0	0
7	8	9	0	0	1	0	0
7	9	8	0	0	1	0	0
8	7	9	0	0	1	0	0
8	9	7	0	0	1	0	0
9	7	8	0	0	1	0	0
9	8	7	0	0	1	0	0
10	11	12	0	0	0	1	0
10	12	11	0	0	0	1	0
11	10	12	0	0	0	1	0
11	12	10	0	0	0	1	0
12	10	11	0	0	0	1	0
12	11	10	0	0	0	1	0
13	14	15	0	0	0	0	1
13	15	14	0	0	0	0	1
14	13	15	0	0	0	0	1
14	15	13	0	0	0	0	1
15	13	14	0	0	0	0	1
15	14	13	0	0	0	0	1

10.3　网络架构

　　该网络有包含三个输入神经元的输入层、六个隐藏层（每个层包含七个神经元）和包含五个神经元的输出层。图 10-1 显示了网络架构。

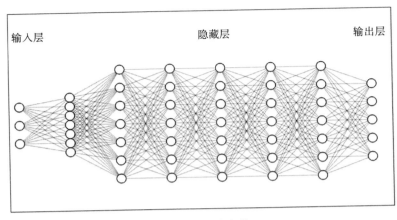

图 10-1　网络架构

10.4　测试数据集

　　测试数据集由随机包含单词 / 数字的记录组成。这些记录不属于任何一本书，尽管其中一些记录包括最常用列表中的一两个单词。测试数据集如表 10-4 所示。

表 10-4　测试数据集

单词 1	单词 2	单词 3	目标 1	目标 2	目标 3	目标 4	目标 5
1	2	16	0	0	0	0	0
4	17	5	0	0	0	0	0
8	9	18	0	0	0	0	0
19	10	11	0	0	0	0	0
15	20	13	0	0	0	0	0
27	1	26	0	0	0	0	0
14	23	22	0	0	0	0	0
21	20	18	0	0	0	0	0
25	23	24	0	0	0	0	0
11	9	6	0	0	0	0	0
3	5	8	0	0	0	0	0
6	10	15	0	0	0	0	0
16	17	18	0	0	0	0	0
19	1	8	0	0	0	0	0
27	23	17	0	0	0	0	0

　　不需要在测试文件中包含目标列，但是，为了方便起见（为了比较预测结果和实际结果），会包含这些目标列。这些列不用于处理。像往常一样，你需要将训练和测试数据集

规范化到区间 [–1，1] 上。由于本例在输入层和输出层中具有多个神经元，因此需要规范化源代码。

10.5　数据规范化程序代码

清单 10-2 显示了规范化训练和测试数据集的程序代码。

清单 10-2　数据规范化程序代码

```
// =========================================================
// This program normalizes all columns of the input CSV dataset putting the
// result in the output CSV file.
//
// The first column of the input dataset includes the X point value and the
// second column of the input dataset includes the value of the function at
// the point X.
// =========================================================
package sample5_norm;

import java.io.BufferedReader;
import java.io.BufferedWriter;
import java.io.PrintWriter;
import java.io.FileNotFoundException;
import java.io.FileReader;
import java.io.FileWriter;
import java.io.IOException;
import java.nio.file.*;

public class Sample5_Norm
{
   // Interval to normalize
   static double Nh =  1;
   static double Nl = -1;

   // First column
   static double minXPointDl = 1.00;
   static double maxXPointDh = 1000.00;

   // Second column - target data
   static double minTargetValueDl = 60.00;
   static double maxTargetValueDh = 1600.00;
   public static double normalize(double value, double Dh, double Dl)
    {
      double normalizedValue = (value - Dl)*(Nh - Nl)/(Dh - Dl) + Nl;

      return normalizedValue;
    }

   public static void main(String[] args)
    {
       // Normalize train file
```

```java
String inputFileName = "C:/Book_Examples/Sample5_Train_Real.csv";
String outputNormFileName = "C:/Book_Examples/Sample5_Train_Norm.csv";

// Normalize test file
// String inputFileName = "C:/Book_Examples/Sample5_Test_Real.csv";
// String outputNormFileName = "C:/Book_Examples/Sample5_Test_Norm.csv";

BufferedReader br = null;
PrintWriter out = null;

String line = "";
String cvsSplitBy = ",";

double inputXPointValue;
double targetXPointValue;

double normInputXPointValue;
double normTargetXPointValue;

String strNormInputXPointValue;
String strNormTargetXPointValue;

String fullLine;

int i = -1;

try
 {
  Files.deleteIfExists(Paths.get(outputNormFileName));

  br = new BufferedReader(new FileReader(inputFileName));
  out = new
   PrintWriter(new BufferedWriter(new FileWriter(outputNormFileName)));
  while ((line = br.readLine()) != null)
   {
      i++;

      if(i == 0)
       {
         // Write the label line
         out.println(line);
       }
      else
      {
       // Break the line using comma as separator
       String[] workFields = line.split(cvsSplitBy);

       inputXPointValue = Double.parseDouble(workFields[0]);
       targetXPointValue = Double.parseDouble( workFields[1]);

       // Normalize these fields
       normInputXPointValue =
         normalize(inputXPointValue, maxXPointDh, minXPointDl);
       normTargetXPointValue =
       normalize(targetXPointValue, maxTargetValueDh, minTargetValueDl);

       // Convert normalized fields to string, so they can be inserted
```

```
                //into the output CSV file
                strNormInputXPointValue = Double.toString(normInput
                XPointValue);
                strNormTargetXPointValue = Double.toString(normTarget
                XPointValue);

                // Concatenate these fields into a string line with
                //coma separator
                fullLine =
                    strNormInputXPointValue + "," + strNormTargetXPointValue;

                // Put fullLine into the output file
                out.println(fullLine);

              } // End of IF Else
           }     // end of while

        } // end of TRY
    catch (FileNotFoundException e)
     {
          e.printStackTrace();
          System.exit(1);
     }
    catch (IOException io)
     {
          io.printStackTrace();
     }
    finally
     {
        if (br != null)
          {
              try
               {
                  br.close();
                  out.close();
               }
              catch (IOException e)
               {
                  e.printStackTrace();
               }
          }
     }
   }
 }
```

规范化的训练数据集如表 10-5 所示。

表 10-5　规范化的训练数据集

单词 1	单词 2	单词 3	目标 1	目标 2	目标 3	目标 4	目标 5
−1	−0.966101695	−0.93220339	1	−1	−1	−1	−1
−1	−0.93220339	−0.966101695	1	−1	−1	−1	−1
−0.966101695	−1	−0.93220339	1	−1	−1	−1	−1
−0.966101695	−0.93220339	−1	1	−1	−1	−1	−1
−0.93220339	−1	−0.966101695	1	−1	−1	−1	−1
−0.93220339	−0.966101695	−1	1	−1	−1	−1	−1
−0.898305085	−0.86440678	−0.830508475	−1	1	−1	−1	−1
−0.898305085	−0.830508475	−0.86440678	−1	1	−1	−1	−1
−0.86440678	−0.898305085	−0.830508475	−1	1	−1	−1	−1
−0.86440678	−0.830508475	−0.898305085	−1	1	−1	−1	−1
−0.830508475	−0.898305085	−0.86440678	−1	1	−1	−1	−1
−0.830508475	−0.86440678	−0.898305085	−1	1	−1	−1	−1
−0.796610169	−0.762711864	−0.728813559	−1	−1	1	−1	−1
−0.796610169	−0.728813559	−0.762711864	−1	−1	1	−1	−1
−0.762711864	−0.796610169	−0.728813559	−1	−1	1	−1	−1
−0.762711864	−0.728813559	−0.796610169	−1	−1	1	−1	−1
−0.728813559	−0.796610169	−0.762711864	−1	−1	1	−1	−1
−0.728813559	−0.762711864	−0.796610169	−1	−1	1	−1	−1
−0.694915254	−0.661016949	−0.627118644	−1	−1	−1	1	−1
−0.694915254	−0.627118644	−0.661016949	−1	−1	−1	1	−1
−0.661016949	−0.694915254	−0.627118644	−1	−1	−1	1	−1
−0.661016949	−0.627118644	−0.694915254	−1	−1	−1	1	−1
−0.627118644	−0.694915254	−0.661016949	−1	−1	−1	1	−1
−0.627118644	−0.661016949	−0.694915254	−1	−1	−1	1	−1
−0.593220339	−0.559322034	−0.525423729	−1	−1	−1	−1	1
−0.593220339	−0.525423729	−0.559322034	−1	−1	−1	−1	1
−0.559322034	−0.593220339	−0.525423729	−1	−1	−1	−1	1
−0.559322034	−0.525423729	−0.593220339	−1	−1	−1	−1	1
−0.525423729	−0.593220339	−0.559322034	−1	−1	−1	−1	1
−0.525423729	−0.559322034	−0.593220339	−1	−1	−1	−1	1

规范化的测试数据集如表 10-6 所示。

表 10-6 规范化的测试数据集

单词 1	单词 2	单词 3	目标 1	目标 2	目标 3	目标 4	目标 5
−1	−0.966101695	−0.491525424	−1	−1	−1	−1	−1
−0.898305085	−0.457627119	−0.86440678	−1	−1	−1	−1	−1
−0.762711864	−0.728813559	−0.423728814	−1	−1	−1	−1	−1
−0.389830508	−0.694915254	−0.661016949	−1	−1	−1	−1	−1
−0.525423729	−0.355932203	−0.593220339	−1	−1	−1	−1	−1
−0.118644068	−1	0.152542373	−1	−1	−1	−1	−1
−0.559322034	−0.254237288	−0.288135593	−1	−1	−1	−1	−1
−0.322033898	−0.355932203	−0.423728814	−1	−1	−1	−1	−1
−0.186440678	−0.254237288	−0.220338983	−1	−1	−1	−1	−1
−0.661016949	−0.728813559	−0.830508475	−1	−1	−1	−1	−1
−0.93220339	−0.86440678	−0.762711864	−1	−1	−1	−1	−1
−0.830508475	−0.69491525	−0.525423729	−1	−1	−1	−1	−1
−0.491525424	−0.45762711	−0.423728814	−1	−1	−1	−1	−1
−0.389830508	−1	−0.762711864	−1	−1	−1	−1	−1
−0.118644068	−0.25423728	−0.457627119	−1	−1	−1	−1	−1

10.6 分类程序代码

清单 10-3 显示了分类程序代码。

清单 10-3 分类程序代码

```
// ========================================================================
// Example of using neural network for classification of objects.
// The normalized training/testing files consists of records of the following
// format: 3 input fields (word numbers)and 5 target fields (indicate the book
// the record belongs to).
// ========================================================================

package sample6;

import java.io.BufferedReader;
import java.io.File;
import java.io.FileInputStream;
import java.io.PrintWriter;
import java.io.FileNotFoundException;
import java.io.FileReader;
import java.io.FileWriter;
import java.io.IOException;
import java.io.InputStream;
import java.nio.file.*;
import java.util.Properties;
```

```java
import java.time.YearMonth;
import java.awt.Color;
import java.awt.Font;
import java.io.BufferedReader;
import java.text.DateFormat;
import java.text.ParseException;
import java.text.SimpleDateFormat;
import java.time.LocalDate;
import java.time.Month;
import java.time.ZoneId;
import java.util.ArrayList;
import java.util.Calendar;
import java.util.Date;
import java.util.List;
import java.util.Locale;
import java.util.Properties;

import org.encog.Encog;
import org.encog.engine.network.activation.ActivationTANH;
import org.encog.engine.network.activation.ActivationReLU;
import org.encog.ml.data.MLData;
import org.encog.ml.data.MLDataPair;
import org.encog.ml.data.MLDataSet;
import org.encog.ml.data.buffer.MemoryDataLoader;
import org.encog.ml.data.buffer.codec.CSVDataCODEC;
import org.encog.ml.data.buffer.codec.DataSetCODEC;
import org.encog.neural.networks.BasicNetwork;
import org.encog.neural.networks.layers.BasicLayer;
import org.encog.neural.networks.training.propagation.resilient.
ResilientPropagation;
import org.encog.persist.EncogDirectoryPersistence;
import org.encog.util.csv.CSVFormat;

import org.knowm.xchart.SwingWrapper;
import org.knowm.xchart.XYChart;
import org.knowm.xchart.XYChartBuilder;
import org.knowm.xchart.XYSeries;
import org.knowm.xchart.demo.charts.ExampleChart;
import org.knowm.xchart.style.Styler.LegendPosition;
import org.knowm.xchart.style.colors.ChartColor;
import org.knowm.xchart.style.colors.XChartSeriesColors;
import org.knowm.xchart.style.lines.SeriesLines;
import org.knowm.xchart.style.markers.SeriesMarkers;
import org.knowm.xchart.BitmapEncoder;
import org.knowm.xchart.BitmapEncoder.BitmapFormat;
import org.knowm.xchart.QuickChart;
import org.knowm.xchart.SwingWrapper;
public class Sample6 implements ExampleChart<XYChart>
{
    // Interval to normalize data
    static double Nh;
```

```java
   static double Nl;

// Normalization parameters for workBook number
static double minWordNumberDl;
static double maxWordNumberDh;

// Normalization parameters for target values
static double minTargetValueDl;
static double maxTargetValueDh;

static double doublePointNumber = 0.00;
static int intPointNumber = 0;
static InputStream input = null;
static double[] arrPrices = new double[2500];
static double normInputWordNumber_01 = 0.00;
static double normInputWordNumber_02 = 0.00;
static double normInputWordNumber_03 = 0.00;
static double denormInputWordNumber_01 = 0.00;
static double denormInputWordNumber_02 = 0.00;
static double denormInputWordNumber_03 = 0.00;
static double normTargetBookNumber_01 = 0.00;
static double normTargetBookNumber_02 = 0.00;
static double normTargetBookNumber_03 = 0.00;
static double normTargetBookNumber_04 = 0.00;
static double normTargetBookNumber_05 = 0.00;
static double normPredictBookNumber_01 = 0.00;
static double normPredictBookNumber_02 = 0.00;
static double normPredictBookNumber_03 = 0.00;
static double normPredictBookNumber_04 = 0.00;
static double normPredictBookNumber_05 = 0.00;
static double denormTargetBookNumber_01 = 0.00;
static double denormTargetBookNumber_02 = 0.00;
static double denormTargetBookNumber_03 = 0.00;
static double denormTargetBookNumber_04 = 0.00;
static double denormTargetBookNumber_05 = 0.00;
static double denormPredictBookNumber_01 = 0.00;
static double denormPredictBookNumber_02 = 0.00;
static double denormPredictBookNumber_03 = 0.00;
static double denormPredictBookNumber_04 = 0.00;
static double denormPredictBookNumber_05 = 0.00;
static double normDifferencePerc = 0.00;
static double denormPredictXPointValue_01 = 0.00;
static double denormPredictXPointValue_02 = 0.00;
static double denormPredictXPointValue_03 = 0.00;
static double denormPredictXPointValue_04 = 0.00;
static double denormPredictXPointValue_05 = 0.00;
static double valueDifference = 0.00;
static int numberOfInputNeurons;
static int numberOfOutputNeurons;
static int intNumberOfRecordsInTestFile;
static String trainFileName;
```

```
static String priceFileName;
static String testFileName;
static String chartTrainFileName;
static String chartTestFileName;
static String networkFileName;
static int workingMode;
static String cvsSplitBy = ",";
static int returnCode;

static List<Double> xData = new ArrayList<Double>();
static List<Double> yData1 = new ArrayList<Double>();
static List<Double> yData2 = new ArrayList<Double>();

static XYChart Chart;
@Override
public XYChart getChart()
 {

  // Create Chart
  Chart = new XYChartBuilder().width(900).height(500).title(getClass().
          getSimpleName()).xAxisTitle("x").yAxisTitle("y= f(x)").build();

  // Customize Chart
  Chart.getStyler().setPlotBackgroundColor(ChartColor.getAWTColor
  (ChartColor.GREY));
  Chart.getStyler().setPlotGridLinesColor(new Color(255, 255, 255));
  Chart.getStyler().setChartBackgroundColor(Color.WHITE);
  Chart.getStyler().setLegendBackgroundColor(Color.PINK);
  Chart.getStyler().setChartFontColor(Color.MAGENTA);
  Chart.getStyler().setChartTitleBoxBackgroundColor(new Color(0, 222, 0));
  Chart.getStyler().setChartTitleBoxVisible(true);
  Chart.getStyler().setChartTitleBoxBorderColor(Color.BLACK);
  Chart.getStyler().setPlotGridLinesVisible(true);
  Chart.getStyler().setAxisTickPadding(20);
  Chart.getStyler().setAxisTickMarkLength(15);
  Chart.getStyler().setPlotMargin(20);
  Chart.getStyler().setChartTitleVisible(false);
  Chart.getStyler().setChartTitleFont(new Font(Font.MONOSPACED,
  Font.BOLD, 24));
  Chart.getStyler().setLegendFont(new Font(Font.SERIF, Font.PLAIN, 18));
  Chart.getStyler().setLegendPosition(LegendPosition.InsideSE);
  Chart.getStyler().setLegendSeriesLineLength(12);
  Chart.getStyler().setAxisTitleFont(new Font(Font.SANS_SERIF,
  Font.ITALIC, 18));
  Chart.getStyler().setAxisTickLabelsFont(new Font(Font.SERIF,
  Font.PLAIN, 11));
  Chart.getStyler().setDatePattern("yyyy-MM");
  Chart.getStyler().setDecimalPattern("#0.00");
  // Interval to normalize data
  Nh =  1;
  Nl = -1;
```

```
    // Normalization parameters for workBook number
    double minWordNumberDl = 1.00;
    double maxWordNumberDh = 60.00;

    // Normalization parameters for target values
    minTargetValueDl = 0.00;
    maxTargetValueDh = 1.00;

    // Configuration

    // Set the mode to run the program

    workingMode = 1; // Training mode

    if(workingMode == 1)
     {
        // Training mode
        intNumberOfRecordsInTestFile = 31;
        trainFileName = "C:/My_Neural_Network_Book/Book_Examples/Sample6_
        Norm_Train_File.csv";

       File file1 = new File(chartTrainFileName);
       File file2 = new File(networkFileName);

       if(file1.exists())
         file1.delete();

       if(file2.exists())
         file2.delete();

       returnCode = 0;     // Clear the return code variable
       do
        {
          returnCode = trainValidateSaveNetwork();
        } while (returnCode > 0);
     }   // End the training mode
    else
     {
       // Testing mode
       intNumberOfRecordsInTestFile = 16;
         testFileName = "C:/My_Neural_Network_Book/Book_Examples/Sample6_
         Norm_Test_File.csv";
         networkFileName =
            "C:/My_Neural_Network_Book/Book_Examples/Sample6_Saved_Network_
            File.csv";
         numberOfInputNeurons = 3;
         numberOfOutputNeurons = 5;

         loadAndTestNetwork();
     }

    Encog.getInstance().shutdown();

    return Chart;
```

```
}  // End of the method
// =====================================================
// Load CSV to memory.
// @return The loaded dataset.
// =====================================================
public static MLDataSet loadCSV2Memory(String filename, int input,
int ideal, boolean headers, CSVFormat format, boolean significance)
  {
     DataSetCODEC codec = new CSVDataCODEC(new File(filename), format,
       headers, input, ideal, significance);
     MemoryDataLoader load = new MemoryDataLoader(codec);
     MLDataSet dataset = load.external2Memory();
     return dataset;
  }
// =====================================================
//  The main method.
//  @param Command line arguments. No arguments are used.
// =====================================================
public static void main(String[] args)
 {
    ExampleChart<XYChart> exampleChart = new Sample6();
    XYChart Chart = exampleChart.getChart();
    new SwingWrapper<XYChart>(Chart).displayChart();
 } // End of the main method

//=========================================================================
// This method trains, validates, and saves the trained network file on disk
//=========================================================================
static public int trainValidateSaveNetwork()
 {
   // Load the training CSV file in memory
   MLDataSet trainingSet =
     loadCSV2Memory(trainFileName,numberOfInputNeurons,
     numberOfOutputNeurons,true,CSVFormat.ENGLISH,false);

   // create a neural network
   BasicNetwork network = new BasicNetwork();

   // Input layer
   network.addLayer(new BasicLayer(null,true,3));

   // Hidden layer
   network.addLayer(new BasicLayer(new ActivationTANH(),true,7));
   network.addLayer(new BasicLayer(new ActivationTANH(),true,7));
   network.addLayer(new BasicLayer(new ActivationTANH(),true,7));
   network.addLayer(new BasicLayer(new ActivationTANH(),true,7));
   network.addLayer(new BasicLayer(new ActivationTANH(),true,7));
   network.addLayer(new BasicLayer(new ActivationTANH(),true,7));
   // Output layer
   network.addLayer(new BasicLayer(new ActivationTANH(),false,5));
```

```
network.getStructure().finalizeStructure();
network.reset();

// train the neural network
final ResilientPropagation train = new ResilientPropagation(network,
trainingSet);

int epoch = 1;

do
 {
    train.iteration();
    System.out.println("Epoch #" + epoch + " Error:" +
    train.getError());

   epoch++;

   if (epoch >= 1000 && network.calculateError(trainingSet) >
   0.0000000000000012)
       {
        returnCode = 1;

        System.out.println("Try again");
        return returnCode;
       }

 } while (network.calculateError(trainingSet) > 0.0000000000000011);
// Save the network file
EncogDirectoryPersistence.saveObject(new File(networkFileName),
network);

System.out.println("Neural Network Results:");

int m = 0;

for(MLDataPair pair: trainingSet)
  {
      m++;
      final MLData output = network.compute(pair.getInput());

      MLData inputData = pair.getInput();
      MLData actualData = pair.getIdeal();
      MLData predictData = network.compute(inputData);

      // Calculate and print the results

      normInputWordNumber_01 = inputData.getData(0);
      normInputWordNumber_02 = inputData.getData(1);
      normInputWordNumber_03 = inputData.getData(2);

      normTargetBookNumber_01 = actualData.getData(0);
      normTargetBookNumber_02 = actualData.getData(1);
      normTargetBookNumber_03 = actualData.getData(2);
      normTargetBookNumber_04 = actualData.getData(3);
      normTargetBookNumber_05 = actualData.getData(4);

      normPredictBookNumber_01 = predictData.getData(0);
```

```
normPredictBookNumber_02 = predictData.getData(1);
normPredictBookNumber_03 = predictData.getData(2);
normPredictBookNumber_04 = predictData.getData(3);
normPredictBookNumber_05 = predictData.getData(4);

// De-normalize the results
denormInputWordNumber_01 = ((minWordNumberDl -
maxWordNumberDh)*normInputWordNumber_01 - Nh*minWordNumberDl +
maxWordNumberDh *Nl)/(Nl - Nh);

denormInputWordNumber_02 = ((minWordNumberDl -
maxWordNumberDh)*normInputWordNumber_02 - Nh*minWordNumberDl +
maxWordNumberDh *Nl)/(Nl - Nh);

denormInputWordNumber_03 = ((minWordNumberDl -
maxWordNumberDh)*normInputWordNumber_03 - Nh*minWordNumberDl +
maxWordNumberDh *Nl)/(Nl - Nh);

denormTargetBookNumber_01 = ((minTargetValueDl -
maxTargetValueDh)*normTargetBookNumber_01 -
Nh*minTargetValueDl + maxTargetValueDh*Nl)/(Nl - Nh);
denormTargetBookNumber_02 = ((minTargetValueDl -
maxTargetValueDh)*normTargetBookNumber_02 -
Nh*minTargetValueDl + maxTargetValueDh*Nl)/(Nl - Nh);

denormTargetBookNumber_03 = ((minTargetValueDl -
maxTargetValueDh)*normTargetBookNumber_03 -
Nh*minTargetValueDl + maxTargetValueDh*Nl)/(Nl - Nh);

denormTargetBookNumber_04 = ((minTargetValueDl -
maxTargetValueDh)*normTargetBookNumber_04 -
Nh*minTargetValueDl + maxTargetValueDh*Nl)/(Nl - Nh);

denormTargetBookNumber_05 = ((minTargetValueDl -
maxTargetValueDh)*normTargetBookNumber_05 -
 Nh*minTargetValueDl + maxTargetValueDh*Nl)/(Nl - Nh);

denormPredictBookNumber_01 =((minTargetValueDl -
maxTargetValueDh)*normPredictBookNumber_01 -
Nh*minTargetValueDl + maxTargetValueDh*Nl)/(Nl - Nh);

denormPredictBookNumber_02 =((minTargetValueDl -
maxTargetValueDh)*normPredictBookNumber_02 -
Nh*minTargetValueDl + maxTargetValueDh*Nl)/(Nl - Nh);

denormPredictBookNumber_03 =((minTargetValueDl -
maxTargetValueDh)*normPredictBookNumber_03 -
Nh*minTargetValueDl + maxTargetValueDh*Nl)/(Nl - Nh);

denormPredictBookNumber_04 =((minTargetValueDl -
maxTargetValueDh)*normPredictBookNumber_04 -
Nh*minTargetValueDl + maxTargetValueDh*Nl)/(Nl - Nh);

denormPredictBookNumber_05 =((minTargetValueDl -
maxTargetValueDh)*normPredictBookNumber_05 -
Nh*minTargetValueDl + maxTargetValueDh*Nl)/(Nl - Nh);
```

```
System.out.println ("RecordNumber = " + m);

System.out.println ("denormTargetBookNumber_01 = " +
denormTargetBookNumber_01 + "denormPredictBookNumber_01 = " +
denormPredictBookNumber_01);
System.out.println ("denormTargetBookNumber_02 = " +
denormTargetBookNumber_02 + "denormPredictBookNumber_02 = " +
denormPredictBookNumber_02);

System.out.println ("denormTargetBookNumber_03 = " +
denormTargetBookNumber_03 + "denormPredictBookNumber_03 = " +
denormPredictBookNumber_03);

System.out.println ("denormTargetBookNumber_04 = " +
denormTargetBookNumber_04 + "denormPredictBookNumber_04 = " +
denormPredictBookNumber_04);

System.out.println ("denormTargetBookNumber_05 = " +
denormTargetBookNumber_05 + "denormPredictBookNumber_05 = " +
denormPredictBookNumber_05);
//System.out.println (" ");

// Print the classification results
if(Math.abs(denormPredictBookNumber_01) > 0.85)
  if(Math.abs(denormPredictBookNumber_01) > 0.85  &
     Math.abs(denormPredictBookNumber_02) < 0.2   &
     Math.abs(denormPredictBookNumber_03) < 0.2   &
     Math.abs(denormPredictBookNumber_04) < 0.2   &
     Math.abs(denormPredictBookNumber_05) < 0.2)
     {
       System.out.println ("Record 1 belongs to book 1");
       System.out.println (" ");
     }
  else
   {
     System.out.println ("Wrong results for record 1");
     System.out.println (" ");
   }

if(Math.abs(denormPredictBookNumber_02) > 0.85)
  if(Math.abs(denormPredictBookNumber_01) < 0.2 &
     Math.abs(denormPredictBookNumber_02) > 0.85 &
     Math.abs(denormPredictBookNumber_03) < 0.2 &
     Math.abs(denormPredictBookNumber_04) < 0.2 &
     Math.abs(denormPredictBookNumber_05) < 0.2)
     {
       System.out.println ("Record 2 belongs to book 2");
       System.out.println (" ");
     }
  else
   {
     System.out.println ("Wrong results for record 2");
```

```
                    System.out.println (" ");
                }
            if(Math.abs(denormPredictBookNumber_03) > 0.85)
             if(Math.abs(denormPredictBookNumber_01) < 0.2 &
                Math.abs(denormPredictBookNumber_02) < 0.2  &
                Math.abs(denormPredictBookNumber_03) > 0.85 &
                Math.abs(denormPredictBookNumber_04) < 0.2  &
                Math.abs(denormPredictBookNumber_05) < 0.2)
                   {
                      System.out.println ("Record 3 belongs to book 3");
                      System.out.println (" ");
                   }
              else
               {
                  System.out.println ("Wrong results for record 3");
                  System.out.println (" ");
               }
            if(Math.abs(denormPredictBookNumber_04) > 0.85)
             if(Math.abs(denormPredictBookNumber_01) < 0.2  &
                Math.abs(denormPredictBookNumber_02) < 0.2  &
                Math.abs(denormPredictBookNumber_03) < 0.2  &
                Math.abs(denormPredictBookNumber_04) > 0.85 &
                Math.abs(denormPredictBookNumber_05) < 0.2)
                   {
                      System.out.println ("Record 4 belongs to book 4");
                      System.out.println (" ");
                   }
              else
               {
                  System.out.println ("Wrong results for record 4");
                  System.out.println (" ");
               }
            if(Math.abs(denormPredictBookNumber_05) > 0.85)
             if(Math.abs(denormPredictBookNumber_01) < 0.2  &
                Math.abs(denormPredictBookNumber_02) < 0.2  &
                Math.abs(denormPredictBookNumber_03) < 0.2  &
                Math.abs(denormPredictBookNumber_04) < 0.2 &
                Math.abs(denormPredictBookNumber_05) > 0.85)
                   {
                      System.out.println ("Record 5 belongs to book 5");
                      System.out.println (" ");
                   }
              else
               {
                  System.out.println ("Wrong results for record 5");
                  System.out.println (" ");
               }

      }   // End for pair loop
```

```
      returnCode = 0;
      return returnCode;

  }   // End of the method

//=====================================================================
// Load and test the trained network at non-trainable points
//=====================================================================
static public void loadAndTestNetwork()
 {
  System.out.println("Testing the networks results");

  List<Double> xData = new ArrayList<Double>();
  List<Double> yData1 = new ArrayList<Double>();
  List<Double> yData2 = new ArrayList<Double>();

  double targetToPredictPercent = 0;
  double maxGlobalResultDiff = 0.00;
  double averGlobalResultDiff = 0.00;
  double sumGlobalResultDiff = 0.00;
  double normInputWordNumberFromRecord = 0.00;
  double normTargetBookNumberFromRecord = 0.00;
  double normPredictXPointValueFromRecord = 0.00;
  BasicNetwork network;
  maxGlobalResultDiff = 0.00;
  averGlobalResultDiff = 0.00;
  sumGlobalResultDiff = 0.00;

  // Load the test dataset into memory
  MLDataSet testingSet =
  loadCSV2Memory(testFileName,numberOfInputNeurons,
  numberOfOutputNeurons,true,CSVFormat.ENGLISH,false);

  // Load the saved trained network
  network =
   (BasicNetwork)EncogDirectoryPersistence.loadObject(new
   File(networkFileName));

  int i = 0;

  for (MLDataPair pair:  testingSet)
   {
       i++;

       MLData inputData = pair.getInput();
       MLData actualData = pair.getIdeal();
       MLData predictData = network.compute(inputData);

       // These values are Normalized as the whole input is
       normInputWordNumberFromRecord = inputData.getData(0);
       normTargetBookNumberFromRecord = actualData.getData(0);
       normPredictXPointValueFromRecord = predictData.getData(0);
       denormInputWordNumber_01 = ((minWordNumberDl -maxWordNumberDh)*
       normInputWordNumber_01 - Nh*minWordNumberDl + maxWordNumberDh
       *Nl)/(Nl - Nh);
```

```
denormInputWordNumber_02 = ((minWordNumberDl - maxWordNumberDh)*
normInputWordNumber_02 - Nh*minWordNumberDl + maxWordNumberDh
*Nl)/(Nl - Nh);

denormInputWordNumber_03 = ((minWordNumberDl -
maxWordNumberDh)*normInputWordNumber_03 - Nh*minWordNumberDl +
maxWordNumberDh *Nl)/(Nl - Nh);

denormTargetBookNumber_01 = ((minTargetValueDl - maxTargetValueDh)*
normTargetBookNumber_01 - Nh*minTargetValueDl +
maxTargetValueDh*Nl)/(Nl - Nh);

denormTargetBookNumber_02 = ((minTargetValueDl -
maxTargetValueDh)*normTargetBookNumber_02 -
Nh*minTargetValueDl + maxTargetValueDh*Nl)/(Nl - Nh);

denormTargetBookNumber_03 = ((minTargetValueDl -
maxTargetValueDh)*normTargetBookNumber_03 - Nh*minTargetValueDl +
maxTargetValueDh*Nl)/(Nl - Nh);

denormTargetBookNumber_04 = ((minTargetValueDl - maxTarget
ValueDh)*normTargetBookNumber_04 - Nh*minTargetValueDl +
maxTargetValueDh*Nl)/(Nl - Nh);

denormTargetBookNumber_05 = ((minTargetValueDl - maxTarget
ValueDh)*normTargetBookNumber_05 - Nh*minTargetValueDl +
maxTargetValueDh*Nl)/(Nl - Nh);

denormPredictBookNumber_01 =((minTargetValueDl - maxTarget
ValueDh)*normPredictBookNumber_01 - Nh*minTargetValueDl +
maxTargetValueDh*Nl)/(Nl - Nh);

denormPredictBookNumber_02 =((minTargetValueDl - maxTarget
ValueDh)*normPredictBookNumber_02 -Nh*minTargetValueDl +
maxTargetValueDh*Nl)/(Nl - Nh);

denormPredictBookNumber_03 =((minTargetValueDl - maxTarget
ValueDh)*normPredictBookNumber_03 - Nh*minTargetValueDl +
maxTargetValueDh*Nl)/(Nl - Nh);

denormPredictBookNumber_04 =((minTargetValueDl - maxTarget
ValueDh)*normPredictBookNumber_04 - Nh*minTargetValueDl +
maxTargetValueDh*Nl)/(Nl - Nh);

denormPredictBookNumber_05 =((minTargetValueDl - maxTarget
ValueDh)*normPredictBookNumber_05 -Nh*minTargetValueDl +
maxTargetValueDh*Nl)/(Nl - Nh);

System.out.println ("RecordNumber = " + i);

System.out.println ("denormTargetBookNumber_01 = " +
denormTargetBookNumber_01 + "denormPredictBookNumber_01 = " +
denormPredictBookNumber_01);

System.out.println ("denormTargetBookNumber_02 = " +
denormTargetBookNumber_02 + "denormPredictBookNumber_02 = " +
denormPredictBookNumber_02);
```

```
System.out.println ("denormTargetBookNumber_03 = " +
denormTargetBookNumber_03 + "denormPredictBookNumber_03 = " +
denormPredictBookNumber_03);

System.out.println ("denormTargetBookNumber_04 = " +
denormTargetBookNumber_04 + "denormPredictBookNumber_04 = " +
denormPredictBookNumber_04);

System.out.println ("denormTargetBookNumber_05 = " +
denormTargetBookNumber_05 + "denormPredictBookNumber_05 = " +
denormPredictBookNumber_05);

//System.out.println (" ");

if(Math.abs(denormPredictBookNumber_01) > 0.85  &
  Math.abs(denormPredictBookNumber_02) < 0.2    &
  Math.abs(denormPredictBookNumber_03) < 0.2    &
  Math.abs(denormPredictBookNumber_04) < 0.2    &
  Math.abs(denormPredictBookNumber_05) < 0.2
  ||
  Math.abs(denormPredictBookNumber_01) < 0.2 &
     Math.abs(denormPredictBookNumber_02) > 0.85 &
     Math.abs(denormPredictBookNumber_03) < 0.2 &
     Math.abs(denormPredictBookNumber_04) < 0.2 &
     Math.abs(denormPredictBookNumber_05) < 0.2
     |
  Math.abs(denormPredictBookNumber_01) < 0.2  &
     Math.abs(denormPredictBookNumber_02) > 0.85 &
     Math.abs(denormPredictBookNumber_03) < 0.2 &
     Math.abs(denormPredictBookNumber_04) < 0.2 &
     Math.abs(denormPredictBookNumber_05) < 0.2
||
   Math.abs(denormPredictBookNumber_01) < 0.2 &
     Math.abs(denormPredictBookNumber_02) < 0.2  &
     Math.abs(denormPredictBookNumber_03) > 0.85 &
     Math.abs(denormPredictBookNumber_04) < 0.2  &
     Math.abs(denormPredictBookNumber_05) < 0.2
     ||
  Math.abs(denormPredictBookNumber_01) < 0.2  &
     Math.abs(denormPredictBookNumber_02) < 0.2  &
     Math.abs(denormPredictBookNumber_03) < 0.2  &
     Math.abs(denormPredictBookNumber_04) > 0.85 &
     Math.abs(denormPredictBookNumber_05) < 0.2
  ||
 Math.abs(denormPredictBookNumber_01) < 0.2  &
     Math.abs(denormPredictBookNumber_02) < 0.2  &
     Math.abs(denormPredictBookNumber_03) < 0.2  &
     Math.abs(denormPredictBookNumber_04) < 0.2 &
     Math.abs(denormPredictBookNumber_05) > 0.85)
  {
       System.out.println ("Record belong to some book");
       System.out.println (" ");
```

```
        }
      else
        {
          System.out.println ("Unknown book");
          System.out.println (" ");
        }
    }  // End for pair loop

  } // End of the method

} // End of the class
```

清单 10-4 显示了训练方法的代码片段。

清单 10-4　训练方法的代码片段

```
static public int trainValidateSaveNetwork()
  {
      // Load the training CSV file in memory
      MLDataSet trainingSet =
        loadCSV2Memory(trainFileName,numberOfInputNeurons,
        numberOfOutputNeurons,true,CSVFormat.ENGLISH,false);

      // create a neural network
      BasicNetwork network = new BasicNetwork();

      // Input layer
      network.addLayer(new BasicLayer(null,true,3));

      // Hidden layer
      network.addLayer(new BasicLayer(new ActivationTANH(),true,7));
      network.addLayer(new BasicLayer(new ActivationTANH(),true,7));
      network.addLayer(new BasicLayer(new ActivationTANH(),true,7));
      network.addLayer(new BasicLayer(new ActivationTANH(),true,7));
      network.addLayer(new BasicLayer(new ActivationTANH(),true,7));
      network.addLayer(new BasicLayer(new ActivationTANH(),true,7));

      // Output layer
      network.addLayer(new BasicLayer(new ActivationTANH(),false,5));

      network.getStructure().finalizeStructure();
      network.reset();

      //Train the neural network
      final ResilientPropagation train = new ResilientPropagation(network,
      trainingSet);

      int epoch = 1;

      do
        {
          train.iteration();
          System.out.println("Epoch #" + epoch + " Error:" +
          train.getError());
```

```
        epoch++;

    if (epoch >= 1000 && network.calculateError(trainingSet) >
    0.0000000000000012)
        {
          returnCode = 1;
          System.out.println("Try again");
          return returnCode;
        }

} while (network.calculateError(trainingSet) > 0.0000000000000011);

// Save the network file
EncogDirectoryPersistence.saveObject(new File(networkFileName),network);

System.out.println("Neural Network Results:");

double sumNormDifferencePerc = 0.00;
double averNormDifferencePerc = 0.00;
double maxNormDifferencePerc = 0.00;
int m = 0;

for(MLDataPair pair: trainingSet)
  {
        m++;

      final MLData output = network.compute(pair.getInput());

      MLData inputData = pair.getInput();
      MLData actualData = pair.getIdeal();
      MLData predictData = network.compute(inputData);

      // Calculate and print the results
      normInputWordNumber_01 = inputData.getData(0);
      normInputWordNumber_02 = inputData.getData(1);
      normInputWordNumber_03 = inputData.getData(2);

      normTargetBookNumber_01 = actualData.getData(0);
      normTargetBookNumber_02 = actualData.getData(1);
      normTargetBookNumber_03 = actualData.getData(2);
      normTargetBookNumber_04 = actualData.getData(3);
      normTargetBookNumber_05 = actualData.getData(4);

      normPredictBookNumber_01 = predictData.getData(0);
      normPredictBookNumber_02 = predictData.getData(1);
      normPredictBookNumber_03 = predictData.getData(2);
      normPredictBookNumber_04 = predictData.getData(3);
      normPredictBookNumber_05 = predictData.getData(4);

      denormInputWordNumber_01 = ((minWordNumberDl -maxWordNumberDh)*
      normInputWordNumber_01 - Nh*minWordNumberDl +
      maxWordNumberDh *Nl)/(Nl - Nh);

      denormInputWordNumber_02 = ((minWordNumberDl -maxWordNumberDh)*
      normInputWordNumber_02 - Nh*minWordNumberDl +
      maxWordNumberDh *Nl)/(Nl - Nh);
```

```
denormInputWordNumber_03 = ((minWordNumberDl -maxWordNumberDh)*
normInputWordNumber_03 - Nh*minWordNumberDl +
maxWordNumberDh *Nl)/(Nl - Nh);

denormTargetBookNumber_01 = ((minTargetValueDl -
maxTargetValueDh)*normTargetBookNumber_01 -
Nh*minTargetValueDl + maxTargetValueDh*Nl)/(Nl - Nh);

denormTargetBookNumber_02 = ((minTargetValueDl -
maxTargetValueDh)*normTargetBookNumber_02 -
Nh*minTargetValueDl + maxTargetValueDh*Nl)/(Nl - Nh);

denormTargetBookNumber_03 = ((minTargetValueDl -
maxTargetValueDh)*normTargetBookNumber_03 -
Nh*minTargetValueDl + maxTargetValueDh*Nl)/(Nl - Nh);

denormTargetBookNumber_04 = ((minTargetValueDl -
maxTargetValueDh)*normTargetBookNumber_04 -
Nh*minTargetValueDl + maxTargetValueDh*Nl)/(Nl - Nh);

denormTargetBookNumber_05 = ((minTargetValueDl -
maxTargetValueDh)*normTargetBookNumber_05 -
Nh*minTargetValueDl + maxTargetValueDh*Nl)/(Nl - Nh);

denormPredictBookNumber_01 =((minTargetValueDl -
maxTargetValueDh)*normPredictBookNumber_01 -
Nh*minTargetValueDl + maxTargetValueDh*Nl)/(Nl - Nh);

denormPredictBookNumber_02 =((minTargetValueDl -
maxTargetValueDh)*normPredictBookNumber_02 -
Nh*minTargetValueDl + maxTargetValueDh*Nl)/(Nl - Nh);

denormPredictBookNumber_03 =((minTargetValueDl -
maxTargetValueDh)*normPredictBookNumber_03 -
Nh*minTargetValueDl + maxTargetValueDh*Nl)/(Nl - Nh);

denormPredictBookNumber_04 =((minTargetValueDl -
maxTargetValueDh)*normPredictBookNumber_04 -
Nh*minTargetValueDl + maxTargetValueDh*Nl)/(Nl - Nh);

denormPredictBookNumber_05 =((minTargetValueDl -
maxTargetValueDh)*normPredictBookNumber_05 -
Nh*minTargetValueDl + maxTargetValueDh*Nl)/(Nl - Nh);
System.out.println ("RecordNumber = " + m);

System.out.println ("denormTargetBookNumber_01 = " +
denormTargetBookNumber_01 + "denormPredictBookNumber_01 = " +
denormPredictBookNumber_01);

System.out.println ("denormTargetBookNumber_02 = " +
denormTargetBookNumber_02 + "denormPredictBookNumber_02 = " +
denormPredictBookNumber_02);

System.out.println ("denormTargetBookNumber_03 = " +
denormTargetBookNumber_03 + "denormPredictBookNumber_03 = " +
denormPredictBookNumber_03);
```

```
     System.out.println ("denormTargetBookNumber_04 = " +
     denormTargetBookNumber_04 + "denormPredictBookNumber_04 = " +
     denormPredictBookNumber_04);

     System.out.println ("denormTargetBookNumber_05 = " +
     denormTargetBookNumber_05 + "denormPredictBookNumber_05 = " +
     denormPredictBookNumber_05);
//System.out.println (" ");

// Print the classification results in the log
if(Math.abs(denormPredictBookNumber_01) > 0.85)
   if(Math.abs(denormPredictBookNumber_01) > 0.85  &
      Math.abs(denormPredictBookNumber_02) < 0.2   &
      Math.abs(denormPredictBookNumber_03) < 0.2   &
      Math.abs(denormPredictBookNumber_04) < 0.2   &
      Math.abs(denormPredictBookNumber_05) < 0.2)
       {
         System.out.println ("Record 1 belongs to book 1");
         System.out.println (" ");
       }
    else
     {
       System.out.println ("Wrong results for record 1");
       System.out.println (" ");
     }
if(Math.abs(denormPredictBookNumber_02) > 0.85)
   if(Math.abs(denormPredictBookNumber_01) < 0.2  &
      Math.abs(denormPredictBookNumber_02) > 0.85 &
      Math.abs(denormPredictBookNumber_03) < 0.2  &
      Math.abs(denormPredictBookNumber_04) < 0.2  &
      Math.abs(denormPredictBookNumber_05) < 0.2)
       {
         System.out.println ("Record 2 belongs to book 2");
         System.out.println (" ");
       }
    else
     {
       System.out.println ("Wrong results for record 2");
       System.out.println (" ");
     }

if(Math.abs(denormPredictBookNumber_03) > 0.85)
   if(Math.abs(denormPredictBookNumber_01) < 0.2 &
      Math.abs(denormPredictBookNumber_02) < 0.2 &
      Math.abs(denormPredictBookNumber_03) > 0.85 &
      Math.abs(denormPredictBookNumber_04) < 0.2 &
      Math.abs(denormPredictBookNumber_05) < 0.2)
       {
         System.out.println ("Record 3 belongs to book 3");
         System.out.println (" ");
       }
```

```
                else
                 {
                   System.out.println ("Wrong results for record 3");
                   System.out.println (" ");
                 }
             if(Math.abs(denormPredictBookNumber_04) > 0.85)
               if(Math.abs(denormPredictBookNumber_01) < 0.2  &
                  Math.abs(denormPredictBookNumber_02) < 0.2  &
                  Math.abs(denormPredictBookNumber_03) < 0.2  &
                  Math.abs(denormPredictBookNumber_04) > 0.85 &
                  Math.abs(denormPredictBookNumber_05) < 0.2)
                   {
                     System.out.println ("Record 4 belongs to book 4");
                     System.out.println (" ");
                   }
                else
                 {
                   System.out.println ("Wrong results for record 4");
                   System.out.println (" ");
                 }
             if(Math.abs(denormPredictBookNumber_05) > 0.85)
               if(Math.abs(denormPredictBookNumber_01) < 0.2  &
                  Math.abs(denormPredictBookNumber_02) < 0.2  &
                  Math.abs(denormPredictBookNumber_03) < 0.2  &
                  Math.abs(denormPredictBookNumber_04) < 0.2 &
                  Math.abs(denormPredictBookNumber_05) > 0.85)
                   {
                     System.out.println ("Record 5 belongs to book 5");
                     System.out.println (" ");
                   }
                else
                 {
                   System.out.println ("Wrong results for record 5");
                   System.out.println (" ");
                 }
         }   // End for pair loop

      returnCode = 0;
      return returnCode;

   }   // End of the method
```

清单 10-5 显示了测试方法的代码片段。

在这里，你可以以将测试数据集和先前保存的训练网络加载到内存中。接下来，循环访问成对数据集，并为每条记录检索三个输入书号和五个目标书号。将获得的值反规范化，然后检查记录是否属于五本书中的一本。

清单 10-5　测试方法的代码片段

```
// Load the test dataset into memory
MLDataSet testingSet =
    loadCSV2Memory(testFileName,numberOfInputNeurons,numberOfOutputNeurons,
      true,CSVFormat.ENGLISH,false);

// Load the saved trained network
network =
      (BasicNetwork)EncogDirectoryPersistence.loadObject(new
File(networkFileName));

int i = 0;

for (MLDataPair pair:  testingSet)
    {
           i++;

           MLData inputData = pair.getInput();
           MLData actualData = pair.getIdeal();
           MLData predictData = network.compute(inputData);

           // These values are Normalized as the whole input is
           normInputWordNumberFromRecord = inputData.getData(0);
           normTargetBookNumberFromRecord = actualData.getData(0);
           normPredictXPointValueFromRecord = predictData.getData(0);

           denormInputWordNumber_01 = ((minWordNumberDl -maxWordNumberDh)*
           normInputWordNumber_01 - Nh*minWordNumberDl +
           maxWordNumberDh *Nl)/(Nl - Nh);

            denormInputWordNumber_02 = ((minWordNumberDl -
            maxWordNumberDh)*normInputWordNumber_02 - Nh*minWordNumberDl +
            maxWordNumberDh *Nl)/(Nl - Nh);

            denormInputWordNumber_03 = ((minWordNumberDl -
            maxWordNumberDh)*normInputWordNumber_03 - Nh*minWordNumberDl +
            maxWordNumberDh *Nl)/(Nl - Nh);

           denormTargetBookNumber_01 = ((minTargetValueDl -
           maxTargetValueDh)*normTargetBookNumber_01 -
           Nh*minTargetValueDl + maxTargetValueDh*Nl)/(Nl - Nh);

            denormTargetBookNumber_02 = ((minTargetValueDl -
            maxTargetValueDh)*normTargetBookNumber_02 -
            Nh*minTargetValueDl + maxTargetValueDh*Nl)/(Nl - Nh);

            denormTargetBookNumber_03 = ((minTargetValueDl -
            maxTargetValueDh)*normTargetBookNumber_03 -
            Nh*minTargetValueDl + maxTargetValueDh*Nl)/(Nl - Nh);

            denormTargetBookNumber_04 = ((minTargetValueDl -
            maxTargetValueDh)*normTargetBookNumber_04 -
            Nh*minTargetValueDl + maxTargetValueDh*Nl)/(Nl - Nh);

            denormTargetBookNumber_05 = ((minTargetValueDl -
```

```
maxTargetValueDh)*normTargetBookNumber_05 -
Nh*minTargetValueDl + maxTargetValueDh*Nl)/(Nl - Nh);

denormPredictBookNumber_01 =((minTargetValueDl -
maxTargetValueDh)*normPredictBookNumber_01 -
Nh*minTargetValueDl + maxTargetValueDh*Nl)/(Nl - Nh);

denormPredictBookNumber_02 =((minTargetValueDl -
maxTargetValueDh)*normPredictBookNumber_02 -
Nh*minTargetValueDl + maxTargetValueDh*Nl)/(Nl - Nh);

denormPredictBookNumber_03 =((minTargetValueDl -
maxTargetValueDh)*normPredictBookNumber_03 -
Nh*minTargetValueDl + maxTargetValueDh*Nl)/(Nl - Nh);

denormPredictBookNumber_04 =((minTargetValueDl -
maxTargetValueDh)*normPredictBookNumber_04 -
Nh*minTargetValueDl + maxTargetValueDh*Nl)/(Nl - Nh);

denormPredictBookNumber_05 =((minTargetValueDl -
maxTargetValueDh)*normPredictBookNumber_05 -
Nh*minTargetValueDl + maxTargetValueDh*Nl)/(Nl - Nh);

System.out.println ("RecordNumber = " + i);

System.out.println ("denormTargetBookNumber_01 = " +
denormTargetBookNumber_01 + "denormPredictBookNumber_01 = " +
denormPredictBookNumber_01);

System.out.println ("denormTargetBookNumber_02 = " +
denormTargetBookNumber_02 + "denormPredictBookNumber_02 = " +
denormPredictBookNumber_02);

System.out.println ("denormTargetBookNumber_03 = " +
denormTargetBookNumber_03 + "denormPredictBookNumber_03 = " +
denormPredictBookNumber_03);

System.out.println ("denormTargetBookNumber_04 = " +
denormTargetBookNumber_04 + "denormPredictBookNumber_04 = " +
denormPredictBookNumber_04);

System.out.println ("denormTargetBookNumber_05 = " +
denormTargetBookNumber_05 + "denormPredictBookNumber_05 = " +
denormPredictBookNumber_05);

//System.out.println (" ");

if(Math.abs(denormPredictBookNumber_01) > 0.85  &
  Math.abs(denormPredictBookNumber_02) < 0.2   &
  Math.abs(denormPredictBookNumber_03) < 0.2   &
  Math.abs(denormPredictBookNumber_04) < 0.2   &
  Math.abs(denormPredictBookNumber_05) < 0.2
  |
  Math.abs(denormPredictBookNumber_01) < 0.2  &
     Math.abs(denormPredictBookNumber_02) > 0.85 &
     Math.abs(denormPredictBookNumber_03) < 0.2  &
```

```
                    Math.abs(denormPredictBookNumber_04) < 0.2  &
                    Math.abs(denormPredictBookNumber_05) < 0.2

                |
            Math.abs(denormPredictBookNumber_01) < 0.2 &
                Math.abs(denormPredictBookNumber_02) > 0.85 &
                Math.abs(denormPredictBookNumber_03) < 0.2 &
                Math.abs(denormPredictBookNumber_04) < 0.2  &
                Math.abs(denormPredictBookNumber_05) < 0.2

                |
            Math.abs(denormPredictBookNumber_01) < 0.2 &
                Math.abs(denormPredictBookNumber_02) < 0.2  &
                Math.abs(denormPredictBookNumber_03) > 0.85 &
                Math.abs(denormPredictBookNumber_04) < 0.2  &
                Math.abs(denormPredictBookNumber_05) < 0.2

            |
            Math.abs(denormPredictBookNumber_01) < 0.2  &
                Math.abs(denormPredictBookNumber_02) < 0.2  &
                Math.abs(denormPredictBookNumber_03) < 0.2  &
                Math.abs(denormPredictBookNumber_04) > 0.85 &
                Math.abs(denormPredictBookNumber_05) < 0.2

            |
            Math.abs(denormPredictBookNumber_01) < 0.2  &
                Math.abs(denormPredictBookNumber_02) < 0.2  &
                Math.abs(denormPredictBookNumber_03) < 0.2  &
                Math.abs(denormPredictBookNumber_04) < 0.2 &
                Math.abs(denormPredictBookNumber_05) > 0.85)
                {
                    System.out.println ("Record belong to some book");
                    System.out.println (" ");
                }
            else
            {
                System.out.println ("Unknown book");
                System.out.println (" ");
            }
        } // End for pair loop

    } // End of the method
```

10.7 训练结果

清单 10-6 显示了训练 / 验证结果。

清单 10-6 训练 / 验证结果

```
RecordNumber = 1
denormTargetBookNumber_01 = 1.0   denormPredictBookNumber_01 = 1.0
```

denormTargetBookNumber_02 = -0.0   denormPredictBookNumber_02 =
3.6221384780432686E-9
denormTargetBookNumber_03 = -0.0   denormPredictBookNumber_03 = -0.0
denormTargetBookNumber_04 = -0.0   denormPredictBookNumber_04 =
1.3178162894256218E-8
denormTargetBookNumber_05 = -0.0   denormPredictBookNumber_05 =
2.220446049250313E-16
  Record 1 belongs to book 1

RecordNumber = 2
denormTargetBookNumber_01 = 1.0   denormPredictBookNumber_01 = 1.0
denormTargetBookNumber_02 = -0.0   denormPredictBookNumber_02 =
3.6687665128098956E-9
denormTargetBookNumber_03 = -0.0   denormPredictBookNumber_03 = -0.0
denormTargetBookNumber_04 = -0.0   denormPredictBookNumber_04 =
1.0430401597982808E-8
denormTargetBookNumber_05 = -0.0   denormPredictBookNumber_05 =
2.220446049250313E-16
  Record 1 belongs to book 1

RecordNumber = 3
denormTargetBookNumber_01 = 1.0   denormPredictBookNumber_01 = 1.0
denormTargetBookNumber_02 = -0.0   denormPredictBookNumber_02 =
4.35402175424926E-9
denormTargetBookNumber_03 = -0.0   denormPredictBookNumber_03 = -0.0
denormTargetBookNumber_04 = -0.0   denormPredictBookNumber_04 =
9.684705759571699E-9
denormTargetBookNumber_05 = -0.0   denormPredictBookNumber_05 =
2.220446049250313E-16
  Record 1 belongs to book 1

RecordNumber = 4
denormTargetBookNumber_01 = 1.0   denormPredictBookNumber_01 = 1.0
denormTargetBookNumber_02 = -0.0   denormPredictBookNumber_02 =
6.477930192261283E-9
denormTargetBookNumber_03 = -0.0   denormPredictBookNumber_03 = -0.0
denormTargetBookNumber_04 = -0.0   denormPredictBookNumber_04 =
4.863816960298806E-9
denormTargetBookNumber_05 = -0.0   denormPredictBookNumber_05 =
2.220446049250313E-16
  Record 1 belongs to book 1

RecordNumber = 5
denormTargetBookNumber_01 = 1.0   denormPredictBookNumber_01 = 1.0
denormTargetBookNumber_02 = -0.0   denormPredictBookNumber_02 =
1.7098276960947345E-8
denormTargetBookNumber_03 = -0.0   denormPredictBookNumber_03 = -0.0
denormTargetBookNumber_04 = -0.0   denormPredictBookNumber_04 =
4.196660130517671E-9
denormTargetBookNumber_05 = -0.0   denormPredictBookNumber_05 =
2.220446049250313E-16

```
    Record 1 belongs to book 1

  RecordNumber = 6
  denormTargetBookNumber_01 = 1.0      denormPredictBookNumber_01 = 1.0
  denormTargetBookNumber_02 = -0.0     denormPredictBookNumber_02 =
  9.261896322110275E-8
  denormTargetBookNumber_03 = -0.0     denormPredictBookNumber_03 = -0.0
  denormTargetBookNumber_04 = -0.0     denormPredictBookNumber_04 =
  2.6307949707593536E-9
  denormTargetBookNumber_05 = -0.0     denormPredictBookNumber_05 =
  2.7755575615628914E-16
     Record 1 belongs to book 1
  RecordNumber = 7
  denormTargetBookNumber_01 = -0.0     denormPredictBookNumber_01 =
  5.686340287525127E-12
  denormTargetBookNumber_02 = 1.0      denormPredictBookNumber_02 =
  0.9999999586267019
  denormTargetBookNumber_03 = -0.0     denormPredictBookNumber_03 = -0.0
  denormTargetBookNumber_04 = -0.0     denormPredictBookNumber_04 =
  1.1329661653292078E-9
  denormTargetBookNumber_05 = -0.0     denormPredictBookNumber_05 =
  9.43689570931383E-16
     Record 2 belongs to book 2

  RecordNumber = 8
  denormTargetBookNumber_01 = -0.0     denormPredictBookNumber_01 = -0.0
  denormTargetBookNumber_02 = 1.0      denormPredictBookNumber_02 =
  0.9999999999998506
  denormTargetBookNumber_03 = -0.0     denormPredictBookNumber_03 = -0.0
  denormTargetBookNumber_04 = -0.0     denormPredictBookNumber_04 =
  1.091398971198032E-9
  denormTargetBookNumber_05 = -0.0     denormPredictBookNumber_05 =
  2.6645352591003757E-15
     Record 2 belongs to book 2

  RecordNumber = 9
  denormTargetBookNumber_01 = -0.0     denormPredictBookNumber_01 = -0.0
  denormTargetBookNumber_02 = 1.0      denormPredictBookNumber_02 =
  0.9999999999999962
  denormTargetBookNumber_03 = -0.0     denormPredictBookNumber_03 = -0.0
  denormTargetBookNumber_04 = -0.0     denormPredictBookNumber_04 =
  1.0686406759496947E-9
  denormTargetBookNumber_05 = -0.0     denormPredictBookNumber_05 =
  3.7192471324942744E-15
     Record 2 belongs to book 2

  RecordNumber = 10
  denormTargetBookNumber_01 = -0.0     denormPredictBookNumber_01 = -0.0
  denormTargetBookNumber_02 = 1.0      denormPredictBookNumber_02 =
  0.9999999999999798
  denormTargetBookNumber_03 = -0.0     denormPredictBookNumber_03 =
  2.2352120154778277E-12
```

denormTargetBookNumber_04 = -0.0 denormPredictBookNumber_04 = 7.627692921730045E-10
denormTargetBookNumber_05 = -0.0 denormPredictBookNumber_05 = 1.9817480989559044E-14
    Record 2 belongs to book 2

RecordNumber = 11
denormTargetBookNumber_01 = -0.0 denormPredictBookNumber_01 = -0.0
denormTargetBookNumber_02 = 1.0 denormPredictBookNumber_02 = 0.9999999999999603
denormTargetBookNumber_03 = -0.0 denormPredictBookNumber_03 = 1.2451872866137137E-11
denormTargetBookNumber_04 = -0.0 denormPredictBookNumber_04 = 7.404629132068408E-10
denormTargetBookNumber_05 = -0.0 denormPredictBookNumber_05 = 2.298161660974074E-14
    Record 2 belongs to book 2

RecordNumber = 12
denormTargetBookNumber_01 = -0.0 denormPredictBookNumber_01 = -0.0
denormTargetBookNumber_02 = 1.0 denormPredictBookNumber_02 = 0.9999999999856213
denormTargetBookNumber_03 = -0.0 denormPredictBookNumber_03 = 7.48775297876314E-8
denormTargetBookNumber_04 = -0.0 denormPredictBookNumber_04 = 6.947271091739537E-10
denormTargetBookNumber_05 = -0.0 denormPredictBookNumber_05 = 4.801714581503802E-14
    Record 2 belongs to book 2

RecordNumber = 13
denormTargetBookNumber_01 = -0.0 denormPredictBookNumber_01 = -0.0
denormTargetBookNumber_02 = -0.0 denormPredictBookNumber_02 = 7.471272545078733E-9
denormTargetBookNumber_03 = 1.0 denormPredictBookNumber_03 = 0.9999999419988991
denormTargetBookNumber_04 = -0.0 denormPredictBookNumber_04 = 2.5249974888730264E-9
denormTargetBookNumber_05 = -0.0 denormPredictBookNumber_05 = 2.027711332175386E-12
    Record 3 belongs to book 3

RecordNumber = 14
denormTargetBookNumber_01 = -0.0 denormPredictBookNumber_01 = -0.0
denormTargetBookNumber_02 = -0.0 denormPredictBookNumber_02 = 2.295386103412511E-13
denormTargetBookNumber_03 = 1.0 denormPredictBookNumber_03 = 0.9999999999379154
denormTargetBookNumber_04 = -0.0 denormPredictBookNumber_04 = 4.873732140087128E-9
denormTargetBookNumber_05 = -0.0 denormPredictBookNumber_05 = 4.987454893523591E-12

Record 3 belongs to book 3

RecordNumber = 15
denormTargetBookNumber_01 = -0.0   denormPredictBookNumber_01 = -0.0
denormTargetBookNumber_02 = -0.0   denormPredictBookNumber_02 =
2.692845946228317E-13
denormTargetBookNumber_03 = 1.0   denormPredictBookNumber_03 =
0.9999999998630087
denormTargetBookNumber_04 = -0.0   denormPredictBookNumber_04 =
4.701179112664988E-9
denormTargetBookNumber_05 = -0.0   denormPredictBookNumber_05 =
4.707678691318051E-12
        Record 3 belongs to book 3

RecordNumber = 16
denormTargetBookNumber_01 = -0.0   denormPredictBookNumber_01 = -0.0
denormTargetBookNumber_02 = -0.0   denormPredictBookNumber_02 = -0.0
denormTargetBookNumber_03 = 1.0   denormPredictBookNumber_03 =
0.9999999999999996
denormTargetBookNumber_04 = -0.0   denormPredictBookNumber_04 =
2.0469307360215794E-8
denormTargetBookNumber_05 = -0.0   denormPredictBookNumber_05 =
2.843247859374287E-11
        Record 3 belongs to book 3

RecordNumber = 17
denormTargetBookNumber_01 = -0.0   denormPredictBookNumber_01 = -0.0
denormTargetBookNumber_02 = -0.0   denormPredictBookNumber_02 = -0.0
denormTargetBookNumber_03 = 1.0   denormPredictBookNumber_03 =
0.9999999999999987
denormTargetBookNumber_04 = -0.0   denormPredictBookNumber_04 =
1.977055869017974E-8
denormTargetBookNumber_05 = -0.0   denormPredictBookNumber_05 =
2.68162714256448E-11
        Record 3 belongs to book 3

RecordNumber = 18
denormTargetBookNumber_01 = -0.0   denormPredictBookNumber_01 = -0.0
denormTargetBookNumber_02 = -0.0   denormPredictBookNumber_02 = -0.0
denormTargetBookNumber_03 = 1.0   denormPredictBookNumber_03 =
0.9999999885142061
denormTargetBookNumber_04 = -0.0   denormPredictBookNumber_04 =
2.6820915488556807E-8
denormTargetBookNumber_05 = -0.0   denormPredictBookNumber_05 =
7.056188966458876E-12
        Record 3 belongs to book 3
RecordNumber = 19
denormTargetBookNumber_01 = -0.0   denormPredictBookNumber_01 = -0.0
denormTargetBookNumber_02 = -0.0   denormPredictBookNumber_02 = -0.0
denormTargetBookNumber_03 = -0.0   denormPredictBookNumber_03 =
2.983344798979104E-8
denormTargetBookNumber_04 = 1.0   denormPredictBookNumber_04 =

```
0.9999999789933758
denormTargetBookNumber_05 = -0.0   denormPredictBookNumber_05 =
1.7987472622493783E-10
    Record 4 belongs to book 4

RecordNumber = 20
denormTargetBookNumber_01 = -0.0   denormPredictBookNumber_01 = -0.0
denormTargetBookNumber_02 = -0.0   denormPredictBookNumber_02 = -0.0
denormTargetBookNumber_03 = -0.0   denormPredictBookNumber_03 =
1.0003242317813132E-7
denormTargetBookNumber_04 = 1.0    denormPredictBookNumber_04 =
0.9999999812213116
denormTargetBookNumber_05 = -0.0   denormPredictBookNumber_05 =
2.2566659652056842E-10
    Record 4 belongs to book 4

RecordNumber = 21
denormTargetBookNumber_01 = -0.0   denormPredictBookNumber_01 = -0.0
denormTargetBookNumber_02 = -0.0   denormPredictBookNumber_02 = -0.0
denormTargetBookNumber_03 = -0.0   denormPredictBookNumber_03 =
1.4262971415046621E-8
denormTargetBookNumber_04 = 1.0    denormPredictBookNumber_04 =
0.9999999812440078
denormTargetBookNumber_05 = -0.0   denormPredictBookNumber_05 =
2.079504346497174E-10
    Record 4 belongs to book 4
RecordNumber = 22
denormTargetBookNumber_01 = -0.0   denormPredictBookNumber_01 = -0.0
denormTargetBookNumber_02 = -0.0   denormPredictBookNumber_02 = -0.0
denormTargetBookNumber_03 = -0.0   denormPredictBookNumber_03 =
5.790115659154438E-8
denormTargetBookNumber_04 = 1.0    denormPredictBookNumber_04 =
0.9999999845075942
denormTargetBookNumber_05 = -0.0   denormPredictBookNumber_05 =
2.9504404475133583E-10
    Record 4 belongs to book 4

RecordNumber = 23
denormTargetBookNumber_01 = -0.0   denormPredictBookNumber_01 = -0.0
denormTargetBookNumber_02 = -0.0   denormPredictBookNumber_02 = -0.0
denormTargetBookNumber_03 = -0.0   denormPredictBookNumber_03 =
6.890162551620449E-9
denormTargetBookNumber_04 = 1.0    denormPredictBookNumber_04 =
0.999999984526581
denormTargetBookNumber_05 = -0.0   denormPredictBookNumber_05 =
2.6966767707747863E-10
    Record 4 belongs to book 4

RecordNumber = 24
denormTargetBookNumber_01 = -0.0   denormPredictBookNumber_01 = -0.0
denormTargetBookNumber_02 = -0.0   denormPredictBookNumber_02 = -0.0
denormTargetBookNumber_03 = -0.0   denormPredictBookNumber_03 =
```

9.975842318876715E-9
denormTargetBookNumber_04 = 1.0　　denormPredictBookNumber_04 =
0.9999999856956441
denormTargetBookNumber_05 = -0.0　denormPredictBookNumber_05 =
3.077177401777931E-10
　　　Record 4 belongs to book 4

RecordNumber = 25
denormTargetBookNumber_01 = -0.0　denormPredictBookNumber_01 = -0.0
denormTargetBookNumber_02 = -0.0　denormPredictBookNumber_02 = -0.0
denormTargetBookNumber_03 = -0.0　denormPredictBookNumber_03 =
3.569367024169878E-14
denormTargetBookNumber_04 = -0.0　denormPredictBookNumber_04 =
1.8838704707313525E-8
denormTargetBookNumber_05 = 1.0　　denormPredictBookNumber_05 =
0.9999999996959972
　　　Record 5 belongs to book 5

RecordNumber = 26
denormTargetBookNumber_01 = -0.0　denormPredictBookNumber_01 = -0.0
denormTargetBookNumber_02 = -0.0　denormPredictBookNumber_02 = -0.0
denormTargetBookNumber_03 = -0.0　denormPredictBookNumber_03 =
4.929390229335695E-14
denormTargetBookNumber_04 = -0.0　denormPredictBookNumber_04 =
1.943621164013365E-8
denormTargetBookNumber_05 = 1.0　　denormPredictBookNumber_05 =
0.9999999997119369
　　　Record 5 belongs to book 5

RecordNumber = 27
denormTargetBookNumber_01 = -0.0　denormPredictBookNumber_01 = -0.0
denormTargetBookNumber_02 = -0.0　denormPredictBookNumber_02 = -0.0
denormTargetBookNumber_03 = -0.0　denormPredictBookNumber_03 =
1.532107773982716E-14
denormTargetBookNumber_04 = -0.0　denormPredictBookNumber_04 =
1.926626319592728E-8
denormTargetBookNumber_05 = 1.0　　denormPredictBookNumber_05 =
0.9999999996935514
　　　Record 5 belongs to book 5

RecordNumber = 28
denormTargetBookNumber_01 = -0.0　denormPredictBookNumber_01 = -0.0
denormTargetBookNumber_02 = -0.0　denormPredictBookNumber_02 = -0.0
denormTargetBookNumber_03 = -0.0　denormPredictBookNumber_03 =
3.2862601528904634E-14
denormTargetBookNumber_04 = -0.0　denormPredictBookNumber_04 =
2.034116280968945E-8
denormTargetBookNumber_05 = 1.0　　denormPredictBookNumber_05 =
0.9999999997226772
　　　Record 5 belongs to book 5

RecordNumber = 29

```
denormTargetBookNumber_01 = -0.0    denormPredictBookNumber_01 = -0.0
denormTargetBookNumber_02 = -0.0    denormPredictBookNumber_02 = -0.0
denormTargetBookNumber_03 = -0.0    denormPredictBookNumber_03 =
1.27675647831893E-14
denormTargetBookNumber_04 = -0.0    denormPredictBookNumber_04 =
2.014738198496957E-8
denormTargetBookNumber_05 = 1.0     denormPredictBookNumber_05 =
0.9999999997076233
    Record 5 belongs to book 5

RecordNumber = 30
denormTargetBookNumber_01 = -0.0    denormPredictBookNumber_01 = -0.0
denormTargetBookNumber_02 = -0.0    denormPredictBookNumber_02 = -0.0
denormTargetBookNumber_03 = -0.0    denormPredictBookNumber_03 =
2.0039525594484076E-14
denormTargetBookNumber_04 = -0.0    denormPredictBookNumber_04 =
2.0630209485172912E-8
denormTargetBookNumber_05 = 1.0     denormPredictBookNumber_05 =
0.9999999997212032
    Record 5 belongs to book 5
```

如日志所示，程序正确地标识了所有记录所属的书的编号。

10.8　测试结果

清单 10-7 显示了测试结果。

清单 10-7　测试结果

```
RecordNumber = 1
    Unknown book

RecordNumber = 2
    Unknown book

RecordNumber = 3
    Unknown book

RecordNumber = 4
    Unknown book

RecordNumber = 5
    Unknown book

RecordNumber = 6
    Unknown book

RecordNumber = 7
    Unknown book

RecordNumber = 8
    Unknown book
```

```
RecordNumber = 9
   Unknown book

RecordNumber = 10
   Unknown book
RecordNumber = 11
   Unknown book

RecordNumber = 12
   Unknown book

RecordNumber = 13
   Unknown book

RecordNumber = 14
   Unknown book

RecordNumber = 15
   Unknown book
```

测试过程通过确定不属于这五本书中任何一本的所有处理过的记录，对对象进行了正确的分类。

10.9　本章小结

本章解释了如何使用神经网络对对象进行分类。具体来说，本章中的示例说明了神经网络如何确定每个测试记录属于哪一本书。在下一章中，你将了解选择正确处理模型的重要性。

第 11 章

选择正确模型的重要性

本章中讨论的示例最终将显示一个否定的结果。然而，你可以从这样的错误中学到很多。

11.1　示例 7：预测下个月的股市价格

在本例中，你将尝试预测下个月的 SPY 交易所交易基金（ETF）价格，这是模仿标准普尔 500 指数的 ETF。开发这样一个项目的理由可能是这样的：

"我们知道市场价格是随机的，每天上下波动，对不同的新闻做出反应。不过，我们采用的是月度价格，这种价格往往比较稳定。此外，市场经常会遇到类似过去情况的情况，因此人们（一般来说）应该在相同的情况下做出大致相同的反应。因此，通过了解市场过去的反应，我们应该能够比较接近地预测下个月的市场行为。"

在本例中，你将使用 SPY ETF 的十年历史月度价格，并尝试预测下个月的价格。当然，使用较长持续时间的历史 SPY 数据将有助于提高预测的准确性。然而，这是一个例子，所以让我们保持合理的小规模。输入数据集包含 10 年（120 个月）的数据，从 2000 年 1 月到 2009 年 1 月，你希望在 2009 年 2 月底预测 SPY 价格。表 11-1 显示了这一时期的历史月度 SPY 价格。

表 11-1 历史月度 SPY ETF 价格

日期	价格	日期	价格
200001	1394.46	200302	841.15
200002	1366.42	200303	848.18
200003	1498.58	200304	916.92
200004	1452.43	200305	963.59
200005	1420.6	200306	974.5
200006	1454.6	200307	990.31
200007	1430.83	200308	1008.01
200008	1517.68	200309	995.97
200009	1436.51	200310	1050.71
200010	1429.4	200311	1058.2
200011	1314.95	200312	1111.92
200012	1320.28	200401	1131.13
200101	1366.01	200402	1144.94
200102	1239.94	200403	1126.21
200103	1160.33	200404	1107.3
200104	1249.46	200405	1120.68
200105	1255.82	200406	1140.84
200106	1224.38	200407	1101.72
200107	1211.23	200408	1104.24
200108	1133.58	200409	1114.58
200109	1040.94	200410	1130.2
200110	1059.78	200411	1173.82
200111	1139.45	200412	1211.92
200112	1148.08	200501	1181.27
200201	1130.2	200502	1203.6
200202	1106.73	200503	1180.59
200203	1147.39	200504	1156.85
200204	1076.92	200505	1191.5
200205	1067.14	200506	1191.33
200206	989.82	200507	1234.18
200207	911.62	200508	1220.33
200208	916.07	200509	1228.81
200209	815.28	200510	1207.01
200210	885.76	200511	1249.48
200211	936.31	200512	1248.29
200212	879.82	200601	1280.08
200301	855.7	200602	1280.66

（续）

日期	价格	日期	价格
200603	1294.87	200802	1330.63
200604	1310.61	200803	1322.7
200605	1270.09	200804	1385.59
200606	1270.2	200805	1400.38
200607	1276.66	200806	1280
200608	1303.82	200807	1267.38
200609	1335.85	200808	1282.83
200610	1377.94	200809	1166.36
200611	1400.63	200810	968.75
200612	1418.3	200811	896.24
200701	1438.24	200812	903.25
200702	1406.82	200901	825.88
200703	1420.86	200902	735.09
200704	1482.37	200903	797.87
200705	1530.62	200904	872.81
200706	1503.35	200905	919.14
200707	1455.27	200906	919.32
200708	1473.99	200907	987.48
200709	1526.75	200908	1020.62
200710	1549.38	200909	1057.08
200711	1481.14	200910	1036.19
200712	1468.36	200911	1095.63
200801	1378.55	200912	1115.1

图 11-1 显示了历史月度 SPY 价格的图表。

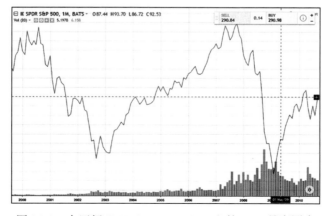

图 11-1　在区间 [2000/01，2009/01] 上的 SPY 月度图表

请注意，输入数据集包括两次市场崩溃期间的市场价格，因此网络应该能够了解这些崩溃期间的市场行为。你已经从前面的示例中了解到，要在训练范围之外进行预测，你需要将原始数据转换为允许你执行此操作的格式。因此，作为此转换的一部分，你将创建包含以下两个字段的记录的差价数据集：

❑ 字段 1：本月价格与上月价格的百分比差异
❑ 字段 2：下个月价格和本月价格的百分比差异

表 11-2 显示了转换后的价格差异数据集的片段。

表 11-2　价格差异数据集的片段

字段 1	字段 2		
priceDiffPerc	targetPriceDiffPerc	日期	InputPrice
−5.090352221	−2.010814222	200001	1394.46
−2.010814222	9.671989579	200002	1366.42
9.671989579	−3.079582004	200003	1498.58
−3.079582004	−2.191499762	200004	1452.43
−2.191499762	2.39335492	200005	1420.6
2.39335492	−1.63412622	200006	1454.6
−1.63412622	6.069903483	200007	1430.83
6.069903483	−5.348294766	200008	1517.68
−5.348294766	−0.494949565	200009	1436.51
−0.494949565	−8.006856024	200010	1429.4
−8.006856024	0.405338606	200011	1314.95
0.405338606	3.463659224	200012	1320.28
3.463659224	−9.229068601	200101	1366.01
−9.229068601	−6.420471958	200102	1239.94
−6.420471958	7.681435454	200103	1160.33
7.681435454	0.509019897	200104	1249.46
0.509019897	−2.503543501	200105	1255.82
−2.503543501	−1.07401297	200106	1224.38
−1.07401297	−6.410838569	200107	1211.23
−6.410838569	−8.172338962	200108	1133.58
−8.172338962	1.809902588	200109	1040.94
1.809902588	7.517597992	200110	1059.78
7.517597992	0.757382948	200111	1139.45
0.757382948	−1.557382761	200112	1148.08
−1.557382761	−2.076623606	200201	1130.2
−2.076623606	3.673886133	200202	1106.73
3.673886133	−6.141765224	200203	1147.39

（续）

字段 1	字段 2		
priceDiffPerc	targetPriceDiffPerc	日期	InputPrice
−6.141765224	−0.908145452	200204	1076.92
−0.908145452	−7.245534794	200205	1067.14
−7.245534794	−7.90042634	200206	989.82
−7.90042634	0.488141989	200207	911.62
0.488141989	−11.00243431	200208	916.07
−11.00243431	8.64488274	200209	815.28
8.64488274	5.706963512	200210	885.76
5.706963512	−6.033258216	200211	936.31
−6.033258216	−2.741469846	200212	879.82
−2.741469846	−1.700362276	200301	855.7
−1.700362276	0.835760566	200302	841.15
0.835760566	8.104411799	200303	848.18
8.104411799	5.089866073	200304	916.92
5.089866073	1.132224286	200305	963.59

第 3 列和第 4 列是为了方便第 1 列和第 2 列的计算而包含的，但在处理过程中会忽略它们。与往常一样，你将在区间 [−1，1] 上规范化此数据集。规范化的数据集如表 11-3 所示。

表 11-3　规范化的价格差异数据集的片段

priceDiffPerc	targetPriceDiffPerc	Date	inputPrice
−0.006023481	0.199279052	200001	1394.46
0.199279052	0.978132639	200002	1366.42
0.978132639	0.128027866	200003	1498.58
0.128027866	0.187233349	200004	1452.43
0.187233349	0.492890328	200005	1420.6
0.492890328	0.224391585	200006	1454.6
0.224391585	0.737993566	200007	1430.83
0.737993566	−0.023219651	200008	1517.68
−0.023219651	0.300336696	200009	1436.51
0.300336696	−0.200457068	200010	1429.4
−0.200457068	0.360355907	200011	1314.95
0.360355907	0.564243948	200012	1320.28
0.564243948	−0.281937907	200101	1366.01
−0.281937907	−0.094698131	200102	1239.94
−0.094698131	0.84542903	200103	1160.33
0.84542903	0.367267993	200104	1249.46

（续）

priceDiffPerc	targetPriceDiffPerc	Date	inputPrice
0.367267993	0.166430433	200105	1255.82
0.166430433	0.261732469	200106	1224.38
0.261732469	−0.094055905	200107	1211.23
−0.094055905	−0.211489264	200108	1133.58
−0.211489264	0.453993506	200109	1040.94
0.453993506	0.834506533	200110	1059.78
0.834506533	0.38382553	200111	1139.45
0.38382553	0.229507816	200112	1148.08
0.229507816	0.19489176	200201	1130.2
0.19489176	0.578259076	200202	1106.73
0.578259076	−0.076117682	200203	1147.39
−0.076117682	0.272790303	200204	1076.92
0.272790303	−0.14970232	200205	1067.14
−0.14970232	−0.193361756	200206	989.82
−0.193361756	0.365876133	200207	911.62
0.365876133	−0.400162287	200208	916.07
−0.400162287	0.909658849	200209	815.28
0.909658849	0.713797567	200210	885.76
0.713797567	−0.068883881	200211	936.31
−0.068883881	0.150568677	200212	879.82

同样，忽略第 3 列和第 4 列。它们在这里用于准备此数据集的约定，但不进行处理。

11.2 在数据集中包含函数拓扑

接下来，你将在数据集中包含有关函数拓扑的信息，因为它不仅允许你匹配单个字段 1 的值，还允许你匹配 12 个字段 1 的值（这意味着匹配一年的数据）。为此，你将使用滑动窗口记录来构建训练文件。每个滑动窗口记录由 12 个原始记录中的 12 个 inputPriceDiffPerc 字段和下一个原始记录（原始记录 12 之后的记录）中的 targetPriceDiffPerc 字段组成。表 11-4 显示了结果数据集的片段。

表 11-4 由滑动窗口记录组成的训练数据集的片段

滑动窗口												
0.591	0.55	0.165	0.459	0.206	0.199	0.533	0.332	0.573	0.259	0.38	0.215	0.327
0.55	0.165	0.459	0.206	0.199	0.533	0.332	0.573	0.259	0.38	0.215	0.568	0.503
0.165	0.459	0.206	0.199	0.533	0.332	0.573	0.259	0.38	0.215	0.568	0.327	0.336
0.459	0.206	0.199	0.533	0.332	0.573	0.259	0.38	0.215	0.568	0.327	0.503	0.407

（续）

					滑动窗口							
0.206	0.199	0.533	0.332	0.573	0.259	0.38	0.215	0.568	0.327	0.503	0.336	0.414
0.199	0.533	0.332	0.573	0.259	0.38	0.215	0.568	0.327	0.503	0.336	0.407	0.127
0.533	0.332	0.573	0.259	0.38	0.215	0.568	0.327	0.503	0.336	0.407	0.414	0.334
0.332	0.573	0.259	0.38	0.215	0.568	0.327	0.503	0.336	0.407	0.414	0.127	0.367
0.573	0.259	0.38	0.215	0.568	0.327	0.503	0.336	0.407	0.414	0.127	0.334	0.475
0.259	0.38	0.215	0.568	0.327	0.503	0.336	0.407	0.414	0.127	0.334	0.367	0.497
0.38	0.215	0.568	0.327	0.503	0.336	0.407	0.414	0.127	0.334	0.367	0.475	0.543
0.215	0.568	0.327	0.503	0.336	0.407	0.414	0.127	0.334	0.367	0.475	0.497	0.443
0.568	0.327	0.503	0.336	0.407	0.414	0.127	0.334	0.367	0.475	0.497	0.543	0.417
0.327	0.503	0.336	0.407	0.414	0.127	0.334	0.367	0.475	0.497	0.543	0.443	0.427
0.503	0.336	0.407	0.414	0.127	0.334	0.367	0.475	0.497	0.543	0.443	0.417	0.188
0.336	0.407	0.414	0.127	0.334	0.367	0.475	0.497	0.543	0.443	0.417	0.427	0.400
0.407	0.414	0.127	0.334	0.367	0.475	0.497	0.543	0.443	0.417	0.427	0.188	0.622
0.414	0.127	0.334	0.367	0.475	0.497	0.543	0.443	0.417	0.427	0.188	0.400	0.55
0.127	0.334	0.367	0.475	0.497	0.543	0.443	0.417	0.427	0.188	0.4	0.622	0.215
0.334	0.367	0.475	0.497	0.543	0.443	0.417	0.427	0.188	0.4	0.622	0.55	0.12
0.367	0.475	0.497	0.543	0.443	0.417	0.427	0.188	0.400	0.622	0.55	0.215	0.419
0.475	0.497	0.543	0.443	0.417	0.427	0.188	0.400	0.622	0.55	0.215	0.12	0.572
0.497	0.543	0.443	0.417	0.427	0.188	0.400	0.622	0.55	0.215	0.12	0.419	0.432
0.543	0.443	0.417	0.427	0.188	0.4	0.622	0.55	0.215	0.12	0.419	0.572	0.04
0.443	0.417	0.427	0.188	0.400	0.622	0.55	0.215	0.12	0.419	0.572	0.432	0.276
0.417	0.427	0.188	0.400	0.622	0.550	0.215	0.12	0.419	0.572	0.432	0.04	−0.074
0.427	0.188	0.400	0.622	0.55	0.215	0.12	0.419	0.572	0.432	0.040	0.276	0.102
0.188	0.400	0.622	0.55	0.215	0.12	0.419	0.572	0.432	0.04	0.276	−0.074	0.294
0.400	0.622	0.55	0.215	0.12	0.419	0.572	0.432	0.04	0.276	−0.07	0.102	0.650

因为函数是不连续的，所以你可以将此数据集分解为微批次（单月记录）。

11.3　生成微批次文件

清单 11-1 显示了从规范化的滑动窗口数据集构建微批次文件的程序代码。

清单 11-1　生成微批次文件的程序代码

```
// =======================================================================
// Build micro-batch files from the normalized sliding windows file.
// Each micro-batch dataset should consists of 12 inputPriceDiffPerc fields
// taken from 12 records in the original file plus a single
   targetPriceDiffPerc
```

```java
// value taken from the next month record. Each micro-batch includes the label
// record.
// ========================================================================

package sample7_build_microbatches;

import java.io.BufferedReader;
import java.io.BufferedWriter;
import java.io.File;
import java.io.FileInputStream;
import java.io.PrintWriter;
import java.io.FileNotFoundException;
import java.io.FileReader;
import java.io.FileWriter;
import java.io.IOException;
import java.io.InputStream;
import java.nio.file.*;
import java.util.Properties;

public class Sample7_Build_MicroBatches
 {
    // Config for Training
    static int numberOfRowsInInputFile = 121;
    static int numberOfRowsInBatch = 13;
    static String  strInputFileName =
      "C:/My_Neural_Network_Book/Book_Examples/Sample7_SlidWindows_
      Train.csv";
    static String  strOutputFileNameBase =
      "C:/My_Neural_Network_Book/Temp_Files/Sample7_Microbatches_
      Train_Batch_";

    // Config for Testing
    //static int numberOfRowsInInputFile = 122;
    //static int numberOfRowsInBatch = 13;
    //static String  strInputFileName =
    //    "C:/My_Neural_Network_Book/Book_Examples/Sample7_SlidWindows_
        Test.csv";
    //static String  strOutputFileNameBase =
    //    "C:/My_Neural_Network_Book/Temp_Files/Sample7_Microbatches_
        Test_Batch_";

    static InputStream input = null;

    // ==================================================================
    // Main method
    // ==================================================================
    public static void main(String[] args)
     {
        BufferedReader br;
        PrintWriter out;
        String cvsSplitBy = ",";
        String line = "";
```

```java
String lineLabel = "";
String[] strOutputFileNames = new String[1070];
String iString;
String strOutputFileName;
String[] strArrLine = new String[1086];

int i;
int r;

// Read the original data and break it into batches

try
 {
   // Delete all output file if they exist

   for (i = 0; i < numberOfRowsInInputFile; i++)
    {
      iString = Integer.toString(i);

      if(i < 10)
         strOutputFileName = strOutputFileNameBase + "00" +
         iString + ".csv";
      else
         if (i >= 10 && i < 100)
            strOutputFileName = strOutputFileNameBase + "0" +
            iString + ".csv";
          else
            strOutputFileName = strOutputFileNameBase + iString +
            ".csv";

      Files.deleteIfExists(Paths.get(strOutputFileName));
    }
   i = -1;    // Input line number
   r = -2;    // index to write in the memory
   br = new BufferedReader(new FileReader(strInputFileName));

   // Load all input recodes into memory
   while ((line = br.readLine()) != null)
    {
      i++;
      r++;
      if (i == 0)
       {
         // Save the label line
         lineLabel = line;
       }
      else
       {
         // Save the data in memory
         strArrLine[r] = line;
       }

    }  // End of WHILE
```

```
          br.close();

          // Build batches
          br = new BufferedReader(new FileReader(strInputFileName));
        for (i = 0; i < numberOfRowsInInputFile - 1; i++)
          {
            iString = Integer.toString(i);
            // Construct the mini-batch
            if(i < 10)
              strOutputFileName = strOutputFileNameBase + "00" +
              iString + ".csv";
            else
              if (i >= 10 && i < 100)
                strOutputFileName = strOutputFileNameBase + "0" +
                iString + ".csv";
              else
                strOutputFileName = strOutputFileNameBase + iString +
                ".csv";

            out = new PrintWriter(new BufferedWriter(new FileWriter
            (strOutputFileName)));

            // write the header line as it is
            out.println(lineLabel);
            out.println(strArrLine[i]);

            out.close();

          }  // End of FOR i loop
      }  // End of TRY
    catch (IOException io)
      {
          io.printStackTrace();
      }

  }  // End of the Main method
}  // End of the class
```

此程序将滑动窗口数据集分为微批次文件。图 11-2 显示了微批次文件列表的一个片段。

清单 11-2 显示了每个微批次数据集在打开时的外观。

清单 11-2　微批次文件样本

Sliding window micro-batch record

```
-0.006023481 0.199279052 0.978132639 0.128027866 0.187233349 0.492890328
0.224391585 0.737993566 -0.023219651 0.300336696 -0.200457068 0.360355907
-0.281937907
```

Micro-batch files are the training files to be processed by the network.

Sample7_Microbatches_Train_Batch_000.csv
Sample7_Microbatches_Train_Batch_001.csv
Sample7_Microbatches_Train_Batch_002.csv
Sample7_Microbatches_Train_Batch_003.csv
Sample7_Microbatches_Train_Batch_004.csv
Sample7_Microbatches_Train_Batch_005.csv
Sample7_Microbatches_Train_Batch_006.csv
Sample7_Microbatches_Train_Batch_007.csv
Sample7_Microbatches_Train_Batch_008.csv
Sample7_Microbatches_Train_Batch_009.csv
Sample7_Microbatches_Train_Batch_010.csv
Sample7_Microbatches_Train_Batch_011.csv
Sample7_Microbatches_Train_Batch_012.csv
Sample7_Microbatches_Train_Batch_013.csv
Sample7_Microbatches_Train_Batch_014.csv
Sample7_Microbatches_Train_Batch_015.csv
Sample7_Microbatches_Train_Batch_016.csv
Sample7_Microbatches_Train_Batch_017.csv
Sample7_Microbatches_Train_Batch_018.csv
Sample7_Microbatches_Train_Batch_019.csv
Sample7_Microbatches_Train_Batch_020.csv
Sample7_Microbatches_Train_Batch_021.csv
Sample7_Microbatches_Train_Batch_022.csv
Sample7_Microbatches_Train_Batch_023.csv
Sample7_Microbatches_Train_Batch_024.csv
Sample7_Microbatches_Train_Batch_025.csv
Sample7_Microbatches_Train_Batch_026.csv
Sample7_Microbatches_Train_Batch_027.csv
Sample7_Microbatches_Train_Batch_028.csv
Sample7_Microbatches_Train_Batch_029.csv
Sample7_Microbatches_Train_Batch_030.csv
Sample7_Microbatches_Train_Batch_031.csv

图 11-2　微批次文件列表的片段

11.4　网络架构

图 11-3 显示了本例的网络架构。这个网络有 12 个输入神经元、7 个隐藏层（每个层有 25 个神经元）和只有一个神经元的输出层。

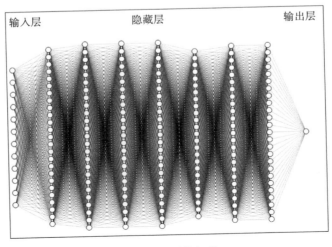

图 11-3　网络架构

现在你已经准备好构建网络处理程序了。

11.5　程序代码

清单 11-3 显示了程序代码。

清单 11-3　神经网络处理程序的代码

```
// =====================================================================
// Approximate the SPY prices function using the micro-batch method.
// Each micro-batch file includes the label record and the data record.
// The data record contains 12 inputPriceDiffPerc fields plus one
// targetPriceDiffPerc field.
//
// The number of input Layer neurons is 12
// The number of output Layer neurons is 1
// =====================================================================

package sample7;

import java.io.BufferedReader;
import java.io.File;
import java.io.FileInputStream;
import java.io.PrintWriter;
import java.io.FileNotFoundException;
import java.io.FileReader;
import java.io.FileWriter;
import java.io.IOException;
import java.io.InputStream;
import java.nio.file.*;
import java.util.Properties;
import java.time.YearMonth;
import java.awt.Color;
import java.awt.Font;
import java.io.BufferedReader;
import java.io.BufferedWriter;
import java.text.DateFormat;
import java.text.ParseException;
import java.text.SimpleDateFormat;
import java.time.LocalDate;
import java.time.Month;
import java.time.ZoneId;
import java.util.ArrayList;
import java.util.Calendar;
import java.util.Date;
import java.util.List;
import java.util.Locale;
import java.util.Properties;
import org.encog.Encog;
```

```java
import org.encog.engine.network.activation.ActivationTANH;
import org.encog.engine.network.activation.ActivationReLU;
import org.encog.ml.data.MLData;
import org.encog.ml.data.MLDataPair;
import org.encog.ml.data.MLDataSet;
import org.encog.ml.data.buffer.MemoryDataLoader;
import org.encog.ml.data.buffer.codec.CSVDataCODEC;
import org.encog.ml.data.buffer.codec.DataSetCODEC;
import org.encog.neural.networks.BasicNetwork;
import org.encog.neural.networks.layers.BasicLayer;
import org.encog.neural.networks.training.propagation.resilient.
ResilientPropagation;
import org.encog.persist.EncogDirectoryPersistence;
import org.encog.util.csv.CSVFormat;

import org.knowm.xchart.SwingWrapper;
import org.knowm.xchart.XYChart;
import org.knowm.xchart.XYChartBuilder;
import org.knowm.xchart.XYSeries;
import org.knowm.xchart.demo.charts.ExampleChart;
import org.knowm.xchart.style.Styler.LegendPosition;
import org.knowm.xchart.style.colors.ChartColor;
import org.knowm.xchart.style.colors.XChartSeriesColors;
import org.knowm.xchart.style.lines.SeriesLines;
import org.knowm.xchart.style.markers.SeriesMarkers;
import org.knowm.xchart.BitmapEncoder;
import org.knowm.xchart.BitmapEncoder.BitmapFormat;
import org.knowm.xchart.QuickChart;
import org.knowm.xchart.SwingWrapper;

public class Sample7 implements ExampleChart<XYChart>
{
    // Normalization parameters

    // Normalizing interval
    static double Nh =  1;
    static double Nl = -1;

    // inputPriceDiffPerc
    static double inputPriceDiffPercDh = 10.00;
    static double inputPriceDiffPercDl = -20.00;

    // targetPriceDiffPerc
    static double targetPriceDiffPercDh = 10.00;
    static double targetPriceDiffPercDl = -20.00;

    static String cvsSplitBy = ",";
    static Properties prop = null;
    static Date workDate = null;
    static int paramErrorCode = 0;
    static int paramBatchNumber = 0;
    static int paramDayNumber = 0;
    static String strWorkingMode;
```

```
static String strNumberOfBatchesToProcess;
static String strNumberOfRowsInInputFile;
static String strNumberOfRowsInBatches;
static String strIputNeuronNumber;
static String strOutputNeuronNumber;
static String strNumberOfRecordsInTestFile;
static String strInputFileNameBase;
static String strTestFileNameBase;
static String strSaveNetworkFileNameBase;
static String strTrainFileName;
static String strValidateFileName;
static String strChartFileName;
static String strDatesTrainFileName;
static String strPricesFileName;
static int intWorkingMode;
static int intNumberOfBatchesToProcess;
static int intNumberOfRowsInBatches;
static int intInputNeuronNumber;
static int intOutputNeuronNumber;
static String strOutputFileName;
static String strSaveNetworkFileName;
static String strNumberOfMonths;
static String strYearMonth;
static XYChart Chart;
static String iString;
static double inputPriceFromFile;

static List<Double> xData = new ArrayList<Double>();
static List<Double> yData1 = new ArrayList<Double>();
static List<Double> yData2 = new ArrayList<Double>();

// These arrays is where the two Date files are loaded
static Date[] yearDateTraining = new Date[150];
static String[] strTrainingFileNames = new String[150];
static String[] strTestingFileNames = new String[150];
static String[] strSaveNetworkFileNames = new String[150];

static BufferedReader br3;

static double recordNormInputPriceDiffPerc_00 = 0.00;
static double recordNormInputPriceDiffPerc_01 = 0.00;
static double recordNormInputPriceDiffPerc_02 = 0.00;
static double recordNormInputPriceDiffPerc_03 = 0.00;
static double recordNormInputPriceDiffPerc_04 = 0.00;
static double recordNormInputPriceDiffPerc_05 = 0.00;
static double recordNormInputPriceDiffPerc_06 = 0.00;
static double recordNormInputPriceDiffPerc_07 = 0.00;
static double recordNormInputPriceDiffPerc_08 = 0.00;
static double recordNormInputPriceDiffPerc_09 = 0.00;
static double recordNormInputPriceDiffPerc_10 = 0.00;
static double recordNormInputPriceDiffPerc_11 = 0.00;
```

```java
static double recordNormTargetPriceDiffPerc = 0.00;
static double tempMonth = 0.00;
static int intNumberOfSavedNetworks = 0;

static double[] linkToSaveInputPriceDiffPerc_00 = new double[150];
static double[] linkToSaveInputPriceDiffPerc_01 = new double[150];
static double[] linkToSaveInputPriceDiffPerc_02 = new double[150];
static double[] linkToSaveInputPriceDiffPerc_03 = new double[150];
static double[] linkToSaveInputPriceDiffPerc_04 = new double[150];
static double[] linkToSaveInputPriceDiffPerc_05 = new double[150];
static double[] linkToSaveInputPriceDiffPerc_06 = new double[150];
static double[] linkToSaveInputPriceDiffPerc_07 = new double[150];
static double[] linkToSaveInputPriceDiffPerc_08 = new double[150];
static double[] linkToSaveInputPriceDiffPerc_09 = new double[150];
static double[] linkToSaveInputPriceDiffPerc_10 = new double[150];
static double[] linkToSaveInputPriceDiffPerc_11 = new double[150];

static int[] returnCodes  = new int[3];
static int intDayNumber = 0;
static File file2 = null;
static double[] linkToSaveTargetPriceDiffPerc = new double[150];
static double[] arrPrices = new double[150];

@Override
public XYChart getChart()
 {

  // Create Chart

  Chart = new XYChartBuilder().width(900).height(500).title(getClass().
  getSimpleName()).xAxisTitle("Month").yAxisTitle("Price").build();
  // Customize Chart
  Chart.getStyler().setPlotBackgroundColor(ChartColor.getAWTColor
  (ChartColor.GREY));
  Chart.getStyler().setPlotGridLinesColor(new Color(255, 255, 255));
  Chart.getStyler().setChartBackgroundColor(Color.WHITE);
  Chart.getStyler().setLegendBackgroundColor(Color.PINK);
  Chart.getStyler().setChartFontColor(Color.MAGENTA);
  Chart.getStyler().setChartTitleBoxBackgroundColor(new Color(0, 222, 0));
  Chart.getStyler().setChartTitleBoxVisible(true);
  Chart.getStyler().setChartTitleBoxBorderColor(Color.BLACK);
  Chart.getStyler().setPlotGridLinesVisible(true);
  Chart.getStyler().setAxisTickPadding(20);
  Chart.getStyler().setAxisTickMarkLength(15);
  Chart.getStyler().setPlotMargin(20);
  Chart.getStyler().setChartTitleVisible(false);
  Chart.getStyler().setChartTitleFont(new Font(Font.MONOSPACED,
  Font.BOLD, 24));
  Chart.getStyler().setLegendFont(new Font(Font.SERIF, Font.PLAIN, 18));
  // Chart.getStyler().setLegendPosition(LegendPosition.InsideSE);
  Chart.getStyler().setLegendPosition(LegendPosition.OutsideE);
  Chart.getStyler().setLegendSeriesLineLength(12);
```

```
Chart.getStyler().setAxisTitleFont(new Font(Font.SANS_SERIF,
Font.ITALIC, 18));
Chart.getStyler().setAxisTickLabelsFont(new Font(Font.SERIF,
Font.PLAIN, 11));
Chart.getStyler().setDatePattern("yyyy-MM");
Chart.getStyler().setDecimalPattern("#0.00");

// Configuration

  // Set the mode of running this program
  intWorkingMode = 1; // Training mode

  if(intWorkingMode == 1)
    {
        // Training mode
        intNumberOfBatchesToProcess = 120;
        strInputFileNameBase =
          "C:/My_Neural_Network_Book/Temp_Files/Sample7_Microbatches_
          Train_Batch_";
        strSaveNetworkFileNameBase =
          "C:/My_Neural_Network_Book/Temp_Files/Sample7_Save_Network_
          Batch_";
        strChartFileName = "C:/My_Neural_Network_Book/Temp_Files/Sample7_
        XYLineChart_Train.jpg";
        strDatesTrainFileName =
          "C:/My_Neural_Network_Book/Book_Examples/Sample7_Dates_Real_
          SP500_3000.csv";
         strPricesFileName = "C:/My_Neural_Network_Book/Book_Examples/
            Sample7_InputPrice_SP500_200001_200901.csv";
    }
else
    {
      // Testing mode
      intNumberOfBatchesToProcess = 121;
      intNumberOfSavedNetworks = 120;
      strInputFileNameBase =
        "C:/My_Neural_Network_Book/Temp_Files/Sample7_Microbatches_
        Test_Batch_";
    strSaveNetworkFileNameBase =
      "C:/My_Neural_Network_Book/Temp_Files/Sample7_Save_Network_
      Batch_";
    strChartFileName =
      "C:/My_Neural_Network_Book/Book_Examples/Sample7_XYLineChart_
      Test.jpg";
    strDatesTrainFileName =
      "C:/My_Neural_Network_Book/Book_Examples/Sample7_Dates_Real_
      SP500_3000.csv";
   trPricesFileName = "C:/My_Neural_Network_Book/Book_Examples/
      Sample7_InputPrice_SP500_200001_200901.csv";
}
```

```
// Common configuration
intNumberOfRowsInBatches = 1;
intInputNeuronNumber = 12;
intOutputNeuronNumber = 1;

// Generate training batch file names and the corresponding Save
   Network file names and
// save them arrays
for (int i = 0; i < intNumberOfBatchesToProcess; i++)
 {
   iString = Integer.toString(i);

   // Construct the training batch names
   if (i < 10)
    {
      strOutputFileName = strInputFileNameBase + "00" + iString +
      ".csv";
      strSaveNetworkFileName = strSaveNetworkFileNameBase + "00" +
      iString + ".csv";
    }
   else
    {
      if(i >=10 && i < 100)
       {
        strOutputFileName = strInputFileNameBase + "0" + iString + ".csv";
        strSaveNetworkFileName = strSaveNetworkFileNameBase + "0" +
        iString + ".csv";
       }
      else
       {
         strOutputFileName = strInputFileNameBase + iString + ".csv";
         strSaveNetworkFileName = strSaveNetworkFileNameBase +
         iString + ".csv";
       }

    }
   strSaveNetworkFileNames[i] = strSaveNetworkFileName;

   if(intWorkingMode == 1)
    {
     strTrainingFileNames[i] = strOutputFileName;

     File file1 = new File(strSaveNetworkFileNames[i]);

     if(file1.exists())
         file1.delete();
    }
   else
    strTestingFileNames[i] = strOutputFileName;

 }  // End the FOR loop

  // Build the array linkToSaveInputPriceDiffPerc_01
  String tempLine = null;
```

```
String[] tempWorkFields = null;

recordNormInputPriceDiffPerc_00 = 0.00;
recordNormInputPriceDiffPerc_01 = 0.00;
recordNormInputPriceDiffPerc_02 = 0.00;
recordNormInputPriceDiffPerc_03 = 0.00;
recordNormInputPriceDiffPerc_04 = 0.00;
recordNormInputPriceDiffPerc_05 = 0.00;
recordNormInputPriceDiffPerc_06 = 0.00;
recordNormInputPriceDiffPerc_07 = 0.00;
recordNormInputPriceDiffPerc_08 = 0.00;
recordNormInputPriceDiffPerc_09 = 0.00;
recordNormInputPriceDiffPerc_10 = 0.00;
recordNormInputPriceDiffPerc_11 = 0.00;

double recordNormTargetPriceDiffPerc = 0.00;

try
 {
    for (int m = 0; m < intNumberOfBatchesToProcess; m++)
      {
          if(intWorkingMode == 1)
            br3 = new BufferedReader(new FileReader(strTraining
            FileNames[m]));
          else
            br3 = new BufferedReader(new FileReader(strTesting
            FileNames[m]));

          // Skip the label record
          tempLine = br3.readLine();
          tempLine = br3.readLine();

          // Break the line using comma as separator
          tempWorkFields = tempLine.split(cvsSplitBy);

          recordNormInputPriceDiffPerc_00 = Double.parseDouble
          (tempWorkFields[0]);
          recordNormInputPriceDiffPerc_01 = Double.parseDouble
          (tempWorkFields[1]);
          recordNormInputPriceDiffPerc_02 = Double.parseDouble
          (tempWorkFields[2]);
          recordNormInputPriceDiffPerc_03 = Double.parseDouble
          (tempWorkFields[3]);
          recordNormInputPriceDiffPerc_04 = Double.parseDouble
          (tempWorkFields[4]);
          recordNormInputPriceDiffPerc_05 = Double.parseDouble
          (tempWorkFields[5]);
          recordNormInputPriceDiffPerc_06 = Double.parseDouble
          (tempWorkFields[6]);
          recordNormInputPriceDiffPerc_07 = Double.parseDouble
          (tempWorkFields[7]);
          recordNormInputPriceDiffPerc_08 = Double.parseDouble
          (tempWorkFields[8]);
```

```
        recordNormInputPriceDiffPerc_09 = Double.parseDouble
        (tempWorkFields[9]);
        recordNormInputPriceDiffPerc_10 = Double.parseDouble
        (tempWorkFields[10]);
        recordNormInputPriceDiffPerc_11 = Double.parseDouble
        (tempWorkFields[11]);

        recordNormTargetPriceDiffPerc = Double.parseDouble
        (tempWorkFields[12]);

        linkToSaveInputPriceDiffPerc_00[m] = recordNormInputPrice
        DiffPerc_00;
        linkToSaveInputPriceDiffPerc_01[m] = recordNormInputPrice
        DiffPerc_01;
        linkToSaveInputPriceDiffPerc_02[m] = recordNormInputPrice
        DiffPerc_02;
        linkToSaveInputPriceDiffPerc_03[m] = recordNormInputPrice
        DiffPerc_03;
        linkToSaveInputPriceDiffPerc_04[m] = recordNormInputPrice
        DiffPerc_04;
        linkToSaveInputPriceDiffPerc_05[m] = recordNormInputPrice
        DiffPerc_05;
        linkToSaveInputPriceDiffPerc_06[m] = recordNormInputPrice
        DiffPerc_06;
        linkToSaveInputPriceDiffPerc_07[m] = recordNormInputPrice
        DiffPerc_07;
        linkToSaveInputPriceDiffPerc_08[m] = recordNormInputPrice
        DiffPerc_08;
        linkToSaveInputPriceDiffPerc_09[m] = recordNormInputPrice
        DiffPerc_09;
        linkToSaveInputPriceDiffPerc_10[m] = recordNormInputPrice
        DiffPerc_10;
        linkToSaveInputPriceDiffPerc_11[m] = recordNormInputPrice
        DiffPerc_11;

        linkToSaveTargetPriceDiffPerc[m] = recordNormTargetPrice
        DiffPerc;

   }  // End the FOR loop
// Load dates into memory
loadDatesInMemory();
// Load Prices into memory
loadPriceFileInMemory();

file2 = new File(strChartFileName);

if(file2.exists())
  file2.delete();

// Test the working mode
if(intWorkingMode == 1)
  {
    // Train batches and save the trained networks
```

```
          int  paramBatchNumber;

          returnCodes[0] = 0;    // Clear the error Code
          returnCodes[1] = 0;    // Set the initial batch Number to 1;
          returnCodes[2] = 0;    // Set the initial day number;
          do
           {
             paramErrorCode = returnCodes[0];
             paramBatchNumber = returnCodes[1];
             paramDayNumber = returnCodes[2];

            returnCodes =
              trainBatches(paramErrorCode,paramBatchNumber,paramDayNumber);
           } while (returnCodes[0] > 0);

        }   // End the train logic
      else
       {
          // Load and test the network logic
          loadAndTestNetwork();

       }  // End of ELSE

   }     // End of Try
  catch (Exception e1)
   {
     e1.printStackTrace();
   }

  Encog.getInstance().shutdown();

  return Chart;

} // End of method

// =================================================================
// Load CSV to memory.
// @return The loaded dataset.
// =================================================================
public static MLDataSet loadCSV2Memory(String filename, int input,
int ideal,
  Boolean headers, CSVFormat format, Boolean significance)
  {
     DataSetCODEC codec = new CSVDataCODEC(new File(filename), format,
     headers, input, ideal, significance);
     MemoryDataLoader load = new MemoryDataLoader(codec);
     MLDataSet dataset = load.external2Memory();
     return dataset;
  }

// =================================================================
//  The main method.
//  @param Command line arguments. No arguments are used.
// =================================================================
```

```java
public static void main(String[] args)
 {
   ExampleChart<XYChart> exampleChart = new Sample7();
   XYChart Chart = exampleChart.getChart();
   new SwingWrapper<XYChart>(Chart).displayChart();
 } // End of the main method
//=======================================================================
// Mode 0. Train batches as individual networks, saving them in separate
   files on disk.
//=======================================================================
static public int[] trainBatches(int paramErrorCode,int paramBatch
Number,
     int paramDayNumber)
 {
   int rBatchNumber;

   double realDenormTargetToPredictPricePerc = 0;
   double maxGlobalResultDiff = 0.00;
   double averGlobalResultDiff = 0.00;
   double sumGlobalResultDiff = 0.00;
   double normTargetPriceDiffPerc = 0.00;
   double normPredictPriceDiffPerc = 0.00;
   double normInputPriceDiffPercFromRecord = 0.00;
   double denormTargetPriceDiffPerc;
   double denormPredictPriceDiffPerc;
   double denormInputPriceDiffPercFromRecord;
   double workNormInputPrice;
   Date tempDate;
   double trainError;
   double realDenormPredictPrice;
   double realDenormTargetPrice;

   // Build the network
   BasicNetwork network = new BasicNetwork();

   // Input layer
   network.addLayer(new BasicLayer(null,true,intInputNeuronNumber));

   // Hidden layer.
   network.addLayer(new BasicLayer(new ActivationTANH(),true,25));
   network.addLayer(new BasicLayer(new ActivationTANH(),true,25));
   network.addLayer(new BasicLayer(new ActivationTANH(),true,25));
   network.addLayer(new BasicLayer(new ActivationTANH(),true,25));
   network.addLayer(new BasicLayer(new ActivationTANH(),true,25));
   network.addLayer(new BasicLayer(new ActivationTANH(),true,25));
   network.addLayer(new BasicLayer(new ActivationTANH(),true,25));

   // Output layer
   network.addLayer(new BasicLayer(new ActivationTANH(),false,intOutputN
   euronNumber));

   network.getStructure().finalizeStructure();
```

```
network.reset();

// Loop over batches
intDayNumber = paramDayNumber;  // Day number for the chart

for (rBatchNumber = paramBatchNumber; rBatchNumber < intNumberOf
BatchesToProcess;
        rBatchNumber++)
{
   intDayNumber++;

   //if(rBatchNumber == 201)
   // rBatchNumber = rBatchNumber;

   // Load the training CVS file for the current batch in memory
   MLDataSet trainingSet = loadCSV2Memory(strTrainingFileNames
   [rBatchNumber],
     intInputNeuronNumber,intOutputNeuronNumber,true,CSVFormat.
     ENGLISH,false);

   // train the neural network
   ResilientPropagation train = new ResilientPropagation(network,
   trainingSet);

   int epoch = 1;
   double tempLastErrorPerc = 0.00;

   do
     {
        train.iteration();

        epoch++;
        for (MLDataPair pair1:  trainingSet)
         {
            MLData inputData = pair1.getInput();
            MLData actualData = pair1.getIdeal();
            MLData predictData = network.compute(inputData);

            // These values are normalized
            normTargetPriceDiffPerc = actualData.getData(0);
            normPredictPriceDiffPerc = predictData.getData(0);

            // De-normalize these values
            denormTargetPriceDiffPerc = ((targetPriceDiffPercDl - target
            PriceDiffPercDh)*normTargetPriceDiffPerc - Nh*targetPrice
            DiffPercDl + targetPriceDiffPercDl*Nl)/(Nl - Nh);

            denormPredictPriceDiffPerc =((targetPriceDiffPercDl - target
            PriceDiffPercDh)*normPredictPriceDiffPerc - Nh*target
            PriceDiffPercDl + targetPriceDiffPercDl*Nl)/(Nl - Nh);

            inputPriceFromFile = arrPrices[rBatchNumber+12];

            realDenormTargetPrice = inputPriceFromFile + inputPriceFrom
            File*denormTargetPriceDiffPerc/100;
```

```
            realDenormPredictPrice = inputPriceFromFile + inputPriceFrom
            File*denormPredictPriceDiffPerc/100;

            realDenormTargetToPredictPricePerc = (Math.abs(realDenorm
            TargetPrice - realDenormPredictPrice)/realDenormTarget
            Price)*100;

         }

      if (epoch >= 500 && realDenormTargetToPredictPricePerc > 0.00091)
        {
         returnCodes[0] = 1;
         returnCodes[1] = rBatchNumber;
         returnCodes[2] = intDayNumber-1;
         //System.out.println("Try again");
         return returnCodes;
        }

       //System.out.println(realDenormTargetToPredictPricePerc);
    } while(realDenormTargetToPredictPricePerc > 0.0009);

// This batch is optimized

// Save the network for the current batch
EncogDirectoryPersistence.saveObject(newFile(strSaveNetworkFileNames
[rBatchNumber]),network);

// Print the trained neural network results for the batch
//System.out.println("Trained Neural Network Results");

// Get the results after the network optimization
int i = - 1; // Index of the array to get results

maxGlobalResultDiff = 0.00;
averGlobalResultDiff = 0.00;
sumGlobalResultDiff = 0.00;

//if (rBatchNumber == 857)
//    i = i;

// Validation
for (MLDataPair pair:  trainingSet)
  {
    i++;

    MLData inputData = pair.getInput();
    MLData actualData = pair.getIdeal();
    MLData predictData = network.compute(inputData);

    // These values are Normalized as the whole input is
    normTargetPriceDiffPerc = actualData.getData(0);
    normPredictPriceDiffPerc = predictData.getData(0);
    //normInputPriceDiffPercFromRecord[i] = inputData.getData(0);
    normInputPriceDiffPercFromRecord = inputData.getData(0);
    // De-normalize this data to show the real result value
    denormTargetPriceDiffPerc = ((targetPriceDiffPercDl - targetPrice
```

```
    DiffPercDh)*normTargetPriceDiffPerc - Nh*targetPriceDiffPercDl +
    targetPriceDiffPercDh*Nl)/(Nl - Nh);

    denormPredictPriceDiffPerc =((targetPriceDiffPercDl - targetPrice
    DiffPercDh)*normPredictPriceDiffPerc - Nh*targetPriceDiffPercDl +
    targetPriceDiffPercDh*Nl)/(Nl - Nh);

    denormInputPriceDiffPercFromRecord = ((inputPriceDiffPercDl - input
    PriceDiffPercDh)*normInputPriceDiffPercFromRecord - Nh*input
    PriceDiffPercDl + inputPriceDiffPercDh*Nl)/(Nl - Nh);

    // Get the price of the 12th element of the row
    inputPriceFromFile = arrPrices[rBatchNumber+12];

    // Convert denormPredictPriceDiffPerc and denormTargetPriceDiffPerc
    // to real de-normalized prices

    realDenormTargetPrice = inputPriceFromFile + inputPriceFromFile*
    (denormTargetPriceDiffPerc/100);
    realDenormPredictPrice = inputPriceFromFile + inputPriceFromFile*
    (denormPredictPriceDiffPerc/100);
    realDenormTargetToPredictPricePerc = (Math.abs(realDenormTarget
    Price - realDenormPredictPrice)/realDenormTargetPrice)*100;

    System.out.println("Month = " + (rBatchNumber+1) + "  targetPrice = " +
    realDenormTargetPrice + "  predictPrice = " + realDenormPredict
    Price + "  diff = " + realDenormTargetToPredictPricePerc);

     if (realDenormTargetToPredictPricePerc > maxGlobalResultDiff)
       {
          maxGlobalResultDiff = realDenormTargetToPredictPricePerc;
       }

    sumGlobalResultDiff = sumGlobalResultDiff + realDenormTargetTo
    PredictPricePerc;
    // Populate chart elements
    tempDate = yearDateTraining[rBatchNumber+14];
    //xData.add(tempDate);
    tempMonth = (double) rBatchNumber+14;
    xData.add(tempMonth);
    yData1.add(realDenormTargetPrice);
    yData2.add(realDenormPredictPrice);
  } // End for Price pair loop
} // End of the loop over batches

XYSeries series1 = Chart.addSeries("Actual price", xData, yData1);
XYSeries series2 = Chart.addSeries("Predicted price", xData, yData2);

series1.setLineColor(XChartSeriesColors.BLUE);
series2.setMarkerColor(Color.ORANGE);
series1.setLineStyle(SeriesLines.SOLID);
series2.setLineStyle(SeriesLines.SOLID);

 // Print the max and average results
```

```
      averGlobalResultDiff = sumGlobalResultDiff/intNumberOfBatchesToProcess;

      System.out.println(" ");
      System.out.println("maxGlobalResultDiff = " + maxGlobalResultDiff);
      System.out.println("averGlobalResultDiff = " + averGlobalResultDiff);
      System.out.println(" ");

      // Save the chart image
      try
       {
         BitmapEncoder.saveBitmapWithDPI(Chart, strChartFileName,
         BitmapFormat.JPG, 100);
       }
      catch (Exception bt)
       {
         bt.printStackTrace();
       }
      System.out.println ("Chart and Network have been saved");
      System.out.println("End of validating batches for training");

      returnCodes[0] = 0;
      returnCodes[1] = 0;
      returnCodes[2] = 0;

      return returnCodes;
   }  // End of method

//========================================================================
// Mode 1. Load the previously saved trained network and process test
   mini-batches
//========================================================================

static public void loadAndTestNetwork()
 {
   System.out.println("Testing the networks results");

   List<Double> xData = new ArrayList<Double>();
   List<Double> yData1 = new ArrayList<Double>();
   List<Double> yData2 = new ArrayList<Double>();

   double realDenormTargetToPredictPricePerc = 0;
   double maxGlobalResultDiff = 0.00;
   double averGlobalResultDiff = 0.00;
   double sumGlobalResultDiff = 0.00;
   double maxGlobalIndex = 0;

   recordNormInputPriceDiffPerc_00 = 0.00;
   recordNormInputPriceDiffPerc_01 = 0.00;
   recordNormInputPriceDiffPerc_02 = 0.00;
   recordNormInputPriceDiffPerc_03 = 0.00;
   recordNormInputPriceDiffPerc_04 = 0.00;
   recordNormInputPriceDiffPerc_05 = 0.00;
   recordNormInputPriceDiffPerc_06 = 0.00;
   recordNormInputPriceDiffPerc_07 = 0.00;
```

```
recordNormInputPriceDiffPerc_08 = 0.00;
recordNormInputPriceDiffPerc_09 = 0.00;
recordNormInputPriceDiffPerc_10 = 0.00;
recordNormInputPriceDiffPerc_11 = 0.00;

double recordNormTargetPriceDiffPerc = 0.00;
double normTargetPriceDiffPerc;
double normPredictPriceDiffPerc;
double normInputPriceDiffPercFromRecord;
double denormTargetPriceDiffPerc;
double denormPredictPriceDiffPerc;
double denormInputPriceDiffPercFromRecord;
double realDenormTargetPrice = 0.00;
double realDenormPredictPrice = 0.00;
double minVectorValue = 0.00;
String tempLine;
String[] tempWorkFields;
int tempMinIndex = 0;
double rTempPriceDiffPerc = 0.00;
double rTempKey = 0.00;
double vectorForNetworkRecord = 0.00;
double r_00 = 0.00;
double r_01 = 0.00;
double r_02 = 0.00;
double r_03 = 0.00;
double r_04 = 0.00;
double r_05 = 0.00;
double r_06 = 0.00;
double r_07 = 0.00;
double r_08 = 0.00;
double r_09 = 0.00;
double r_10 = 0.00;
double r_11 = 0.00;
double vectorDiff;
double r1 = 0.00;
double r2 = 0.00;
double vectorForRecord = 0.00;
int k1 = 0;
int k3 = 0;

BufferedReader br4;
BasicNetwork network;

try
 {
    maxGlobalResultDiff = 0.00;
    averGlobalResultDiff = 0.00;
    sumGlobalResultDiff = 0.00;

    for (k1 = 0; k1 < intNumberOfBatchesToProcess; k1++)
     {
```

```
br4 = new BufferedReader(new FileReader(strTestingFileNames[k1]));
tempLine = br4.readLine();

// Skip the label record
tempLine = br4.readLine();

// Break the line using comma as separator
tempWorkFields = tempLine.split(cvsSplitBy);

recordNormInputPriceDiffPerc_00 = Double.parseDouble(tempWork
Fields[0]);
recordNormInputPriceDiffPerc_01 = Double.parseDouble(tempWork
Fields[1]);
recordNormInputPriceDiffPerc_02 = Double.parseDouble(tempWork
Fields[2]);
recordNormInputPriceDiffPerc_03 = Double.parseDouble(tempWork
Fields[3]);
recordNormInputPriceDiffPerc_04 = Double.parseDouble(tempWork
Fields[4]);
recordNormInputPriceDiffPerc_05 = Double.parseDouble(tempWork
Fields[5]);
recordNormInputPriceDiffPerc_06 = Double.parseDouble(tempWork
Fields[6]);
recordNormInputPriceDiffPerc_07 = Double.parseDouble(tempWork
Fields[7]);
recordNormInputPriceDiffPerc_08 = Double.parseDouble(tempWork
Fields[8]);
recordNormInputPriceDiffPerc_09 = Double.parseDouble(tempWork
Fields[9]);
recordNormInputPriceDiffPerc_10 = Double.parseDouble(tempWork
Fields[10]);
recordNormInputPriceDiffPerc_11 = Double.parseDouble(tempWork
Fields[11]);

recordNormTargetPriceDiffPerc = Double.parseDouble(tempWork
Fields[12]);

if(k1 < 120)
 {
   // Load the network for the current record
   network = (BasicNetwork)EncogDirectoryPersistence.loadObject
     (newFile(strSaveNetworkFileNames[k1]));

 // Load the training file record
 MLDataSet testingSet = loadCSV2Memory(strTestingFileNames[k1],
 intInputNeuronNumber, intOutputNeuronNumber,true,
 CSVFormat.ENGLISH,false);

// Get the results from the loaded previously saved networks
 int i = - 1;

 for (MLDataPair pair:  testingSet)
  {
```

```
        i++;

        MLData inputData = pair.getInput();
        MLData actualData = pair.getIdeal();
        MLData predictData = network.compute(inputData);

        // These values are Normalized as the whole input is
        normTargetPriceDiffPerc = actualData.getData(0);
        normPredictPriceDiffPerc = predictData.getData(0);
        normInputPriceDiffPercFromRecord = inputData.getData(11);
        // De-normalize this data
        denormTargetPriceDiffPerc = ((targetPriceDiffPercDl -
        targetPriceDiffPercDh)*normTargetPriceDiffPerc - Nh*target
        PriceDiffPercDl + targetPriceDiffPercDh*Nl)/(Nl - Nh);
        denormPredictPriceDiffPerc =((targetPriceDiffPercDl -
        targetPriceDiffPercDh)*normPredictPriceDiffPerc - Nh*
        targetPriceDiffPercDl + targetPriceDiffPercDh*Nl)/(Nl - Nh);

        denormInputPriceDiffPercFromRecord = ((inputPriceDiff
        PercDl - inputPriceDiffPercDh)*normInputPriceDiffPercFrom
        Record - Nh*inputPriceDiffPercDl + inputPriceDiff
        PercDh*Nl)/(Nl - Nh);

        inputPriceFromFile = arrPrices[k1+12];

        // Convert denormPredictPriceDiffPerc and denormTarget
           PriceDiffPerc to a real
        // de-normalize price
        realDenormTargetPrice = inputPriceFromFile + inputPrice
        FromFile*(denormTargetPriceDiffPerc/100);
        realDenormPredictPrice = inputPriceFromFile + inputPrice
        FromFile*(denormPredictPriceDiffPerc/100);

        realDenormTargetToPredictPricePerc = (Math.abs(realDenorm
        TargetPrice - realDenormPredictPrice)/realDenormTarget
        Price)*100;

        System.out.println("Month = " + (k1+1) + " targetPrice = " +
        realDenormTargetPrice + " predictPrice = " + real
        DenormPredictPrice + " diff = " + realDenormTargetTo
        PredictPricePerc);

    }  // End for pair loop

  } // End for IF
else
 {

    vectorForRecord = Math.sqrt(
      Math.pow(recordNormInputPriceDiffPerc_00,2) +
      Math.pow(recordNormInputPriceDiffPerc_01,2) +
      Math.pow(recordNormInputPriceDiffPerc_02,2) +
      Math.pow(recordNormInputPriceDiffPerc_03,2) +
      Math.pow(recordNormInputPriceDiffPerc_04,2) +
```

```
      Math.pow(recordNormInputPriceDiffPerc_05,2) +
      Math.pow(recordNormInputPriceDiffPerc_06,2) +
      Math.pow(recordNormInputPriceDiffPerc_07,2) +
      Math.pow(recordNormInputPriceDiffPerc_08,2) +
      Math.pow(recordNormInputPriceDiffPerc_09,2) +
      Math.pow(recordNormInputPriceDiffPerc_10,2) +
      Math.pow(recordNormInputPriceDiffPerc_11,2));

      // Look for the network of previous days that closely
         matches
      // the value of vectorForRecord

      minVectorValue = 999.99;

      for (k3 = 0; k3 < intNumberOfSavedNetworks; k3++)
        {
          r_00 = linkToSaveInputPriceDiffPerc_00[k3];
          r_01 = linkToSaveInputPriceDiffPerc_01[k3];
          r_02 = linkToSaveInputPriceDiffPerc_02[k3];
          r_03 = linkToSaveInputPriceDiffPerc_03[k3];
          r_04 = linkToSaveInputPriceDiffPerc_04[k3];
          r_05 = linkToSaveInputPriceDiffPerc_05[k3];
          r_06 = linkToSaveInputPriceDiffPerc_06[k3];
          r_07 = linkToSaveInputPriceDiffPerc_07[k3];
          r_08 = linkToSaveInputPriceDiffPerc_08[k3];
          r_09 = linkToSaveInputPriceDiffPerc_09[k3];
          r_10 = linkToSaveInputPriceDiffPerc_10[k3];
          r_11 = linkToSaveInputPriceDiffPerc_11[k3];
          r2 = linkToSaveTargetPriceDiffPerc[k3];

      vectorForNetworkRecord = Math.sqrt(
      Math.pow(r_00,2) +
      Math.pow(r_01,2) +
      Math.pow(r_02,2) +
      Math.pow(r_03,2) +
      Math.pow(r_04,2) +
      Math.pow(r_05,2) +
      Math.pow(r_06,2) +
      Math.pow(r_07,2) +
      Math.pow(r_08,2) +
      Math.pow(r_09,2) +
      Math.pow(r_10,2) +
      Math.pow(r_11,2));

          vectorDiff = Math.abs(vectorForRecord - vectorFor
          NetworkRecord);

          if(vectorDiff < minVectorValue)
            {
              minVectorValue = vectorDiff;

              // Save this network record attributes
              rTempKey = r_00;
```

```
                    rTempPriceDiffPerc = r2;
                    tempMinIndex = k3;
                }
} // End   FOR k3 loop
network = (BasicNetwork)EncogDirectoryPersistence.loadObject
(newFile(strSaveNetworkFileNames[tempMinIndex]));

// Now, tempMinIndex points to the corresponding saved network
// Load this network
MLDataSet testingSet = loadCSV2Memory(strTestingFileNames[k1],
intInputNeuronNumber,intOutputNeuronNumber,true,CSVFormat.
ENGLISH,false);

// Get the results from the previously saved and  now loaded
   network
int i = - 1;

for (MLDataPair pair:  testingSet)
 {
    i++;

    MLData inputData = pair.getInput();
    MLData actualData = pair.getIdeal();
    MLData predictData = network.compute(inputData);

    // These values are Normalized as the whole input is
    normTargetPriceDiffPerc = actualData.getData(0);
    normPredictPriceDiffPerc = predictData.getData(0);
    normInputPriceDiffPercFromRecord = inputData.getData(11);

    // Renormalize this data to show the real result value
    denormTargetPriceDiffPerc = ((targetPriceDiffPercDl -
    targetPriceDiffPercDh)*normTargetPriceDiffPerc - Nh*
    targetPriceDiffPercDl + targetPriceDiffPercDh*Nl)/
    (Nl - Nh);

    denormPredictPriceDiffPerc =((targetPriceDiffPercDl -
    targetPriceDiffPercDh)*normPredictPriceDiffPerc - Nh*
    targetPriceDiffPercDl + targetPriceDiffPercDh*Nl)/
    (Nl - Nh);

    denormInputPriceDiffPercFromRecord = ((inputPriceDiff
    PercDl - inputPriceDiffPercDh)*normInputPriceDiffPerc
    FromRecord - Nh*inputPriceDiffPercDl + inputPriceDiff
    PercDh*Nl)/(Nl - Nh);

    inputPriceFromFile = arrPrices[k1+12];

    // Convert denormPredictPriceDiffPerc and
       denormTargetPriceDiffPerc to a real
    // demoralize prices
    realDenormTargetPrice = inputPriceFromFile +
    inputPriceFromFile*(denormTargetPriceDiffPerc/100);
    realDenormPredictPrice = inputPriceFromFile + inputPriceFrom
```

```
            File*(denormPredictPriceDiffPerc/100);

            realDenormTargetToPredictPricePerc = (Math.abs(realDenorm
            TargetPrice - realDenormPredictPrice)/realDenormTarget
            Price)*100;

            System.out.println("Month = " + (k1+1) + " targetPrice =
            " + realDenormTargetPrice + " predictPrice = " + real
            DenormPredictPrice + " diff = " + realDenormTargetTo
            PredictPricePerc);

            if (realDenormTargetToPredictPricePerc > maxGlobal
            ResultDiff)
              {
                maxGlobalResultDiff = realDenormTargetToPredict
                PricePerc;
              }

            sumGlobalResultDiff = sumGlobalResultDiff + realDenorm
            TargetToPredictPricePerc;

          } // End of IF

      } // End for pair loop

      // Populate chart elements

      tempMonth = (double) k1+14;
      xData.add(tempMonth);
      yData1.add(realDenormTargetPrice);
      yData2.add(realDenormPredictPrice);

    } // End of loop K1

  // Print the max and average results

  System.out.println(" ");
  System.out.println(" ");
  System.out.println("Results of processing testing batches");
  averGlobalResultDiff = sumGlobalResultDiff/intNumberOfBatches
  ToProcess;

  System.out.println("maxGlobalResultDiff = " + maxGlobalResultDiff +
  " i = " + maxGlobalIndex);
  System.out.println("averGlobalResultDiff = " + averGlobalResult
  Diff);
  System.out.println(" ");
  System.out.println(" ");

  } // End of TRY
catch (IOException e1)
  {
      e1.printStackTrace();
  }

// All testing batch files have been processed
```

```
  XYSeries series1 = Chart.addSeries("Actual Price", xData, yData1);
  XYSeries series2 = Chart.addSeries("Forecasted Price", xData,
  yData2);

  series1.setLineColor(XChartSeriesColors.BLUE);
  series2.setMarkerColor(Color.ORANGE);
  series1.setLineStyle(SeriesLines.SOLID);
  series2.setLineStyle(SeriesLines.SOLID);

  // Save the chart image
  try
   {
     BitmapEncoder.saveBitmapWithDPI(Chart, strChartFileName,
     BitmapFormat.JPG, 100);
   }
  catch (Exception bt)
   {
     bt.printStackTrace();
   }
  System.out.println ("The Chart has been saved");
  System.out.println("End of testing for mini-batches training");

} // End of the method

//======================================================================
// Load training dates file in memory
//======================================================================
public static void loadDatesInMemory()
 {
   BufferedReader br1 = null;

   DateFormat sdf = new SimpleDateFormat("yyyy-MM");

   Date dateTemporateDate = null;
   String strTempKeyorateDate;
   int intTemporateDate;

   String line = "";
   String cvsSplitBy = ",";

    try
      {
        br1 = new BufferedReader(new FileReader(strDatesTrainFileName));

       int i = -1;
       int r = -2;

       while ((line = br1.readLine()) != null)
        {
          i++;
          r++;

          // Skip the header line
          if(i > 0)
            {
```

```
                // Break the line using comma as separator
                String[] workFields = line.split(cvsSplitBy);
                strTempKeyorateDate = workFields[0];
                intTemporateDate = Integer.parseInt(strTempKeyorateDate);

                try
                  {
                     dateTemporateDate = convertIntegerToDate(intTemporateDate);
                  }
                catch (ParseException e)
                 {
                    e.printStackTrace();
                    System.exit(1);
                 }

                yearDateTraining[r] = dateTemporateDate;
             }
        }  // end of the while loop

       br1.close();

     }
   catch (IOException ex)
    {
       ex.printStackTrace();
       System.err.println("Error opening files = " + ex);
       System.exit(1);
    }

  }

//=====================================================================
// Convert the month date as integer to the Date variable
//=====================================================================
public static Date convertIntegerToDate(int denormInputDateI) throws
ParseException
 {
    int numberOfYears = denormInputDateI/12;
    int numberOfMonths = denormInputDateI - numberOfYears*12;

    if (numberOfMonths == 0)
     {
       numberOfYears = numberOfYears - 1;
       numberOfMonths = 12;
     }

    String strNumberOfYears = Integer.toString(numberOfYears);

    if(numberOfMonths < 10)
      {
        strNumberOfMonths = Integer.toString(numberOfMonths);
        strNumberOfMonths = "0" + strNumberOfMonths;
      }
```

```
        else
         {
           strNumberOfMonths = Integer.toString(numberOfMonths);
         }

        //strYearMonth = "01-" + strNumberOfMonths + "-" + strNumberOfYears +
        "T09:00:00.000Z";
        strYearMonth = strNumberOfYears + "-" + strNumberOfMonths;

        DateFormat sdf = new SimpleDateFormat("yyyy-MM");

        try
         {
           workDate = sdf.parse(strYearMonth);
         }
      catch (ParseException e)
        {
           e.printStackTrace();
        }

      return workDate;

} // End of method
//===================================================================
// Convert the month date as integer to the string strDate variable
//===================================================================
public static String convertIntegerToString(int denormInputDateI)
 {
     int numberOfYears = denormInputDateI/12;
     int numberOfMonths = denormInputDateI - numberOfYears*12;

     if (numberOfMonths == 0)
      {
        numberOfYears = numberOfYears - 1;
        numberOfMonths = 12;
      }

     String strNumberOfYears = Integer.toString(numberOfYears);

     if(numberOfMonths < 10)
       {
         strNumberOfMonths = Integer.toString(numberOfMonths);
         strNumberOfMonths = "0" + strNumberOfMonths;
       }
     else
       {
         strNumberOfMonths = Integer.toString(numberOfMonths);
       }

     strYearMonth = strNumberOfYears + "-" + strNumberOfMonths;

    return strYearMonth;

} // End of method
```

```
//===================================================================
// Load Prices file in memory
//===================================================================
public static void loadPriceFileInMemory()
 {
    BufferedReader br1 = null;

    String line = "";
    String cvsSplitBy = ",";
    String strTempKeyPrice = "";
    double tempPrice = 0.00;

     try
       {
          br1 = new BufferedReader(new FileReader(strPricesFileName));

         int i = -1;
         int r = -2;

         while ((line = br1.readLine()) != null)
          {
            i++;
            r++;

            // Skip the header line
            if(i > 0)
              {
                // Break the line using comma as separator
                String[] workFields = line.split(cvsSplitBy);

                strTempKeyPrice = workFields[0];
                tempPrice = Double.parseDouble(strTempKeyPrice);
                arrPrices[r] = tempPrice;

              }

        }  // end of the while loop

         br1.close();

      }
     catch (IOException ex)
      {
          ex.printStackTrace();
          System.err.println("Error opening files = " + ex);
          System.exit(1);
      }

   }

} // End of the  Encog class
```

11.6 训练过程

大多数情况下，训练方法逻辑与前面示例中使用的类似，因此，除了我将在这里讨论的一部分之外，不需要任何解释。

有时你必须处理值非常小的函数，因此计算误差更小。例如小数网络误差可以达到微观值，例如小数点后的 14 个或更多的零，如 0.000000000000025 中所示。当你得到这样的误差时，你将开始质疑计算的准确性。在这段代码中，我包含了一个如何处理这种情况的示例。

不是简单地调用 train.getError() 方法来确定网络误差，而是使用成对数据集从网络中检索每个 epoch 的输入、实际和预测函数值，对这些值进行非规范化，并计算计算值与实际值之间的误差百分比差异。然后，当此差异小于误差限制时，使用 returnCode 值 0 退出成对循环。如清单 11-4 所示。

清单 11-4 使用实际函数值检查误差

```
int epoch = 1;
double tempLastErrorPerc = 0.00;

do
    {
        train.iteration();

        epoch++;
    for (MLDataPair pair1:  trainingSet)
        {
            MLData inputData = pair1.getInput();
            MLData actualData = pair1.getIdeal();
            MLData predictData = network.compute(inputData);

            // These values are Normalized as the whole input is
            normTargetPriceDiffPerc = actualData.getData(0);
            normPredictPriceDiffPerc = predictData.getData(0);

            denormTargetPriceDiffPerc = ((targetPriceDiffPercDl -
            targetPriceDiffPercDh)*normTargetPriceDiffPerc - Nh*target
            PriceDiffPercDl + targetPriceDiffPercDh*Nl)/(Nl - Nh);

            denormPredictPriceDiffPerc =((targetPriceDiffPercDl -
            targetPriceDiffPercDh)*normPredictPriceDiffPerc  - Nh*
            targetPriceDiffPercDl + targetPriceDiffPercDh*Nl)/(Nl - Nh);

            inputPriceFromFile = arrPrices[rBatchNumber+12];

            realDenormTargetPrice = inputPriceFromFile + inputPriceFrom
            File*denormTargetPriceDiffPerc/100;

            realDenormPredictPrice = inputPriceFromFile + inputPriceFrom
            File*denormPredictPriceDiffPerc/100;

            realDenormTargetToPredictPricePerc = (Math.abs(realDenorm
            TargetPrice - realDenormPredictPrice)/realDenormTarget
```

```
                  Price)*100;
                }
          if (epoch >= 500 && realDenormTargetToPredictPricePerc > 0.00091)
            {
                returnCodes[0] = 1;
                returnCodes[1] = rBatchNumber;
                returnCodes[2] = intDayNumber-1;

                return returnCodes;
            }

      } while(realDenormTargetToPredictPricePerc >  0.0009);
```

11.7   训练结果

清单 11-5 显示了训练结果。

清单 11-5   训练结果

```
Month =  1  targetPrice = 1239.94000  predictPrice = 1239.93074
diff = 7.46675E-4
Month =  2  targetPrice = 1160.33000  predictPrice = 1160.32905
diff = 8.14930E-5
Month =  3  targetPrice = 1249.46000  predictPrice = 1249.44897
diff = 8.82808E-4
Month =  4  targetPrice = 1255.82000  predictPrice = 1255.81679
diff = 2.55914E-4
Month =  5  targetPrice = 1224.38000  predictPrice = 1224.37483
diff = 4.21901E-4
Month =  6  targetPrice = 1211.23000  predictPrice = 1211.23758
diff = 6.25530E-4
Month =  7  targetPrice = 1133.58000  predictPrice = 1133.59013
diff = 8.94046E-4
Month =  8  targetPrice = 1040.94000  predictPrice = 1040.94164
diff = 1.57184E-4
Month =  9  targetPrice = 1059.78000  predictPrice = 1059.78951
diff = 8.97819E-4
Month = 10  targetPrice = 1139.45000  predictPrice = 1139.45977
diff = 8.51147E-4
Month = 11  targetPrice = 1148.08000  predictPrice = 1148.07912
diff = 7.66679E-5
Month = 12  targetPrice = 1130.20000  predictPrice = 1130.20593
diff = 5.24564E-4
Month = 13  targetPrice = 1106.73000  predictPrice = 1106.72654
diff = 3.12787E-4
Month = 14  targetPrice = 1147.39000  predictPrice = 1147.39283
diff = 2.46409E-4
Month = 15  targetPrice = 1076.92000  predictPrice = 1076.92461
```

```
diff = 4.28291E-4
Month = 16  targetPrice = 1067.14000  predictPrice = 1067.14948
diff = 8.88156E-4
Month = 17  targetPrice = 989.819999  predictPrice = 989.811316
diff = 8.77328E-4
Month = 18  targetPrice = 911.620000  predictPrice = 911.625389
diff = 5.91142E-4
Month = 19  targetPrice = 916.070000  predictPrice = 916.071216
diff = 1.32725E-4
Month = 20  targetPrice = 815.280000  predictPrice = 815.286704
diff = 8.22304E-4
Month = 21  targetPrice = 885.760000  predictPrice = 885.767730
diff = 8.72729E-4
Month = 22  targetPrice = 936.310000  predictPrice = 936.307290
diff = 2.89468E-4
Month = 23  targetPrice = 879.820000  predictPrice = 879.812595
diff = 8.41647E-4
Month = 24  targetPrice = 855.700000  predictPrice = 855.700307
diff = 3.58321E-5
Month = 25  targetPrice = 841.150000  predictPrice = 841.157407
diff = 8.80559E-4
Month = 26  targetPrice = 848.180000  predictPrice = 848.177279
diff = 3.22296E-4
Month = 27  targetPrice = 916.920000  predictPrice = 916.914394
diff = 6.11352E-4
Month = 28  targetPrice = 963.590000  predictPrice = 963.591678
diff = 1.74172E-4
Month = 29  targetPrice = 974.500000  predictPrice = 974.505665
diff = 5.81287E-4
Month = 30  targetPrice = 990.310000  predictPrice = 990.302895
diff = 7.17406E-4
Month = 31  targetPrice = 1008.01000  predictPrice = 1008.00861
diff = 1.37856E-4
Month = 32  targetPrice = 995.970000  predictPrice = 995.961734
diff = 8.29902E-4
Month = 33  targetPrice = 1050.71000  predictPrice = 1050.70954
diff = 4.42062E-5
Month = 34  targetPrice = 1058.20000  predictPrice = 1058.19690
diff = 2.93192E-4
Month = 35  targetPrice = 1111.92000  predictPrice = 1111.91406
diff = 5.34581E-4
Month = 36  targetPrice = 1131.13000  predictPrice = 1131.12351
diff = 5.73549E-4
Month = 37  targetPrice = 1144.94000  predictPrice = 1144.94240
diff = 2.09638E-4
Month = 38  targetPrice = 1126.21000  predictPrice = 1126.21747
diff = 6.63273E-4
Month = 39  targetPrice = 1107.30000  predictPrice = 1107.30139
diff = 1.25932E-4
```

```
Month = 40  targetPrice = 1120.68000  predictPrice = 1120.67926
diff = 6.62989E-5
Month = 41  targetPrice = 1140.84000  predictPrice = 1140.83145
diff = 7.49212E-4
Month = 42  targetPrice = 1101.72000  predictPrice = 1101.72597
diff = 5.42328E-4
Month = 43  targetPrice = 1104.24000  predictPrice = 1104.23914
diff = 7.77377E-5
Month = 44  targetPrice = 1114.58000  predictPrice = 1114.58307
diff = 2.75127E-4
Month = 45  targetPrice = 1130.20000  predictPrice = 1130.19238
diff = 6.74391E-4
Month = 46  targetPrice = 1173.82000  predictPrice = 1173.82891
diff = 7.58801E-4
Month = 47  targetPrice = 1211.92000  predictPrice = 1211.92000
diff = 4.97593E-7
Month = 48  targetPrice = 1181.27000  predictPrice = 1181.27454
diff = 3.84576E-4
Month = 49  targetPrice = 1203.60000  predictPrice = 1203.60934
diff = 7.75922E-4
Month = 50  targetPrice = 1180.59000  predictPrice = 1180.60006
diff = 8.51986E-4
Month = 51  targetPrice = 1156.85000  predictPrice = 1156.85795
diff = 6.87168E-4
Month = 52  targetPrice = 1191.50000  predictPrice = 1191.50082
diff = 6.89121E-5
Month = 53  targetPrice = 1191.32000  predictPrice = 1191.32780
diff = 1.84938E-4
Month = 54  targetPrice = 1234.18000  predictPrice = 1234.18141
diff = 1.14272E-4
Month = 55  targetPrice = 1220.33000  predictPrice = 1220.33276
diff = 2.26146E-4
Month = 56  targetPrice = 1228.81000  predictPrice = 1228.80612
diff = 3.15986E-4
Month = 57  targetPrice = 1207.01000  predictPrice = 1207.00419
diff = 4.81617E-4
Month = 58  targetPrice = 1249.48000  predictPrice = 1249.48941
diff = 7.52722E-4
Month = 59  targetPrice = 1248.29000  predictPrice = 1248.28153
diff = 6.78199E-4
Month = 60  targetPrice = 1280.08000  predictPrice = 1280.07984
diff = 1.22483E-5
Month = 61  targetPrice = 1280.66000  predictPrice = 1280.66951
diff = 7.42312E-4
Month = 62  targetPrice = 1294.87000  predictPrice = 1294.86026
diff = 7.51869E-4
Month = 63  targetPrice = 1310.61000  predictPrice = 1310.60544
diff = 3.48001E-4
Month = 64  targetPrice = 1270.09000  predictPrice = 1270.08691
```

```
diff = 2.43538E-4
Month = 65  targetPrice = 1270.20000  predictPrice = 1270.19896
diff = 8.21560E-5
Month = 66  targetPrice = 1276.66000  predictPrice = 1276.66042
diff = 3.26854E-5
Month = 67  targetPrice = 1303.82000  predictPrice = 1303.82874
diff = 6.70418E-4
Month = 68  targetPrice = 1335.85000  predictPrice = 1335.84632
diff = 2.75638E-4
Month = 69  targetPrice = 1377.94000  predictPrice = 1377.94691
diff = 5.01556E-4
Month = 70  targetPrice = 1400.63000  predictPrice = 1400.63379
diff = 2.70408E-4
Month = 71  targetPrice = 1418.30000  predictPrice = 1418.31183
diff = 8.34099E-4
Month = 72  targetPrice = 1438.24000  predictPrice = 1438.24710
diff = 4.93547E-4
Month = 73  targetPrice = 1406.82000  predictPrice = 1406.81500
diff = 3.56083E-4
Month = 74  targetPrice = 1420.86000  predictPrice = 1420.86304
diff = 2.13861E-4
Month = 75  targetPrice = 1482.37000  predictPrice = 1482.37807
diff = 5.44135E-4
Month = 76  targetPrice = 1530.62000  predictPrice = 1530.60780
diff = 7.96965E-4
Month = 77  targetPrice = 1503.35000  predictPrice = 1503.35969
diff = 6.44500E-4
Month = 78  targetPrice = 1455.27000  predictPrice = 1455.25870
diff = 7.77012E-4
Month = 79  targetPrice = 1473.99000  predictPrice = 1474.00301
diff = 8.82764E-4
Month = 80  targetPrice = 1526.75000  predictPrice = 1526.74507
diff = 3.23149E-4
Month = 81  targetPrice = 1549.38000  predictPrice = 1549.38480
diff = 3.10035E-4
Month = 82  targetPrice = 1481.14000  predictPrice = 1481.14819
diff = 5.52989E-4
Month = 83  targetPrice = 1468.36000  predictPrice = 1468.34730
diff = 8.64876E-4
Month = 84  targetPrice = 1378.55000  predictPrice = 1378.53761
diff = 8.98605E-4
Month = 85  targetPrice = 1330.63000  predictPrice = 1330.64177
diff = 8.84310E-4
Month = 86  targetPrice = 1322.70000  predictPrice = 1322.71089
diff = 8.23113E-4
Month = 87  targetPrice = 1385.59000  predictPrice = 1385.58259
diff = 5.34831E-4
Month = 88  targetPrice = 1400.38000  predictPrice = 1400.36749
diff = 8.93019E-4
```

Month = 89 targetPrice = 1279.99999 predictPrice = 1279.98926
diff = 8.38844E-4
Month = 90 targetPrice = 1267.38   predictPrice = 1267.39112
diff = 8.77235E-4
Month = 91 targetPrice = 1282.83000 predictPrice = 1282.82564
diff = 3.40160E-4
Month = 92 targetPrice = 1166.36000 predictPrice = 1166.35838
diff = 1.38537E-4
Month = 93 targetPrice = 968.750000 predictPrice = 968.756639
diff = 6.85325E-4
Month = 94 targetPrice = 896.24000   predictPrice = 896.236238
diff = 4.19700E-4
Month = 95 targetPrice = 903.250006 predictPrice = 903.250891
diff = 9.86647E-5
Month = 96 targetPrice = 825.880000 predictPrice = 825.877467
diff = 3.06702E-4
Month = 97 targetPrice = 735.090000 predictPrice = 735.089888
diff = 1.51705E-5
Month = 98 targetPrice = 797.870000 predictPrice = 797.864377
diff = 7.04777E-4
Month = 99 targetPrice = 872.810000 predictPrice = 872.817137
diff = 8.17698E-4
Month = 100 targetPrice = 919.14000   predictPrice = 919.144707
diff = 5.12104E-4
Month = 101 targetPrice = 919.32000   predictPrice = 919.311948
diff = 8.75905E-4
Month = 102 targetPrice = 987.48000   predictPrice = 987.485732
diff = 5.80499E-4
Month = 103 targetPrice = 1020.6200   predictPrice = 1020.62163
diff = 1.60605E-4
Month = 104 targetPrice = 1057.0800   predictPrice = 1057.07122
diff = 8.30374E-4
Month = 105 targetPrice = 1036.1900   predictPrice = 1036.18940
diff = 5.79388E-5
Month = 106 targetPrice = 1095.6300   predictPrice = 1095.63936
diff = 8.54512E-4
Month = 107 targetPrice = 1115.1000   predictPrice = 1115.09792
diff = 1.86440E-4
Month = 108 targetPrice = 1073.8700   predictPrice = 1073.87962
diff = 8.95733E-4
Month = 109 targetPrice = 1104.4900   predictPrice = 1104.48105
diff = 8.10355E-4
Month = 110 targetPrice = 1169.4300   predictPrice = 1169.42384
diff = 5.26459E-4
Month = 111 targetPrice = 1186.6900   predictPrice = 1186.68972
diff = 2.39657E-5
Month = 112 targetPrice = 1089.4100   predictPrice = 1089.40111
diff = 8.16044E-4
Month = 113 targetPrice = 1030.7100   predictPrice = 1030.71574
diff = 5.57237E-4

```
Month = 114 targetPrice = 1101.6000    predictPrice = 1101.59105
diff = 8.12503E-4
Month = 115 targetPrice = 1049.3300    predictPrice = 1049.32154
diff = 8.06520E-4
Month = 116 targetPrice = 1141.2000    predictPrice = 1141.20704
diff = 6.1701E-4
Month = 117 targetPrice = 1183.2600    predictPrice = 1183.27030
diff = 8.705E-4
Month = 118 targetPrice = 1180.5500    predictPrice = 1180.54438
diff = 4.763E-4
Month = 119 targetPrice = 1257.6400    predictPrice = 1257.63292
diff = 5.628E-4
Month = 120 targetPrice = 1286.1200    predictPrice = 1286.11021
diff = 7.608E-4

maxErrorPerc = 7.607871107092592E-4
averErrorPerc = 6.339892589243827E-6
```

日志表明，由于采用了微批次方法，对这类非连续函数的逼近效果很好。

最大误差差值百分比 <0.000761%，平均误差差值百分比 <0.00000634%

图 11-4 显示了训练 / 验证结果的图表。

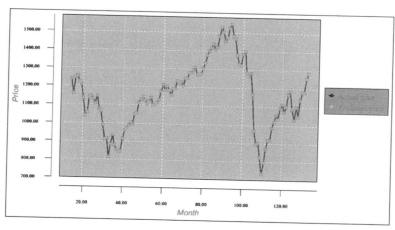

图 11-4　训练结果的图表

11.8　测试数据集

测试数据集的格式与训练数据集的格式相同。如本例开头所述，目标是根据十年历史数据预测下个月的市场价格。因此，测试数据集与训练数据集相同，但它应在最后包括一个额外的微批次记录，该记录将用于下个月的价格预测（不在网络训练范围内）。表 11-5

显示了价格差异测试数据集的一个片段。

表 11-5 价格差异测试数据集的片段

priceDiffPerc	targetPriceDiffPerc	日期	inputPrice
5.840553677	5.857688372	199704	801.34
5.857688372	4.345263356	199705	848.28
4.345263356	7.814583004	199706	885.14
7.814583004	−5.746560342	199707	954.31
−5.746560342	5.315352374	199708	899.47
5.315352374	−3.447766236	199709	947.28
−3.447766236	4.458682294	199710	914.62
4.458682294	1.573163073	199711	955.4
1.573163073	1.015013963	199712	970.43
1.015013963	7.04492594	199801	980.28
7.04492594	4.994568014	199802	1049.34
4.994568014	0.907646925	199803	1101.75
0.907646925	−1.882617495	199804	1111.75
−1.882617495	3.943822079	199805	1090.82
3.943822079	−1.161539547	199806	1133.84
−1.161539547	−14.57967109	199807	1120.67
−14.57967109	6.239553736	199808	957.28
6.239553736	8.029419573	199809	1017.01
8.029419573	5.91260342	199810	1098.67
5.91260342	5.63753083	199811	1163.63
5.63753083	4.10094124	199812	1229.23
4.10094124	−3.228251696	199901	1279.64
−3.228251696	3.879418249	199902	1238.33
3.879418249	3.79439819	199903	1286.37
3.79439819	−2.497041597	199904	1335.18
−2.497041597	5.443833344	199905	1301.84
5.443833344	−3.204609859	199906	1372.71
−3.204609859	−0.625413932	199907	1328.72
−0.625413932	−2.855173772	199908	1320.41
−2.855173772	6.253946722	199909	1282.71

表 11-6 显示了规范化的测试数据集的一个片段。

表 11-6 规范化的测试数据集的片段

priceDiffPerc	targetPriceDiffPerc	日期	inputPrice
0.722703578	0.723845891	199704	801.34
0.723845891	0.623017557	199705	848.28
0.623017557	0.854305534	199706	885.14
0.854305534	−0.049770689	199707	954.31
−0.049770689	0.687690158	199708	899.47
0.687690158	0.103482251	199709	947.28
0.103482251	0.63057882	199710	914.62
0.63057882	0.438210872	199711	955.4
0.438210872	0.401000931	199712	970.43
0.401000931	0.802995063	199801	980.28
0.802995063	0.666304534	199802	1049.34
0.666304534	0.393843128	199803	1101.75
0.393843128	0.2078255	199804	1111.75
0.2078255	0.596254805	199805	1090.82
0.596254805	0.255897364	199806	1133.84
0.255897364	−0.638644739	199807	1120.67
−0.638644739	0.749303582	199808	957.28
0.749303582	0.868627972	199809	1017.01
0.868627972	0.727506895	199810	1098.67
0.727506895	0.709168722	199811	1163.63
0.709168722	0.606729416	199812	1229.23
0.606729416	0.118116554	199901	1279.64
0.118116554	0.591961217	199902	1238.33
0.591961217	0.586293213	199903	1286.37
0.586293213	0.166863894	199904	1335.18
0.166863894	0.696255556	199905	1301.84
0.696255556	0.119692676	199906	1372.71
0.119692676	0.291639071	199907	1328.72
0.291639071	0.142988415	199908	1320.41
0.142988415	0.750263115	199909	1282.71

最后，表 11-7 显示了滑动窗口测试数据集。这是用于测试训练网络的数据集。

表 11-7 滑动窗口测试数据集的片段

滑动窗口												
0.591	0.55	0.17	0.46	0.21	0.2	0.53	0.3	0.57	0.26	0.4	0.22	0.327
0.55	0.165	0.46	0.21	0.2	0.53	0.33	0.6	0.26	0.38	0.2	0.57	0.503
0.165	0.459	0.21	0.2	0.53	0.33	0.57	0.3	0.38	0.22	0.6	0.33	0.336
0.459	0.206	0.2	0.53	0.33	0.57	0.26	0.4	0.22	0.57	0.3	0.5	0.407
0.206	0.199	0.53	0.33	0.57	0.26	0.38	0.2	0.57	0.33	0.5	0.34	0.414
0.199	0.533	0.33	0.57	0.26	0.38	0.22	0.6	0.33	0.5	0.3	0.41	0.127
0.533	0.332	0.57	0.26	0.38	0.22	0.57	0.3	0.5	0.34	0.4	0.41	0.334
0.332	0.573	0.26	0.38	0.22	0.57	0.33	0.5	0.34	0.41	0.4	0.13	0.367
0.573	0.259	0.38	0.22	0.57	0.33	0.5	0.3	0.41	0.41	0.1	0.33	0.475
0.259	0.38	0.22	0.57	0.33	0.5	0.34	0.4	0.41	0.13	0.3	0.37	0.497
0.38	0.215	0.57	0.33	0.5	0.34	0.41	0.4	0.13	0.33	0.4	0.48	0.543
0.215	0.568	0.33	0.5	0.34	0.41	0.41	0.1	0.33	0.37	0.5	0.5	0.443
0.568	0.327	0.5	0.34	0.41	0.41	0.13	0.3	0.37	0.48	0.5	0.54	0.417
0.327	0.503	0.34	0.41	0.41	0.13	0.33	0.4	0.48	0.5	0.5	0.44	0.427
0.503	0.336	0.41	0.41	0.13	0.33	0.37	0.5	0.5	0.54	0.4	0.42	0.188
0.336	0.407	0.41	0.13	0.33	0.37	0.48	0.5	0.54	0.44	0.4	0.43	0.4
0.407	0.414	0.13	0.33	0.37	0.48	0.5	0.5	0.44	0.42	0.4	0.19	0.622
0.414	0.127	0.33	0.37	0.48	0.5	0.54	0.4	0.42	0.43	0.2	0.4	0.55
0.127	0.334	0.37	0.48	0.5	0.54	0.44	0.4	0.43	0.19	0.4	0.62	0.215
0.334	0.367	0.48	0.5	0.54	0.44	0.42	0.4	0.19	0.4	0.6	0.55	0.12
0.367	0.475	0.5	0.54	0.44	0.42	0.43	0.2	0.4	0.62	0.6	0.22	0.419
0.475	0.497	0.54	0.44	0.42	0.43	0.19	0.4	0.62	0.55	0.2	0.12	0.572
0.497	0.543	0.44	0.42	0.43	0.19	0.4	0.6	0.55	0.22	0.1	0.42	0.432
0.543	0.443	0.42	0.43	0.19	0.4	0.62	0.6	0.22	0.12	0.4	0.57	0.04
0.443	0.417	0.43	0.19	0.4	0.62	0.55	0.2	0.12	0.42	0.6	0.43	0.276
0.417	0.427	0.19	0.4	0.62	0.55	0.22	0.1	0.42	0.57	0.4	0.04	−0.074
0.427	0.188	0.4	0.62	0.55	0.22	0.12	0.4	0.57	0.43	0	0.28	0.102
0.188	0.4	0.62	0.55	0.22	0.12	0.42	0.6	0.43	0.04	0.3	−0.1	0.294
0.4	0.622	0.55	0.22	0.12	0.42	0.57	0.4	0.04	0.28	−0	0.1	0.65
0.622	0.55	0.22	0.12	0.42	0.57	0.43	0	0.28	−0.07	0.1	0.29	0.404

微批次文件中的滑动窗口测试数据集被破坏。图 11-5 显示了测试微批次文件列表的一个片段。

```
Sample7_Microbatches_Test_Batch_000.csv
Sample7_Microbatches_Test_Batch_001.csv
Sample7_Microbatches_Test_Batch_002.csv
Sample7_Microbatches_Test_Batch_003.csv
Sample7_Microbatches_Test_Batch_004.csv
Sample7_Microbatches_Test_Batch_005.csv
Sample7_Microbatches_Test_Batch_006.csv
Sample7_Microbatches_Test_Batch_007.csv
Sample7_Microbatches_Test_Batch_008.csv
Sample7_Microbatches_Test_Batch_009.csv
Sample7_Microbatches_Test_Batch_010.csv
Sample7_Microbatches_Test_Batch_011.csv
Sample7_Microbatches_Test_Batch_012.csv
Sample7_Microbatches_Test_Batch_013.csv
Sample7_Microbatches_Test_Batch_014.csv
Sample7_Microbatches_Test_Batch_015.csv
Sample7_Microbatches_Test_Batch_016.csv
Sample7_Microbatches_Test_Batch_017.csv
Sample7_Microbatches_Test_Batch_018.csv
Sample7_Microbatches_Test_Batch_019.csv
Sample7_Microbatches_Test_Batch_020.csv
Sample7_Microbatches_Test_Batch_021.csv
Sample7_Microbatches_Test_Batch_022.csv
Sample7_Microbatches_Test_Batch_023.csv
Sample7_Microbatches_Test_Batch_024.csv
Sample7_Microbatches_Test_Batch_025.csv
Sample7_Microbatches_Test_Batch_026.csv
Sample7_Microbatches_Test_Batch_027.csv
Sample7_Microbatches_Test_Batch_028.csv
Sample7_Microbatches_Test_Batch_029.csv
Sample7_Microbatches_Test_Batch_030.csv
Sample7_Microbatches_Test_Batch_031.csv
```

图 11-5　测试微批次数据集列表的片段

11.9　测试逻辑

这个方法中有很多新的编码片段，让我们来讨论一下。你可以在测试微批次数据集上以循环方式加载微批次数据集和相应的保存的网络。记住，你不再处理单个测试数据集，而是处理一组微批次测试数据集。接下来，你可以从网络获取输入值、实际值和预测值，将它们规范化，并计算实际值和预测值。对于在保存的网络记录中存在的所有测试记录都会这样做。

但是，测试数据集中的最后一个微批次记录没有保存网络文件，这仅仅是因为网络没有针对该点进行训练。对于此记录，你将检索其 12 个 inputPriceDiffPerc 字段，这些字段是网络训练期间使用的密钥。接下来，搜索位于名为 linkToSaveInputPriceDiffPerc_00、linkToSaveInputPriceDiffPerc_01 等内存数组中的所有已保存网络文件的密钥。

由于每个已保存的网络都有 12 个相关联的密钥，因此按以下方式进行搜索。对于要处理的微批次，使用欧几里得几何计算 12D 空间中的向量值。例如，对于 12 个变量的函数 $y=f(x1, x2, x3, x4, x5, x6, x7, x8, x9, x10, x11, x12)$，向量值是每个 x 值的平方和的平方根。

$$\sqrt{x1^2 + x1^2 + x1^2 + x1^2 + x1^2 + x1^2} + x1^2 + x1^2 + x1^2 + x1^2 + x1^2 + x1^2 \qquad （11\text{-}1）$$

然后，对于 `linkToSaveInputPriceDiffPerc` 数组中保存的每一组网络密钥，还计算向量值。选择与已处理的记录中的密钥集合紧密匹配的网络密钥并加载到内存中。最后，从该网络获取输入值、活动值和预测值，对它们进行非规范化，并计算实际值和预测值。清单 11-6 显示了这个逻辑的代码。

清单 11-6 选择保存的网络记录的逻辑

```java
static public void loadAndTestNetwork()
 {
    List<Double> xData = new ArrayList<Double>();
    List<Double> yData1 = new ArrayList<Double>();
    List<Double> yData2 = new ArrayList<Double>();

    int k1 = 0;
    int k3 = 0;

    BufferedReader br4;
    BasicNetwork network;

    try
      {
        // Process testing batches

        maxGlobalResultDiff = 0.00;
        averGlobalResultDiff = 0.00;
        sumGlobalResultDiff = 0.00;

        for (k1 = 0; k1 < intNumberOfBatchesToProcess; k1++)
         {
            br4 = new BufferedReader(new FileReader(strTestingFile
            Names[k1]));
            tempLine = br4.readLine();

            // Skip the label record
            tempLine = br4.readLine();

            // Break the line using comma as separator
            tempWorkFields = tempLine.split(cvsSplitBy);

            recordNormInputPriceDiffPerc_00 = Double.parseDouble(tempWork
            Fields[0]);
            recordNormInputPriceDiffPerc_01 = Double.parseDouble(tempWork
            Fields[1]);
            recordNormInputPriceDiffPerc_02 = Double.parseDouble(tempWork
            Fields[2]);
            recordNormInputPriceDiffPerc_03 = Double.parseDouble(tempWork
            Fields[3]);
            recordNormInputPriceDiffPerc_04 = Double.parseDouble(tempWork
            Fields[4]);
            recordNormInputPriceDiffPerc_05 = Double.parseDouble(tempWork
```

```
Fields[5]);
recordNormInputPriceDiffPerc_06 = Double.parseDouble(tempWork
Fields[6]);
recordNormInputPriceDiffPerc_07 = Double.parseDouble(tempWork
Fields[7]);
recordNormInputPriceDiffPerc_08 = Double.parseDouble(tempWork
Fields[8]);
recordNormInputPriceDiffPerc_09 = Double.parseDouble(tempWork
Fields[9]);
recordNormInputPriceDiffPerc_10 = Double.parseDouble(tempWork
Fields[10]);
recordNormInputPriceDiffPerc_11 = Double.parseDouble(tempWork
Fields[11]);

recordNormTargetPriceDiffPerc = Double.parseDouble(tempWork
Fields[12]);

if(k1 < 120)
 {
   // Load the network for the current record
   network = (BasicNetwork)EncogDirectoryPersistence. loadObject
   (newFile(strSaveNetworkFileNames[k1]));

// Load the training file record
MLDataSet testingSet = loadCSV2Memory(strTestingFileNames[k1],
intInputNeuronNumber, intOutputNeuronNumber,true,
CSVFormat.ENGLISH,false);

// Get the results from the loaded previously saved networks
 int i = - 1; // Index of the array to get results

 for (MLDataPair pair:  testingSet)
 {
    i++;

    MLData inputData = pair.getInput();
    MLData actualData = pair.getIdeal();
    MLData predictData = network.compute(inputData);

    // These values are Normalized as the whole input is
    normTargetPriceDiffPerc = actualData.getData(0);
    normPredictPriceDiffPerc = predictData.getData(0);
    normInputPriceDiffPercFromRecord = inputData.getData(11);
    // De-normalize this data to show the real result value
    denormTargetPriceDiffPerc = ((targetPriceDiffPercDl
    -targetPriceDiffPercDh)*normTargetPriceDiffPerc- Nh*target
    PriceDiffPercDl + targetPriceDiffPercDh*Nl)/(Nl - Nh);
    denormPredictPriceDiffPerc =((targetPriceDiffPercDl -
    targetPriceDiffPercDh)*normPredictPriceDiffPerc - Nh*
    targetPriceDiffPercDl + targetPriceDiffPercDh*Nl)/(Nl - Nh);

    denormInputPriceDiffPercFromRecord = ((inputPriceDiff
    PercDl - inputPriceDiffPercDh)*normInputPriceDiffPerc
```

```
      FromRecord - Nh*inputPriceDiffPercDl + inputPriceDiff
      PercDh*Nl)/(Nl - Nh);

      inputPriceFromFile = arrPrices[k1+12];

      // Convert denormPredictPriceDiffPerc and denormTarget
         PriceDiffPerc to real renormalized
      // price

      realDenormTargetPrice = inputPriceFromFile +
      inputPriceFromFile*(denormTargetPriceDiffPerc/100);
      realDenormPredictPrice = inputPriceFromFile +
      inputPriceFromFile*(denormPredictPriceDiffPerc/100);

      realDenormTargetToPredictPricePerc = (Math.abs(realDenorm
      TargetPrice - realDenormPredictPrice)/realDenorm
      TargetPrice)*100;

      System.out.println("Month = " + (k1+1) + "  targetPrice =
      " + realDenormTargetPrice + " predictPrice = " + real
      DenormPredictPrice + "   diff = " + realDenormTarget
      ToPredictPricePerc);

    } // End of the for pair loop

   } // End for IF
 else
 {

   vectorForRecord = Math.sqrt(
     Math.pow(recordNormInputPriceDiffPerc_00,2) +
     Math.pow(recordNormInputPriceDiffPerc_01,2) +
     Math.pow(recordNormInputPriceDiffPerc_02,2) +
     Math.pow(recordNormInputPriceDiffPerc_03,2) +
     Math.pow(recordNormInputPriceDiffPerc_04,2) +
     Math.pow(recordNormInputPriceDiffPerc_05,2) +
     Math.pow(recordNormInputPriceDiffPerc_06,2) +
     Math.pow(recordNormInputPriceDiffPerc_07,2) +
     Math.pow(recordNormInputPriceDiffPerc_08,2) +
     Math.pow(recordNormInputPriceDiffPerc_09,2) +
     Math.pow(recordNormInputPriceDiffPerc_10,2) +
     Math.pow(recordNormInputPriceDiffPerc_11,2));

    // Look for the network of previous months that closely
       match the
    // vectorForRecord value

    minVectorValue = 999.99;

    for (k3 = 0; k3 < intNumberOfSavedNetworks; k3++)
      {
        r_00 = linkToSaveInputPriceDiffPerc_00[k3];
        r_01 = linkToSaveInputPriceDiffPerc_01[k3];
        r_02 = linkToSaveInputPriceDiffPerc_02[k3];
        r_03 = linkToSaveInputPriceDiffPerc_03[k3];
```

```
                    r_04 = linkToSaveInputPriceDiffPerc_04[k3];
                    r_05 = linkToSaveInputPriceDiffPerc_05[k3];
                    r_06 = linkToSaveInputPriceDiffPerc_06[k3];
                    r_07 = linkToSaveInputPriceDiffPerc_07[k3];
                    r_08 = linkToSaveInputPriceDiffPerc_08[k3];
                    r_09 = linkToSaveInputPriceDiffPerc_09[k3];
                    r_10 = linkToSaveInputPriceDiffPerc_10[k3];
                    r_11 = linkToSaveInputPriceDiffPerc_11[k3];

                    r2 = linkToSaveTargetPriceDiffPerc[k3];
                    vectorForNetworkRecord = Math.sqrt(
                    Math.pow(r_00,2) +
                    Math.pow(r_01,2) +
                    Math.pow(r_02,2) +
                    Math.pow(r_03,2) +
                    Math.pow(r_04,2) +
                    Math.pow(r_05,2) +
                    Math.pow(r_06,2) +
                    Math.pow(r_07,2) +
                    Math.pow(r_08,2) +
                    Math.pow(r_09,2) +
                    Math.pow(r_10,2) +
                    Math.pow(r_11,2));

                    vectorDiff = Math.abs(vectorForRecord - vectorFor
                    NetworkRecord);

                    if(vectorDiff < minVectorValue)
                     {
                       minVectorValue = vectorDiff;

                       // Save this network record attributes
                       rTempKey = r_00;
                       rTempPriceDiffPerc = r2;
                       tempMinIndex = k3;
                     }

} // End  FOR k3 loop

network =
(BasicNetwork)EncogDirectoryPersistence.loadObject(newFile
(strSaveNetworkFileNames[tempMinIndex]));

// Now, tempMinIndex points to the corresponding saved network
// Load this network in memory
MLDataSet testingSet = loadCSV2Memory(strTestingFileNames[k1],
intInputNeuronNumber,intOutputNeuronNumber,true,
CSVFormat.ENGLISH,false);

// Get the results from the loaded network
int i = - 1;

for (MLDataPair pair:  testingSet)
 {
```

```
    i++;

    MLData inputData = pair.getInput();
    MLData actualData = pair.getIdeal();
    MLData predictData = network.compute(inputData);

    // These values are Normalized as the whole input is
    normTargetPriceDiffPerc = actualData.getData(0);
    normPredictPriceDiffPerc = predictData.getData(0);
    normInputPriceDiffPercFromRecord = inputData.getData(11);

    // Renormalize this data to show the real result value
    denormTargetPriceDiffPerc = ((targetPriceDiffPercDl -
    targetPriceDiffPercDh)*normTargetPriceDiffPerc - Nh*target
    PriceDiffPercDl + targetPriceDiffPercDh*Nl)/(Nl - Nh);

    denormPredictPriceDiffPerc =((targetPriceDiffPercDl -
    targetPriceDiffPercDh)* normPredictPriceDiffPerc - Nh*
    targetPriceDiffPercDl + targetPriceDiffPercDh*Nl)/(Nl - Nh);

    denormInputPriceDiffPercFromRecord = ((inputPriceDiffPercDl -
    inputPriceDiffPercDh)*normInputPriceDiffPercFromRecord -
    Nh*inputPriceDiffPercDl + inputPriceDiffPercDh*Nl)/(Nl - Nh);

    inputPriceFromFile = arrPrices[k1+12];

    // Convert denormPredictPriceDiffPerc and denormTarget
       PriceDiffPerc to a real
   //renormalized price
    realDenormTargetPrice = inputPriceFromFile + inputPrice
    FromFile*(denormTargetPriceDiffPerc/100);
    realDenormPredictPrice = inputPriceFromFile + inputPrice
    FromFile*(denormPredictPriceDiffPerc/100);

    realDenormTargetToPredictPricePerc = (Math.abs(realDenorm
    TargetPrice - realDenormPredictPrice)/realDenorm
    TargetPrice)*100;

    System.out.println("Month = " + (k1+1) + "  targetPrice =
    " + realDenormTargetPrice + " predictPrice = " + realDenorm
    PredictPrice + "   diff = " + realDenormTargetToPredict
    PricePerc);

    if (realDenormTargetToPredictPricePerc > maxGlobal
    ResultDiff)
      maxGlobalResultDiff = realDenormTargetToPredict
      PricePerc;

    sumGlobalResultDiff = sumGlobalResultDiff + realDenorm
    TargetToPredictPricePerc;

  } // End of IF

} // End for the pair loop

// Populate chart elements
```

```
            tempMonth = (double) k1+14;
            xData.add(tempMonth);
            yData1.add(realDenormTargetPrice);
            yData2.add(realDenormPredictPrice);

        }   // End of loop K1

    // Print the max and average results

    System.out.println(" ");
    System.out.println(" ");
    System.out.println("Results of processing testing batches");
    averGlobalResultDiff = sumGlobalResultDiff/intNumberOfBatches
    ToProcess;

    System.out.println("maxGlobalResultDiff = " + maxGlobalResultDiff +
    "  i = " + maxGlobalIndex);
    System.out.println("averGlobalResultDiff = " + averGlobalResult
    Diff);
    System.out.println(" ");
    System.out.println(" ");

    }      // End of TRY
  catch (IOException e1)
   {
       e1.printStackTrace();
   }

// All testing batch files have been processed
  XYSeries series1 = Chart.addSeries("Actual Price", xData, yData1);
  XYSeries series2 = Chart.addSeries("Forecasted Price", xData, yData2);

  series1.setLineColor(XChartSeriesColors.BLUE);
  series2.setMarkerColor(Color.ORANGE);
  series1.setLineStyle(SeriesLines.SOLID);
  series2.setLineStyle(SeriesLines.SOLID);

  // Save the chart image
  try
   {
      BitmapEncoder.saveBitmapWithDPI(Chart, strChartFileName,
      BitmapFormat.JPG, 100);
   }
  catch (Exception bt)
   {
      bt.printStackTrace();
   }

  System.out.println ("The Chart has been saved");

} // End of the method
```

11.10 测试结果

清单 11-7 显示了测试结果的片段日志。

清单 11-7 测试结果

```
Month =   80  targetPrice = 1211.91999   predictPrice = 1211.91169
diff = 6.84919E-4
Month =   81  targetPrice = 1181.26999   predictPrice = 1181.26737
diff = 2.22043E-4
Month =   82  targetPrice = 1203.60000   predictPrice = 1203.60487
diff = 4.05172E-4
Month =   83  targetPrice = 1180.59000   predictPrice = 1180.59119
diff = 1.01641E-4
Month =   84  targetPrice = 1156.84999   predictPrice = 1156.84136
diff = 7.46683E-4
Month =   85  targetPrice = 1191.49999   predictPrice = 1191.49043
diff = 8.02666E-4
Month =   86  targetPrice = 1191.32999   predictPrice = 1191.31947
diff = 8.83502E-4
Month =   87  targetPrice = 1234.17999   predictPrice = 1234.17993
diff = 5.48814E-6
Month =   88  targetPrice = 1220.33000   predictPrice = 1220.31947
diff = 8.62680E-4
Month =   89  targetPrice = 1228.80999   predictPrice = 1228.82099
diff = 8.95176E-4
Month =   90  targetPrice = 1207.00999   predictPrice = 1207.00976
diff = 1.92764E-5
Month =   91  targetPrice = 1249.48000   predictPrice = 1249.48435
diff = 3.48523E-4
Month =   92  targetPrice = 1248.28999   predictPrice = 1248.27937
diff = 8.51313E-4
Month =   93  targetPrice = 1280.08000   predictPrice = 1280.08774
diff = 6.05221E-4
Month =   94  targetPrice = 1280.66000   predictPrice = 1280.66295
diff = 2.30633E-4
Month =   95  targetPrice = 1294.86999   predictPrice = 1294.85904
diff = 8.46250E-4
Month =   96  targetPrice = 1310.60999   predictPrice = 1310.61570
diff = 4.35072E-4
Month =   97  targetPrice = 1270.08999   predictPrice = 1270.08943
diff = 4.41920E-5
Month =   98  targetPrice = 1270.19999   predictPrice = 1270.21071
diff = 8.43473E-4
Month =   99  targetPrice = 1276.65999   predictPrice = 1276.65263
diff = 5.77178E-4
Month = 100  targetPrice = 1303.81999   predictPrice = 1303.82201
diff = 1.54506E-4
Month = 101  targetPrice = 1335.85000   predictPrice = 1335.83897
```

```
diff = 8.25569E-4
Month = 102  targetPrice = 1377.93999    predictPrice = 1377.94590
diff = 4.28478E-4
Month = 103  targetPrice = 1400.63000    predictPrice = 1400.62758
diff = 1.72417E-4
Month = 104  targetPrice = 1418.29999    predictPrice = 1418.31083
diff = 7.63732E-4
Month = 105  targetPrice = 1438.23999    predictPrice = 1438.23562
diff = 3.04495E-4
Month = 106  targetPrice = 1406.82000    predictPrice = 1406.83156
diff = 8.21893E-4
Month = 107  targetPrice = 1420.85999    predictPrice = 1420.86256
diff = 1.80566E-4
Month = 108  targetPrice = 1482.36999    predictPrice = 1482.35896
diff = 7.44717E-4
Month = 109  targetPrice = 1530.62000    predictPrice = 1530.62213
diff = 1.39221E-4
Month = 110  targetPrice = 1503.34999    predictPrice = 1503.33884
diff = 7.42204E-4
Month = 111  targetPrice = 1455.27000    predictPrice = 1455.27626
diff = 4.30791E-4
Month = 112  targetPrice = 1473.98999    predictPrice = 1473.97685
diff = 8.91560E-4
Month = 113  targetPrice = 1526.75000    predictPrice = 1526.76231
diff = 8.06578E-4
Month = 114  targetPrice = 1549.37999    predictPrice = 1549.39017
diff = 6.56917E-4
Month = 115  targetPrice = 1481.14000    predictPrice = 1481.15076
diff = 7.27101E-4
Month = 116  targetPrice = 1468.35999    predictPrice = 1468.35702
diff = 2.02886E-4
Month = 117  targetPrice = 1378.54999    predictPrice = 1378.55999
diff = 7.24775E-4
Month = 118  targetPrice = 1330.63000    predictPrice = 1330.61965
diff = 7.77501E-4
Month = 119  targetPrice = 1322.70000    predictPrice = 1322.69947
diff = 3.99053E-5
Month = 120  targetPrice = 1385.58999    predictPrice = 1385.60045
diff = 7.54811E-4
Month = 121  targetPrice = 1400.38000    predictPrice = 1162.09439
diff = 17.0157E-4

maxErrorPerc = 17.0157819794876
averErrorPerc = 0.14062629735113719
```

图 11-6 显示了测试结果的图表。

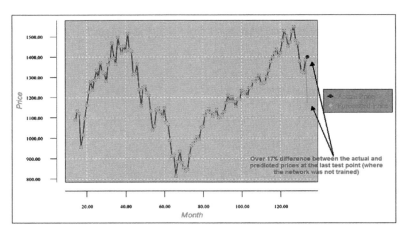

图 11-6　测试结果的图表

11.11　分析测试结果

在训练网络的所有点上，预测价格都与实际价格非常吻合，黄（浅灰）色和蓝（深灰）色图表几乎重叠）。但是，在下个月的某个时间点（网络没有经过训练的时间点），预测价格与实际价格（你碰巧知道）相差超过 17%。甚至下个月的预测价格（与上个月的差异）的方向也是错误的。实际价格略有上涨，而预测价格却大幅度下降。

由于这些点的价格在 1200 到 1300 之间，17% 的差价代表了超过 200 点的误差。这根本不能被视为一种预测，其结果对交易员/投资者毫无用处。怎么了？我们没有违反在训练范围之外预测函数值的限制（将价格函数转换为依赖于月份之间的价格差，而不是连续月份）。为了回答这个问题，让我们研究一下这个问题。

当你处理最后一个测试记录时，你从之前的 12 个原始记录中获取了它的前 12 个字段的值。它们代表了当前月份和前几个月之间的价格差异百分比。记录中的最后一个字段是下个月的价格值（记录 13）与第 12 个月的价格值之间的差异百分比。在所有字段都被规范化的情况下，记录如式（11-2）所示。

$$0.621937887 \quad 0.550328191 \quad 0.214557935 \quad 0.12012062 \quad 0.419090615$$
$$0.571960009 \quad 0.4321489 \quad 0.039710508 \quad 0.275810074 \quad -0.074423166$$
$$0.101592253 \quad 0.29360278 \quad 0.404494355 \qquad\qquad (11\text{-}2)$$

通过了解微批次记录 12 的价格（即 1385.95），并将网络预测作为 `targetPrice-DiffPerc` 字段（即下月价格与本月价格之间的百分比差异），可以计算下个月的预测价格，如式（11-3）所示。

nextMonthPredictedPrice = record12ActualPrice

$$+ \text{record12ActualPrice*predictedPriceDiffPerc}/100.00 \quad （11\text{-}3）$$

要获取记录 13 的网络预测（`predictedPriceDiffPerc`），需要从当前处理的记录中向训练的网络提供 12 个 `inputPriceDiffPerc` 字段的向量值。网络返回 -16.129995719。综合起来，你会得到下个月的预测价格。

$$1385.59–1385.59*16.12999/100.00 = 1162.0943923170353$$

下月预测价格为 1162.09，实际价格为 1400.38，相差 17.02%。这正是最后一条记录的处理日志中显示的结果。

月 =121 目标价格 =1400.3800000016674

预测价格 =1162.0943923170353　差异 =17.0157819794876

下个月价格的计算结果在数学上是正确的，并且是基于上一个训练点的价格和网络返回的下一个点和当前点之间的价格差异百分比的总和。

问题是，在相同或相似的条件下，历史股票市场价格不会重演。对于计算下个月的价格预测是不正确的，网络为上次处理的记录的计算向量返回的差价百分比。本例中使用的模型存在问题，该模型假设未来月份的价差百分比与过去相同或相近条件下记录的价差百分比相似。

这是一个重要的教训。如果模型是错误的，什么也做不到。在进行任何神经网络开发之前，你需要证明所选模型工作正常。这会节省你很多时间和精力。

根据定义，有些过程是随机的和不可预测的。如果股票市场变得可以预测，它将不再存在，因为它的前提是基于不同的意见。如果每个人都知道未来市场的走向，所有的投资者都会抛售，没有人会买入。

11.12　本章小结

本章阐述了为项目选择正确工作模式的重要性。在开始任何开发之前，你应该证明模型对你的项目是正确的。如果未能选择正确的模型，将导致应用程序无法正常工作。当网络用于预测各种游戏（赌博、体育等）的结果时，也会产生错误的结果。

第 12 章

三维空间中的函数逼近处理

本章讨论如何在三维空间中逼近函数。这样的函数值依赖于两个变量（而不是一个变量，这在前面的章节中已经讨论过）。对于依赖于两个以上变量的函数，本章中讨论的所有内容都是正确的。图 12-1 显示了本章所考虑的三维函数图。

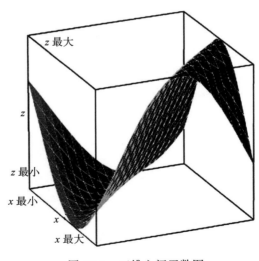

图 12-1　三维空间函数图

12.1　示例 8：三维空间中函数的逼近

函数公式是 $z(x，y) = 50.00 + \sin(x*y)$，但我们还是假设函数公式是未知的，函数是由它在某些点的值给出的。

12.1.1　数据准备

函数值在区间 [3.00，4.00] 上给出，函数参数 x 和 y 的增量值均为 0.02。训练数据集的起点为 3.00，测试数据集的起点为 3.01。x 和 y 的增量为 0.02。训练数据集记录由三个字段组成。

训练数据集的记录结构如下：

❑ 字段 1:x 参数的值

❑ 字段 2:y 参数的值

❑ 字段 3：函数值

表 12-1 显示了训练数据集的片段。训练数据集包括所有可能的 x 值和 y 值组合的记录。

表 12-1　训练数据集的片段

x	y	z	x	y	z
3	3	50.41211849	3	3.62	49.00917613
3	3.02	50.35674187	3	3.64	49.00285438
3	3.04	50.30008138	3	3.66	49.00012128
3	3.06	50.24234091	3	3.68	49.00098666
3	3.08	50.18372828	3	3.7	49.00544741
3	3.1	50.12445442	3	3.72	49.01348748
3	3.12	50.06473267	3	3.74	49.02507793
3	3.14	50.00477794	3	3.76	49.04017704
3	3.16	49.94480602	3	3.78	49.05873048
3	3.18	49.88503274	3	3.8	49.08067147
3	3.2	49.82567322	3	3.82	49.10592106
3	3.22	49.76694108	3	3.84	49.13438836
3	3.24	49.70904771	3	3.86	49.16597093
3	3.26	49.65220145	3	3.88	49.2005551
3	3.28	49.59660689	3	3.9	49.23801642
3	3.3	49.54246411	3	3.92	49.27822005
3	3.32	49.48996796	3	3.94	49.3210213
3	3.34	49.43930738	3	3.96	49.36626615
3	3.36	49.39066468	3	3.98	49.41379176
3	3.38	49.34421494	3	4	49.46342708
3	3.4	49.30012531	3.02	3	50.35674187
3	3.42	49.25855448	3.02	3.02	50.29969979
3	3.44	49.21965205	3.02	3.04	50.24156468
3	3.46	49.18355803	3.02	3.06	50.18254857
3	3.48	49.15040232	3.02	3.08	50.1228667
3	3.5	49.12030424	3.02	3.1	50.06273673
3	3.52	49.09337212	3.02	3.12	50.00237796
3	3.54	49.06970288	3.02	3.14	49.94201051
3	3.56	49.0493817	3.02	3.16	49.88185455
3	3.58	49.03248173	3.02	3.18	49.82212948
3	3.6	49.01906377	3.02	3.2	49.76305311

表 12-2 显示了测试数据集的片段。它具有相同的结构，但它包含了不用于网络训练的 x 点和 y 点。表 12-2 显示了测试数据集的一个片段。

表 12-2　测试数据集的片段

x	y	z	x	y	z
3.01	3.01	50.35664845	3.01	3.55	49.04768909
3.01	3.03	50.29979519	3.01	3.57	49.03105648
3.01	3.05	50.24185578	3.01	3.59	49.0179343
3.01	3.07	50.18304015	3.01	3.61	49.00837009
3.01	3.09	50.12356137	3.01	3.63	49.0023985
3.01	3.11	50.06363494	3.01	3.65	49.00004117
3.01	3.13	50.00347795	3.01	3.67	49.00130663
3.01	3.15	49.94330837	3.01	3.69	49.00619031
3.01	3.17	49.88334418	3.01	3.71	49.0146745
3.01	3.19	49.82380263	3.01	3.73	49.02672848
3.01	3.21	49.76489943	3.01	3.75	49.04230856
3.01	3.23	49.70684798	3.01	3.77	49.06135831
3.01	3.25	49.64985862	3.01	3.79	49.08380871
3.01	3.27	49.59413779	3.01	3.81	49.10957841
3.01	3.29	49.53988738	3.01	3.83	49.13857407
3.01	3.31	49.48730393	3.01	3.85	49.17069063
3.01	3.33	49.43657796	3.01	3.87	49.20581173
3.01	3.35	49.38789323	3.01	3.89	49.24381013
3.01	3.37	49.34142613	3.01	3.91	49.28454816
3.01	3.39	49.29734501	3.01	3.93	49.32787824
3.01	3.41	49.25580956	3.01	3.95	49.37364338
3.01	3.43	49.21697029	3.01	3.97	49.42167777
3.01	3.45	49.18096788	3.01	3.99	49.47180739
3.01	3.47	49.14793278	3.03	3.01	50.29979519
3.01	3.49	49.11798468	3.03	3.03	50.24146764
3.01	3.51	49.09123207	3.03	3.05	50.18225361
3.01	3.53	49.06777188			

12.1.2　网络架构

图 12-2 显示了网络架构。要处理的函数有两个输入（x 和 y），因此，网络架构有两个输入。

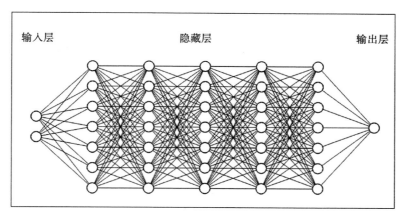

图 12-2　网络架构

　　训练和测试数据集在处理之前都是规范化的。你将使用传统的网络过程来逼近该函数。根据处理结果，你将决定是否需要使用微批次方法。

12.2　程序代码

　　清单 12-1 显示了程序代码。

清单 12-1　程序代码

```
// ================================================================
// Approximation of the 3-D Function using conventional process.
// The input file is normalized.
// ================================================================

package sample9;

import java.io.BufferedReader;
import java.io.File;
import java.io.FileInputStream;
import java.io.PrintWriter;
import java.io.FileNotFoundException;
import java.io.FileReader;
import java.io.FileWriter;
import java.io.IOException;
import java.io.InputStream;
import java.nio.file.*;
import java.util.Properties;
import java.time.YearMonth;
import java.awt.Color;
import java.awt.Font;
import java.io.BufferedReader;
import java.text.DateFormat;
```

```java
import java.text.ParseException;
import java.text.SimpleDateFormat;
import java.time.LocalDate;
import java.time.Month;
import java.time.ZoneId;
import java.util.ArrayList;
import java.util.Calendar;
import java.util.Date;
import java.util.List;
import java.util.Locale;
import java.util.Properties;

import org.encog.Encog;
import org.encog.engine.network.activation.ActivationTANH;
import org.encog.engine.network.activation.ActivationReLU;
import org.encog.ml.data.MLData;
import org.encog.ml.data.MLDataPair;
import org.encog.ml.data.MLDataSet;
import org.encog.ml.data.buffer.MemoryDataLoader;
import org.encog.ml.data.buffer.codec.CSVDataCODEC;
import org.encog.ml.data.buffer.codec.DataSetCODEC;
import org.encog.neural.networks.BasicNetwork;
import org.encog.neural.networks.layers.BasicLayer;
import org.encog.neural.networks.training.propagation.resilient.
ResilientPropagation;
import org.encog.persist.EncogDirectoryPersistence;
import org.encog.util.csv.CSVFormat;

import org.knowm.xchart.SwingWrapper;
import org.knowm.xchart.XYChart;
import org.knowm.xchart.XYChartBuilder;
import org.knowm.xchart.XYSeries;
import org.knowm.xchart.demo.charts.ExampleChart;
import org.knowm.xchart.style.Styler.LegendPosition;
import org.knowm.xchart.style.colors.ChartColor;
import org.knowm.xchart.style.colors.XChartSeriesColors;
import org.knowm.xchart.style.lines.SeriesLines;
import org.knowm.xchart.style.markers.SeriesMarkers;
import org.knowm.xchart.BitmapEncoder;
import org.knowm.xchart.BitmapEncoder.BitmapFormat;
import org.knowm.xchart.QuickChart;
import org.knowm.xchart.SwingWrapper;

public class Sample9 implements ExampleChart<XYChart>
{
    // Interval to normalize
    static double Nh =  1;
    static double Nl = -1;

    // First column
    static double minXPointDl = 2.00;
    static double maxXPointDh = 6.00;
```

```java
  // Second column
  static double minYPointDl = 2.00;
  static double maxYPointDh = 6.00;

  // Third  column - target data
  static double minTargetValueDl = 45.00;
  static double maxTargetValueDh = 55.00;
  static double doublePointNumber = 0.00;
  static int intPointNumber = 0;
  static InputStream input = null;
  static double[] arrPrices = new double[2700];
  static double normInputXPointValue = 0.00;
  static double normInputYPointValue = 0.00;
  static double normPredictValue = 0.00;
  static double normTargetValue = 0.00;
  static double normDifferencePerc = 0.00;
  static double returnCode = 0.00;
  static double denormInputXPointValue = 0.00;
  static double denormInputYPointValue = 0.00;
  static double denormPredictValue = 0.00;
  static double denormTargetValue = 0.00;
  static double valueDifference = 0.00;
  static int numberOfInputNeurons;
  static int numberOfOutputNeurons;
   static int intNumberOfRecordsInTestFile;
  static String trainFileName;
  static String priceFileName;
  static String testFileName;
  static String chartTrainFileName;
  static String chartTrainFileNameY;
  static String chartTestFileName;
  static String networkFileName;
  static int workingMode;
  static String cvsSplitBy = ",";

  static int numberOfInputRecords = 0;

 static List<Double> xData = new ArrayList<Double>();
 static List<Double> yData1 = new ArrayList<Double>();
 static List<Double> yData2 = new ArrayList<Double>();

 static XYChart Chart;

@Override
public XYChart getChart()
 {
  // Create Chart

  Chart = new  XYChartBuilder().width(900).height(500).title(getClass().
   getSimpleName()).xAxisTitle("x").yAxisTitle("y= f(x)").build();

  // Customize Chart
  //Chart = new  XYChartBuilder().width(900).height(500).title(getClass().
```

```
//   getSimpleName()).xAxisTitle("y").yAxisTitle("z= f(y)").build();

//Chart = new  XYChartBuilder().width(900).height(500).title(getClass().
//          getSimpleName()).xAxisTitle("y").yAxisTitle("z= f(y)").build();

// Customize Chart
Chart.getStyler().setPlotBackgroundColor(ChartColor.
getAWTColor(ChartColor.GREY));
Chart.getStyler().setPlotGridLinesColor(new Color(255, 255, 255));

//Chart.getStyler().setPlotBackgroundColor(ChartColor.
getAWTColor(ChartColor.WHITE));
//Chart.getStyler().setPlotGridLinesColor(new Color(0, 0, 0));
Chart.getStyler().setChartBackgroundColor(Color.WHITE);
//Chart.getStyler().setLegendBackgroundColor(Color.PINK);
Chart.getStyler().setLegendBackgroundColor(Color.WHITE);
//Chart.getStyler().setChartFontColor(Color.MAGENTA);
Chart.getStyler().setChartFontColor(Color.BLACK);
Chart.getStyler().setChartTitleBoxBackgroundColor(new Color(0, 222, 0));
Chart.getStyler().setChartTitleBoxVisible(true);
Chart.getStyler().setChartTitleBoxBorderColor(Color.BLACK);
Chart.getStyler().setPlotGridLinesVisible(true);
Chart.getStyler().setAxisTickPadding(20);
Chart.getStyler().setAxisTickMarkLength(15);
Chart.getStyler().setPlotMargin(20);
Chart.getStyler().setChartTitleVisible(false);
Chart.getStyler().setChartTitleFont(new Font(Font.MONOSPACED, Font.
BOLD, 24));
Chart.getStyler().setLegendFont(new Font(Font.SERIF, Font.PLAIN, 18));
Chart.getStyler().setLegendPosition(LegendPosition.OutsideS);
Chart.getStyler().setLegendSeriesLineLength(12);
Chart.getStyler().setAxisTitleFont(new Font(Font.SANS_SERIF, Font.
ITALIC, 18));
Chart.getStyler().setAxisTickLabelsFont(new Font(Font.SERIF, Font.
PLAIN, 11));
Chart.getStyler().setDatePattern("yyyy-MM");
Chart.getStyler().setDecimalPattern("#0.00");

try
   {
     // Common part of config data
     networkFileName =
      "C:/My_Neural_Network_Book/Book_Examples/Sample9_Saved_Network_
      File.csv";
     numberOfInputNeurons = 2;
     numberOfOutputNeurons = 1;

     if(workingMode == 1)
      {
        // Training mode
        numberOfInputRecords = 2602;
        trainFileName = "C:/My_Neural_Network_Book/Book_Examples/
```

```
                           Sample9_Calculate_Train_Norm.csv";
              chartTrainFileName = "C:/My_Neural_Network_Book/Book_Examples/
                           Sample9_Chart_X_Training_Results.csv";
              chartTrainFileName = "C:/My_Neural_Network_Book/Book_Examples/
                           Sample9_Chart_Y_Training_Results.csv";

            File file1 = new File(chartTrainFileName);
            File file2 = new File(networkFileName);

            if(file1.exists())
              file1.delete();
            if(file2.exists())
              file2.delete();

            returnCode = 0;     // Clear the error Code

            do
             {
               returnCode = trainValidateSaveNetwork();
             } while (returnCode > 0);
          }
        else
         {
            // Testing mode
            numberOfInputRecords = 2602;
            testFileName = "C:/My_Neural_Network_Book/Book_Examples/
            Sample9_Calculate_Test_Norm.csv";
            chartTestFileName = "C:/My_Neural_Network_Book/Book_Examples/
            Sample9_Chart_X_Testing_Results.csv";
            chartTestFileName = "C:/My_Neural_Network_Book/Book_Examples/
            Sample9_Chart_Y_Testing_Results.csv";

            loadAndTestNetwork();
          }
        }
     catch (Throwable t)
       {
          t.printStackTrace();
          System.exit(1);
       }
     finally
       {
          Encog.getInstance().shutdown();
       }
  Encog.getInstance().shutdown();

  return Chart;

} // End of the method

// ========================================================
// Load CSV to memory.
// @return The loaded dataset.
// ========================================================
```

```java
public static MLDataSet loadCSV2Memory(String filename, int input,
int ideal, boolean headers,
        CSVFormat format, boolean significance)
  {
     DataSetCODEC codec = new CSVDataCODEC(new File(filename), format,
     headers, input, ideal, significance);
     MemoryDataLoader load = new MemoryDataLoader(codec);
     MLDataSet dataset = load.external2Memory();
     return dataset;
  }

// ====================================================
//  The main method.
//  @param Command line arguments. No arguments are used.
// ====================================================
public static void main(String[] args)
 {
   ExampleChart<XYChart> exampleChart = new Sample9();
   XYChart Chart = exampleChart.getChart();
   new SwingWrapper<XYChart>(Chart).displayChart();
 } // End of the main method
//===================================================================
// This method trains, Validates, and saves the trained network file
//===================================================================
static public double trainValidateSaveNetwork()
 {
   // Load the training CSV file in memory
   MLDataSet trainingSet = loadCSV2Memory(trainFileName,
                        numberOfInputNeurons, numberOfOutputNeurons,
                        true,CSVFormat.ENGLISH,false);

   // create a neural network
   BasicNetwork network = new BasicNetwork();

   // Input layer
   network.addLayer(new BasicLayer(null,true,numberOfInputNeurons));

   // Hidden layer
   network.addLayer(new BasicLayer(new ActivationTANH(),true,7));
   network.addLayer(new BasicLayer(new ActivationTANH(),true,7));
   network.addLayer(new BasicLayer(new ActivationTANH(),true,7));
   network.addLayer(new BasicLayer(new ActivationTANH(),true,7));
   network.addLayer(new BasicLayer(new ActivationTANH(),true,7));

   // Output layer
   network.addLayer(new BasicLayer(new ActivationTANH(),false,1));

   network.getStructure().finalizeStructure();
   network.reset();

   // train the neural network
   final ResilientPropagation train = new ResilientPropagation(network,
   trainingSet);
```

```
int epoch = 1;
do
 {
  train.iteration();
  System.out.println("Epoch #" + epoch + " Error:" + train.getError());
   epoch++;

   if (epoch >= 11000 && network.calculateError(trainingSet) >
   0.00000091)    // 0.00000371
       {
        returnCode = 1;

        System.out.println("Try again");
        return returnCode;
       }
 } while(train.getError() > 0.0000009);  // 0.0000037
// Save the network file
EncogDirectoryPersistence.saveObject(new File(networkFileName),network);

System.out.println("Neural Network Results:");

double sumNormDifferencePerc = 0.00;
double averNormDifferencePerc = 0.00;
double maxNormDifferencePerc = 0.00;

int m = 0;                  // Record number in the input file
                             double xPointer = 0.00;

for(MLDataPair pair: trainingSet)
  {
      m++;
      xPointer++;

      //if(m == 0)
      // continue;

       final MLData output = network.compute(pair.getInput());

       MLData inputData = pair.getInput();
       MLData actualData = pair.getIdeal();
       MLData predictData = network.compute(inputData);

       // Calculate and print the results
       normInputXPointValue = inputData.getData(0);
       normInputYPointValue = inputData.getData(1);
       normTargetValue = actualData.getData(0);
       normPredictValue = predictData.getData(0);

       denormInputXPointValue = ((minXPointDl - maxXPointDh)*normInpu
       tXPointValue -
          Nh*minXPointDl + maxXPointDh *Nl)/(Nl - Nh);

       denormInputYPointValue = ((minYPointDl - maxYPointDh)*normInpu
       tYPointValue -
```

```
             Nh*minYPointDl + maxYPointDh *Nl)/(Nl - Nh);

      denormTargetValue =((minTargetValueDl - maxTargetValueDh)*
      normTargetValue -
         Nh*minTargetValueDl + maxTargetValueDh*Nl)/(Nl - Nh);

      denormPredictValue =((minTargetValueDl - maxTargetValueDh)*
      normPredictValue -
         Nh*minTargetValueDl + maxTargetValueDh*Nl)/(Nl - Nh);

      valueDifference =
         Math.abs(((denormTargetValue - denormPredictValue)/
         denormTargetValue)*100.00);

      System.out.println ("xPoint = " + denormInputXPointValue +
      "  yPoint = " +
         denormInputYPointValue + "  denormTargetValue = " +
            denormTargetValue + "  denormPredictValue = " +
            denormPredictValue + "  valueDifference = " +
            valueDifference);

      //System.out.println("intPointNumber = " + intPointNumber);

      sumNormDifferencePerc = sumNormDifferencePerc + valueDifference;

      if (valueDifference > maxNormDifferencePerc)
         maxNormDifferencePerc = valueDifference;

      xData.add(denormInputYPointValue);
      //xData.add(denormInputYPointValue);
      yData1.add(denormTargetValue);
      yData2.add(denormPredictValue);

   }    // End for pair loop

XYSeries series1 = Chart.addSeries("Actual data", xData, yData1);
XYSeries series2 = Chart.addSeries("Predict data", xData, yData2);

series1.setLineColor(XChartSeriesColors.BLACK);
series2.setLineColor(XChartSeriesColors.LIGHT_GREY);

series1.setMarkerColor(Color.BLACK);
series2.setMarkerColor(Color.WHITE);
series1.setLineStyle(SeriesLines.SOLID);
series2.setLineStyle(SeriesLines.SOLID);

try
 {
   //Save the chart image
   //BitmapEncoder.saveBitmapWithDPI(Chart, chartTrainFileName,
   // BitmapFormat.JPG, 100);

   BitmapEncoder.saveBitmapWithDPI(Chart,chartTrainFileName,BitmapF
   ormat.JPG, 100);

   System.out.println ("Train Chart file has been saved") ;
 }
```

```
    catch (IOException ex)
     {
      ex.printStackTrace();
      System.exit(3);
     }

    // Finally, save this trained network
    EncogDirectoryPersistence.saveObject(new File(networkFileName),net
    work);
    System.out.println ("Train Network has been saved") ;

    averNormDifferencePerc  = sumNormDifferencePerc/numberOfInputRecords;
    System.out.println(" ");
    System.out.println("maxErrorPerc = " + maxNormDifferencePerc +
    "  averErrorPerc = " + averNormDifferencePerc);

    returnCode = 0.00;
    return returnCode;
 }   // End of the method
//=================================================
// This method load and test the trainrd network
//=================================================
static public void loadAndTestNetwork()
 {
  System.out.println("Testing the networks results");

  List<Double> xData = new ArrayList<Double>();
  List<Double> yData1 = new ArrayList<Double>();
  List<Double> yData2 = new ArrayList<Double>();

  double targetToPredictPercent = 0;
  double maxGlobalResultDiff = 0.00;
  double averGlobalResultDiff = 0.00;
  double sumGlobalResultDiff = 0.00;
  double maxGlobalIndex = 0;
  double normInputXPointValueFromRecord = 0.00;
  double normInputYPointValueFromRecord = 0.00;
  double normTargetValueFromRecord = 0.00;
  double normPredictValueFromRecord = 0.00;

  BasicNetwork network;

  maxGlobalResultDiff = 0.00;
  averGlobalResultDiff = 0.00;
  sumGlobalResultDiff = 0.00;

  // Load the test dataset into memory
  MLDataSet testingSet =
  loadCSV2Memory(testFileName,numberOfInputNeurons,numberOfOutputNeurons
  ,true,
    CSVFormat.ENGLISH,false);

  // Load the saved trained network
```

```
network =
  (BasicNetwork)EncogDirectoryPersistence.loadObject(new
  File(networkFileName));

int i = - 1; // Index of the current record
double xPoint = -0.00;

for (MLDataPair pair:  testingSet)
 {
     i++;
     xPoint = xPoint + 2.00;

     MLData inputData = pair.getInput();
     MLData actualData = pair.getIdeal();
     MLData predictData = network.compute(inputData);

     // These values are Normalized as the whole input is
     normInputXPointValueFromRecord = inputData.getData(0);
     normInputYPointValueFromRecord = inputData.getData(1);
     normTargetValueFromRecord = actualData.getData(0);
     normPredictValueFromRecord = predictData.getData(0);

     denormInputXPointValue = ((minXPointDl - maxXPointDh)*
       normInputXPointValueFromRecord - Nh*minXPointDl +
       maxXPointDh*Nl)/(Nl - Nh);

     denormInputYPointValue = ((minYPointDl - maxYPointDh)*
       normInputYPointValueFromRecord - Nh*minYPointDl +
       maxYPointDh*Nl)/(Nl - Nh);

     denormTargetValue = ((minTargetValueDl - maxTargetValueDh)*
       normTargetValueFromRecord - Nh*minTargetValueDl +
       maxTargetValueDh*Nl)/(Nl - Nh);

     denormPredictValue =((minTargetValueDl - maxTargetValueDh)*
       normPredictValueFromRecord - Nh*minTargetValueDl +
       maxTargetValueDh*Nl)/(Nl - Nh);

     targetToPredictPercent = Math.abs((denormTargetValue -
     denormPredictValue)/
       denormTargetValue*100);

     System.out.println("xPoint = " + denormInputXPointValue + "
     yPoint = " +
        denormInputYPointValue + "  TargetValue = " +
        denormTargetValue + "  PredictValue = " +
        denormPredictValue + "  DiffPerc = " +
          targetToPredictPercent);

     if (targetToPredictPercent > maxGlobalResultDiff)
       maxGlobalResultDiff = targetToPredictPercent;

     sumGlobalResultDiff = sumGlobalResultDiff + targetToPredictPercent;

     // Populate chart elements
     xData.add(denormInputXPointValue);
```

```
        yData1.add(denormTargetValue);
        yData2.add(denormPredictValue);

    }  // End for pair loop

// Print the max and average results
System.out.println(" ");
averGlobalResultDiff = sumGlobalResultDiff/numberOfInputRecords;

System.out.println("maxErrorPerc = " + maxGlobalResultDiff);
System.out.println("averErrorPerc = " + averGlobalResultDiff);

// All testing batch files have been processed
XYSeries series1 = Chart.addSeries("Actual data", xData, yData1);
XYSeries series2 = Chart.addSeries("Predict data", xData, yData2);

series1.setLineColor(XChartSeriesColors.BLACK);
series2.setLineColor(XChartSeriesColors.LIGHT_GREY);
series1.setMarkerColor(Color.BLACK);
series2.setMarkerColor(Color.WHITE);
series1.setLineStyle(SeriesLines.SOLID);
series2.setLineStyle(SeriesLines.SOLID);

// Save the chart image
try
  {
    BitmapEncoder.saveBitmapWithDPI(Chart, chartTestFileName ,
    BitmapFormat.JPG, 100);
  }
catch (Exception bt)
  {
     bt.printStackTrace();
  }

System.out.println ("The Chart has been saved");
System.out.println("End of testing for test records");

    } // End of the method

} // End of the class
```

处理结果

清单 12-2 显示了训练处理结果的结束片段。

清单 12-2　训练处理结果的结束片段

```
xPoint = 4.0  yPoint = 3.3    TargetValue = 50.59207
PredictedValue = 50.58836 DiffPerc = 0.00733
xPoint = 4.0  yPoint = 3.32  TargetValue = 50.65458
PredictedValue = 50.65049 DiffPerc = 0.00806
xPoint = 4.0  yPoint = 3.34  TargetValue = 50.71290
PredictedValue = 50.70897  DiffPerc = 0.00775
```

```
xPoint = 4.0  yPoint = 3.36  TargetValue = 50.76666
PredictedValue = 50.76331  DiffPerc = 0.00659
xPoint = 4.0  yPoint = 3.38  TargetValue = 50.81552
PredictedValue = 50.81303  DiffPerc = 0.00488
xPoint = 4.0  yPoint = 3.4   TargetValue = 50.85916
PredictedValue = 50.85764  DiffPerc = 0.00298
xPoint = 4.0  yPoint = 3.42  TargetValue = 50.89730
PredictedValue = 50.89665  DiffPerc = 0.00128
xPoint = 4.0  yPoint = 3.44  TargetValue = 50.92971
PredictedValue = 50.92964  DiffPerc = 1.31461
xPoint = 4.0  yPoint = 3.46  TargetValue = 50.95616
PredictedValue = 50.95626  DiffPerc = 1.79849
xPoint = 4.0  yPoint = 3.48  TargetValue = 50.97651
PredictedValue = 50.97624  DiffPerc = 5.15406
xPoint = 4.0  yPoint = 3.5   TargetValue = 50.99060
PredictedValue = 50.98946  DiffPerc = 0.00224
xPoint = 4.0  yPoint = 3.52  TargetValue = 50.99836
PredictedValue = 50.99587  DiffPerc = 0.00488
xPoint = 4.0  yPoint = 3.54  TargetValue = 50.99973
PredictedValue = 50.99556  DiffPerc = 0.00818
xPoint = 4.0  yPoint = 3.56  TargetValue = 50.99471
PredictedValue = 50.98869  DiffPerc = 0.01181
xPoint = 4.0  yPoint = 3.58  TargetValue = 50.98333
PredictedValue = 50.97548  DiffPerc = 0.01538
xPoint = 4.0  yPoint = 3.6   TargetValue = 50.96565
PredictedValue = 50.95619  DiffPerc = 0.01856
xPoint = 4.0  yPoint = 3.62  TargetValue = 50.94180
PredictedValue = 50.93108  DiffPerc = 0.02104
xPoint = 4.0  yPoint = 3.64  TargetValue = 50.91193
PredictedValue = 50.90038  DiffPerc = 0.02268
xPoint = 4.0  yPoint = 3.66  TargetValue = 50.87622
PredictedValue = 50.86429  DiffPerc = 0.02344
xPoint = 4.0  yPoint = 3.68  TargetValue = 50.83490
PredictedValue = 50.82299  DiffPerc = 0.02342
xPoint = 4.0  yPoint = 3.7   TargetValue = 50.78825
PredictedValue = 50.77664  DiffPerc = 0.02286
xPoint = 4.0  yPoint = 3.72  TargetValue = 50.73655
PredictedValue = 50.72537  DiffPerc = 0.02203
xPoint = 4.0  yPoint = 3.74  TargetValue = 50.68014
PredictedValue = 50.66938  DiffPerc = 0.02124
xPoint = 4.0  yPoint = 3.76  TargetValue = 50.61938
PredictedValue = 50.60888  DiffPerc = 0.02074
xPoint = 4.0  yPoint = 3.78  TargetValue = 50.55466
PredictedValue = 50.54420  DiffPerc = 0.02069
xPoint = 4.0  yPoint = 3.8   TargetValue = 50.48639
PredictedValue = 50.47576  DiffPerc = 0.02106
xPoint = 4.0  yPoint = 3.82  TargetValue = 50.41501
PredictedValue = 50.40407  DiffPerc = 0.02170
xPoint = 4.0  yPoint = 3.84  TargetValue = 50.34098
```

```
PredictedValue = 50.32979  DiffPerc = 0.02222
xPoint = 4.0  yPoint = 3.86  TargetValue = 50.26476
PredictedValue = 50.25363  DiffPerc = 0.02215
xPoint = 4.0  yPoint = 3.88  TargetValue = 50.18685
PredictedValue = 50.17637  DiffPerc = 0.02088
xPoint = 4.0  yPoint = 3.9   TargetValue = 50.10775
PredictedValue = 50.09883  DiffPerc = 0.01780
xPoint = 4.0  yPoint = 3.92  TargetValue = 50.02795
PredictedValue = 50.02177  DiffPerc = 0.01236
xPoint = 4.0  yPoint = 3.94  TargetValue = 49.94798
PredictedValue = 49.94594  DiffPerc = 0.00409
xPoint = 4.0  yPoint = 3.96  TargetValue = 49.86834
PredictedValue = 49.87197  DiffPerc = 0.00727
xPoint = 4.0  yPoint = 3.98  TargetValue = 49.78954
PredictedValue = 49.80041  DiffPerc = 0.02182
xPoint = 4.0  yPoint = 4.0   TargetValue = 49.71209
PredictedValue = 49.73170  DiffPerc = 0.03944

maxErrorPerc = 0.03944085774812906
averErrorPerc = 0.00738084715672128
```

我不会在这里显示训练结果的图表，因为绘制两个交叉的 3D 图表会变得很混乱。相反，我将从一个单一的面板上的图表投影所有的目标值和预测值，所以它们可以很容易地比较。图 12-3 显示了函数值在单个面板上的投影图。

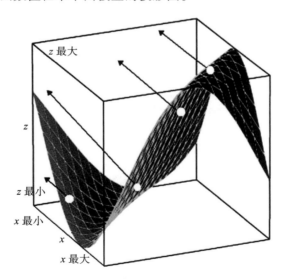

图 12-3　函数值在单个面板上的投影

图 12-4 显示了训练结果的投影图。

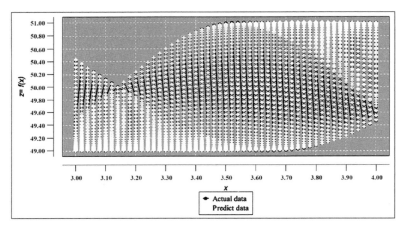

图 12-4   训练结果的投影图

训练结果如清单 12-3 所示。

清单 12-3   测试结果

```
xPoint = 3.99900  yPoint = 3.13900  TargetValue = 49.98649
PredictValue = 49.98797  DiffPerc = 0.00296
xPoint = 3.99900  yPoint = 3.15900  TargetValue = 50.06642
PredictValue = 50.06756  DiffPerc = 0.00227
xPoint = 3.99900  yPoint = 3.17900  TargetValue = 50.14592
PredictValue = 50.14716  DiffPerc = 0.00246
xPoint = 3.99900  yPoint = 3.19900  TargetValue = 50.22450
PredictValue = 50.22617  DiffPerc = 0.00333
xPoint = 3.99900  yPoint = 3.21900  TargetValue = 50.30163
PredictValue = 50.30396  DiffPerc = 0.00462
xPoint = 3.99900  yPoint = 3.23900  TargetValue = 50.37684
PredictValue = 50.37989  DiffPerc = 0.00605
xPoint = 3.99900  yPoint = 3.25900  TargetValue = 50.44964
PredictValue = 50.45333  DiffPerc = 0.00730
xPoint = 3.99900  yPoint = 3.27900  TargetValue = 50.51957
PredictValue = 50.52367  DiffPerc = 0.00812
xPoint = 3.99900  yPoint = 3.29900  TargetValue = 50.58617
PredictValue 50.59037  DiffPerc = 0.00829
xPoint = 3.99900  yPoint = 3.31900  TargetValue = 50.64903
PredictValue = 50.65291  DiffPerc = 0.00767
xPoint = 3.99900  yPoint = 3.33900  TargetValue = 50.70773
PredictValue = 50.71089  DiffPerc = 0.00621
xPoint = 3.99900  yPoint = 3.35900  TargetValue = 50.76191
PredictValue = 50.76392  DiffPerc = 0.00396
xPoint = 3.99900  yPoint = 3.37900  TargetValue = 50.81122
PredictValue = 50.81175  DiffPerc = 0.00103
xPoint = 3.99900  yPoint = 3.39900  TargetValue = 50.85535
PredictValue = 50.85415  DiffPerc = 0.00235
```

```
xPoint = 3.99900  yPoint = 3.41900  TargetValue = 50.89400
PredictValue = 50.89098  DiffPerc = 0.00594
xPoint = 3.99900  yPoint = 3.43900  TargetValue = 50.92694
PredictValue = 50.92213  DiffPerc = 0.00945
xPoint = 3.99900  yPoint = 3.45900  TargetValue = 50.95395
PredictValue = 50.94754  DiffPerc = 0.01258
xPoint = 3.99900  yPoint = 3.47900  TargetValue = 50.97487
PredictValue = 50.96719  DiffPerc = 0.01507
xPoint = 3.99900  yPoint = 3.49900  TargetValue = 50.98955
PredictValue = 50.98104  DiffPerc = 0.01669
xPoint = 3.99900  yPoint = 3.51900  TargetValue = 50.99790
PredictValue = 50.98907  DiffPerc = 0.01731
xPoint = 3.99900  yPoint = 3.53900  TargetValue = 50.99988
PredictValue = 50.99128  DiffPerc = 0.01686
xPoint = 3.99900  yPoint = 3.55900  TargetValue = 50.99546
PredictValue = 50.98762  DiffPerc = 0.01537
xPoint = 3.99900  yPoint = 3.57900  TargetValue = 50.98468
PredictValue = 50.97806  DiffPerc = 0.01297
xPoint = 3.99900  yPoint = 3.59900  TargetValue = 50.96760
PredictValue = 50.96257  DiffPerc = 0.00986
xPoint = 3.99900  yPoint = 3.61900  TargetValue = 50.94433
PredictValue = 50.94111  DiffPerc = 0.00632
xPoint = 3.99900  yPoint = 3.63900  TargetValue = 50.91503
PredictValue = 50.91368  DiffPerc = 0.00265
xPoint = 3.99900  yPoint = 3.65900  TargetValue = 50.87988
PredictValue = 50.88029  DiffPerc = 8.08563
xPoint = 3.99900  yPoint = 3.67900  TargetValue = 50.83910
PredictValue = 50.84103  DiffPerc = 0.00378
xPoint = 3.99900  yPoint = 3.69900  TargetValue = 50.79296
PredictValue = 50.79602  DiffPerc = 0.00601
xPoint = 3.99900  yPoint = 3.71900  TargetValue = 50.74175
PredictValue = 50.74548  DiffPerc = 0.00735
xPoint = 3.99900  yPoint = 3.73900  TargetValue = 50.68579
PredictValue = 50.68971  DiffPerc = 0.00773
xPoint = 3.99900  yPoint = 3.75900  TargetValue = 50.62546
PredictValue = 50.62910  DiffPerc = 0.00719
xPoint = 3.99900  yPoint = 3.77900  TargetValue = 50.56112
PredictValue = 50.56409  DiffPerc = 0.00588
xPoint = 3.99900  yPoint = 3.79900  TargetValue = 50.49319
PredictValue = 50.49522  DiffPerc = 0.00402
xPoint = 3.99900  yPoint = 3.81900  TargetValue = 50.42211
PredictValue = 50.42306  DiffPerc = 0.00188
xPoint = 3.99900  yPoint = 3.83900  TargetValue = 50.34834
PredictValue = 50.34821  DiffPerc = 2.51335
xPoint = 3.99900  yPoint = 3.85900  TargetValue = 50.27233
PredictValue = 50.27126  DiffPerc = 0.00213
xPoint = 3.99900  yPoint = 3.87900  TargetValue = 50.19459
PredictValue = 50.19279  DiffPerc = 0.00358
xPoint = 3.99900  yPoint = 3.89900  TargetValue = 50.11560
PredictValue = 50.11333  DiffPerc = 0.00452
```

```
xPoint = 3.99900   yPoint = 3.91900   TargetValue = 50.03587
PredictValue = 50.03337   DiffPerc = 0.00499
xPoint = 3.99900   yPoint = 3.93900   TargetValue = 49.95591
PredictValue = 49.95333   DiffPerc = 0.00517
xPoint = 3.99900   yPoint = 3.95900   TargetValue = 49.87624
PredictValue = 49.87355   DiffPerc = 0.00538
xPoint = 3.99900   yPoint = 3.97900   TargetValue = 49.79735
PredictValue = 49.79433   DiffPerc = 0.00607
xPoint = 3.99900   yPoint = 3.99900   TargetValue = 49.71976
PredictValue = 49.71588   DiffPerc = 0.00781

maxErrorPerc = 0.06317757842407223
averErrorPerc = 0.007356218626151153
```

图 12-5 显示了测试结果的投影图。

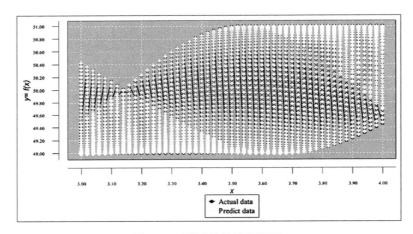

图 12-5　测试结果的投影图

逼近结果是可以接受的，因此，不需要使用微批次法。

12.3　本章小结

本章讨论如何使用神经网络来逼近三维空间中的函数。你了解到，三维空间中函数（带两个变量的函数）的逼近处理与二维空间中函数的逼近处理类似。唯一的区别是网络架构应该包括两个输入，训练和测试数据集应该包括所有可能的 x 值和 y 值组合的记录。这些结果可推广到具有两个以上变量的函数的逼近。